HUAGONG YIBIAO
YU
ZIDONG KONGZHI

化工仪表与自动控制

高 娟　王世荣　主编

高 娟　王世荣　杨海庆　王建珍　桑 潇　参加编写

化学工业出版社

·北京·

本书是适用于高职高专化工工艺专业项目化教学使用的教材，介绍了化工生产过程中四大参数的检测控制、仪表选型、读图识图、系统构成、参数整定、系统投运等化工生产仪表与控制方面的知识与技能，以完成化工生产中的控制参数温度、压力、液位、流量等的检测与控制工作任务为目的。本书结合化工总控工职业标准要求，还介绍了化工仪表和自动控制系统在化工生产中的应用。本教材编有配套电子课件。

　　本书可用于高职高专化工工艺专业教学使用，也可供化工工艺、仪表专业人员参考。

图书在版编目（CIP）数据

　化工仪表与自动控制/高娟，王世荣主编．—北京：化学
工业出版社，2013.1（2022.3重印）
　ISBN 978-7-122-15786-7

　Ⅰ．①化…　Ⅱ．①高…②王…　Ⅲ．①化工仪表-教材②化
工过程-自动控制系统-教材　Ⅳ．①TQ056

　中国版本图书馆 CIP 数据核字（2012）第 262437 号

责任编辑：李玉晖	文字编辑：云　雷
责任校对：顾淑云	装帧设计：张　辉

出版发行：化学工业出版社（北京市东城区青年湖南街13号　邮政编码100011）
印　　装：天津盛通数码科技有限公司
787mm×1092mm　1/16　印张17　字数423千字　2022年3月北京第1版第8次印刷

购书咨询：010-64518888　　　　　售后服务：010-64518899
网　　址：http://www.cip.com.cn
凡购买本书，如有缺损质量问题，本社销售中心负责调换。

定　　价：38.00元

前　言

随着化学工业生产过程中科学技术的迅猛发展，先进的化工仪表及自动控制技术在化工生产运行装置中的应用就显得尤为重要，离开先进的化工工艺运行控制技术的运用，工艺介质与工艺装置中的运行参数如流量、温度、压力、液位、转速等参数系统，就无法实现自动检测、显示、自动控制和联锁保护。通过各种检测仪表、控制仪表及计算机等自动化设备的合理搭配使用，可以对整个化工生产过程进行自动检测、自动控制，提高生产控制的精度，改善生产操作条件，优化环境保护措施，实现现代化学工业生产达到高效、优质、安全、低耗的目的。同时仪表与自动控制技术还广泛地应用在食品、制药、石油炼制、电力等诸多工业生产领域。

本书以完成化工生产岗位上的典型工作任务所需要的化工仪表基本理论、基本操作技能与运行管理方法为出发点与立足点，在完成离子膜烧碱生产、硝酸生产、乙烯生产、苯与甲苯溶液的精馏等典型化工工作任务的生产过程中，学习化工生产岗位上完成生产控制任务所需要的化工仪表方面的知识与技能。在内容选择上，以"必需"和"够用"为基本原则，按照高职学生与化工生产一线岗位上员工对知识与技能掌握的认知规律——由简单到复杂，由易到难，组织整个教材的学习内容，充分体现现代化工生产岗位需要理论与实操相结合的课程设计理念。在课程内容的深度把握上，依据国家中级以上化工总控工职业标准中所要求的理论与技能水平，在课程内容设计上有意涵盖了职业能力与职业素质的培养，使化工技术类专业的学生与企业生产一线的员工在完成本门课程学习后，能掌握化工总控工中级工以上所要求化工仪表与控制核心技能，也为化工专业类的学生与企业员工顺利完成后续课程的学习打下坚实的基础。

本书以化工生产中的实际过程——"离子膜烧碱生产运行过程"中的工艺参数温度、压力、液位、流量等的检测和控制任务的学习为目标，内容包括化工生产过程中四大参数的检测控制、仪表选型、读图识图、系统构成、参数整定、系统投运，完整地介绍了化工仪表和自动控制系统在化工生产中的应用。本书选取了离子膜烧碱生产工艺生产过程的几个典型工作任务作为教学内容组织的载体，按照"教、学、做"一体化教学方式进行了课程设计，确保在校化工类高职学生与企业生产一线员工能通过该课程的系统化的学习，掌握化工生产中常用的仪表名称，能看懂工艺流程图，熟悉典型化工生产工艺过程中仪表与控制的运行规律；学会使用工业检测仪表对工艺参数进行检测，学会利用自动控制仪表对化工生产运行进行控制；掌握工业过程控制仪表的安装、使用、调校、维护等技术，能掌握工业自动控制系统的投运、运行、维护、管理等知识。本书注重培养高职学生的实际动手能力和解决工程实际问题的能力，突出高职教育的特色，培养了学生的就业竞争力和发展潜力，同时能丰富化工生产一线岗位员工从事化工生产岗位操作的理论知识与技能的提升。

本书是一本典型的工学结合、校企合作的特色教材。编写本书的是从事化工仪表与自动控制教学实践的教师和化工生产岗位一线工程技术人员。本书由淄博职业学院的高娟、王世荣主持编写，参加本书编写的有淄博康斯达自动控制技术有限公司的王建珍，山东科技职业学院的杨海庆以及淄博职业学院化学工程系的桑潇等老师。其中"认识化工仪表与自动控制"由王世荣编写，任务1由桑潇编写，任务2、3、4、5、6中工业案例由王世荣、王建珍编写，任务7由杨海庆编写，其他的内容由高娟编写。高娟还进行了全书的审定。

　　本书在编写过程中，得到同类专业高校老师和企业工程技术人员的大力支持与帮助，在此一并表示衷心的感谢！

　　由于编者水平有限，书中难免有疏漏和不当之处，敬请读者批评指正，并恳请大家对本书提出宝贵意见。

编　者

2012 年 12 月

使用说明

本书是供化工工艺专业使用的项目化教材，以化工工艺参数的检测与控制为教学目标来设计教学内容，围绕操作工、总控工完成化工生产过程中的工作任务所需要的知识和技能选材。根据任务完成的难易程度，遵循由简单到复杂的认知规律，我们安排了 8 个部分的内容。

第 1 部分"认识化工仪表与自动控制"是对化工生产过程中常见仪表的功能与种类及自动化系统进行综合性阐述；第 2 部分（任务 1）重点讨论了工艺参数的测量与信号转换方面的知识，有效地将现场控制与中控室的调节控制建立的点对点的对应关系；第 3、4、5、6部分（任务 2~5）是对化工生产过程中最重要的四大工艺控制参数——温度、压力、液位、流量的测量与控制进行了详细的阐述与应用举例；第 7 部分（任务 6）是针对前面介绍的工艺控制参数的控制进行复杂控制系统的设计，解决因采用单一工艺参数设计的简单控制的局限性而不能完成工作任务需要的问题；第 8 部分（任务 7）介绍了目前化工企业中普遍采用的利用现代计算机技术实施远程控制生产工艺参数的具体应用，通过采用现代化的智能控制系统，可以实现人机对话和人机互动，优化了现场操作与中控室控制的生产运行管理系统，极大地提高了生产工作效率。

建议本教材采用 120 个课时完成教学内容，具体教学任务的完成可以参考以下说明。

第 1 部分"认识化工仪表与自动控制"是从整体上来介绍化工仪表与自动控制的相关内容的。通过介绍化工生产过程与特点，了解化工生产过程的正常运行离不开化工仪表与自动控制系统；强化了化工仪表自动化内容在实现化工生产自动控制运行方面的重要作用；从整体上简单介绍了化工仪表与自动化技术的发展现状、化工仪表的分类及自动化控制系统的组成等方面的知识内容，先从感性认识上对化工仪表与自动控制有一个初步了解。本部分教学内容约需要 4 个课时。

第 2 部分（任务 1）是化工生产工艺参数的测量与信号转换。化工生产过程控制主要是通过控制典型生产工艺参数值来实现的，所以工艺参数值的测量就显得很重要的。该部分内容是围绕工艺参数测量以及在测量过程中涉及的信号转换问题进行介绍的。同时，在完成工艺参数值测量过程中，需要掌握工艺参数测量方面的一些基础知识和显示仪表方面的内容，具备了这些基础知识就可以完成自动检测过程要求的项目。

众所周知，在检测系统中是变送器起到信号转换的作用，在介绍完自动检测过程后再重点介绍一下中的所涉及的变送器的内容。自动检测过程中会涉及信号转换的问题，所以需要介绍信号等方面的有相关知识。都是需要进行分门别类地进行逐项讲解，达到目标明确，指向清晰。在讲解自动检测过程的信号时，建立了大部分信号是传递到控制室中的，控制室和生产现场之间存在逻辑联系；为了保证生产现场的安全生产安全稳定运行，同时还需要考虑了化工仪表的安全防爆问题。本部分教学内容约需用 12 课时。

第 3 部分（任务 2）是温度的检测。要完成温度检测任务，需要掌握测温仪表的种类，每种测温仪表的工作原理、特点及使用要求；了解温度仪表的选型、安装以及常见的故障判断。这里我们通过一个典型的工业应用案例来简单介绍一下温度是如何测量的。为了实现工艺参数温度的测量的目的，通过拓展学习内容的方法，介绍了自动控制系统方面的相关内容，而自动控制系统中工艺流程图的识读，将在后面章节中做详细介绍。本部分教学内容约需用 22 个课时。

第 4 部分（任务 3）是压力的控制。介绍了压力检测的基本知识；测压仪表的种类；每种测压仪表的工作原理、特点及使用要求；压力仪表的选型、安装以及常见的故障判断等；通过一个典型的工业应用案例来讲解了压力是如何实现控制的。结合在控制系统中完成控制作用是通过调节执行器的开度实现的这一内容，进行了教学内容延伸与拓展，介绍了执行器的有关知识。本部分教学内容约需要用 16 课时。

第 5 部分（任务 4）是液位控制。介绍了液位检测的基本知识，液位仪表的种类；每种液位仪表的原理、特点及使用要求；液位仪表的选型、安装以及常见的故障判断等；通过一个典型的工业应用案例来介绍液位是如何实现控制的。结合在控制系统中最核心的控制仪表问题，延伸拓展讲解了控制仪表的控制规律和控制仪表及目前常用的一类控制装置——PLC。本部分教学内容约需要用 20 课时。

第 6 部分（任务 5）是流量控制。介绍了流量检测的基本知识、流量仪表的种类；每种流量仪表的原理、特点及使用要求；流量仪表的选型、安装以及常见的故障判断等；通过一个典型的工业应用案例来介绍流量是如何实现控制的。针对前面的学习内容，这里总结了一个简单控制系统是怎么设计，并投入使用的过程。本部分教学内容约需要用 16 课时。

第 7 部分（任务 6）是复杂控制系统的认识。前面几个部分都是针对单个参数的简单控制系统，在化工生产过程中还有一些生产工艺参数控制是简单控制系统完成不了的任务，这些需要借助复杂控制系统来完成，这里通过一个典型工业案例介绍复杂控制系统的设计。本部分教学内容约需要用 16 课。

第 8 部分（任务 7）是计算机控制系统。主要介绍其构成、原理与分类。随着化工生产工艺改进和计算机技术发展，目前现代化的化学工业企业大部分通过计算机实现智能控制系统来完成工艺参数的检测与控制，这里通过理论与实践相结合的教学方法，进行综合性地阐述。本部分教学内容约需要用 14 课时。

目　录

0/ 认识化工仪表与自动控制

【能力目标】
- 能认识化工仪表
- 能正确使用化工仪表
- 能正确认识化工生产中自动控制的应用

【知识目标】
- 了解化工生产过程及特点
- 了解化工生产过程自动化要求
- 了解自动化仪表的分类

- 掌握自动化系统的组成和分类
- 了解化工自动化的发展概况
- 了解自动控制在化工生产过程中的应用

【素质目标】
- 学会查阅相关资料
- 培养善于观察、思考、自主学习的能力
- 树立正确的工作态度，培养团结协作的团队意识

0.1 认识化工仪表及自动控制

化工仪表及自动控制系统是为工艺生产服务的，是为了满足化工生产过程处于优质、高产、安全、低消耗的最优工况下而存在的。下面就来简单了解一下化工生产过程，认识生产过程中用到的仪表及自动控制系统。

0.1.1 化工生产过程及特点

（1）化工生产过程简介

化工生产过程，往往是在密闭的管道和设备中，连续地进行着物理或者化学的变化，常常具有高压、高温、深冷、有毒、易燃、易爆等特点，因此，必须借助于各种仪表等自动化装置进行自动化的生产，才能保证生产的稳定、可靠、安全。

化工生产过程的主体一般是化学反应过程。其基本生产流程如图 0-1 所示。化学反应过程中所需的化工原料，首先送入输入设备，然后将原料送入前处理过程，对原料进行分离或精制，使它符合化学反应对原料提出的要求和规格。化学反应后的生成物再进入后处理过程，在此将半成品提纯为合格的产品并回收未反应的原料和副产品，然后进入输出设备中储存。同时为了化学反应及前、后处理过程的需要，还有从外部提供必要的水、电、汽以及冷量等能源的公用工程。有时，还有能量回收和三废处理系统等附加部分。

（2）化工生产过程的特点

化工生产过程的特点是产品从原料加工到产品完成，流程都较长而复杂，并伴有副反应。工艺内部各变量间关系复杂，操作要求高。关键设备停车会影响全厂生产。大多数物料是液体或气体状态，在密闭的管道、反应器、塔与热交换器等内部进行各种反应、传热、传质等过程。这些过程经常在高温、高压、易燃、易爆、有毒、有腐蚀、有刺激性臭味等条件下进行。因此要借助于化工仪表和自动控制系统完成对化工生产过程的

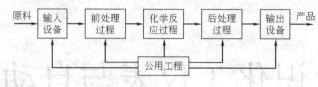

图 0-1　化工生产过程的流程示意图

控制。

0.1.2　化工自动化的概述

化工生产过程自动化是化工、炼油、食品、轻工等化工类型生产过程自动化的简称。在化工设备上，配备上一些自动化装置，代替操作人员的部分直接劳动，使生产在不同程度上自动地进行，这种用自动化装置来管理化工生产过程的办法，就称为化工生产过程自动化，简称化工自动化。

在工业生产过程中，自动化是保证生产处于最佳工作状态、优质、高产、低耗的必要条件。自动化技术的进步推动了工业生产的飞速发展，在促进产业革命中起着十分重要的作用。特别是在石油、化工、冶金、轻工等部门，由于采用了自动化仪表和集中控制装置，促进了连续生产过程自动化的发展，大大提高了劳动生产率，获得了巨大的社会效益和经济效益。实现化工生产过程自动化的目的和意义如下。

① 加快生产速度，降低生产成本，提高产品质量和产量。在人工操作的生产过程中，由于人的五官、手脚，对外界的观察和控制在精度和速度上是有一定限度的。而且由于体力关系，由人直接操作设备的能力也是有限的。如果用自动化装置代替人的操纵，则以上情况可以得到改善，并且通过自动控制系统，使生产过程在最佳条件下进行，从而可以大大加快生产速度，降低能耗，实现优质高产。

② 减轻劳动强度，改善劳动条件，改善工作环境。多数化工生产过程都是在高温、高压或低温、低压下进行，还有的是易燃、易爆或有毒、有腐蚀性、有刺激性气味，实现了化工自动化，操作人员只要对自动化装置的运转进行监控，而不需要再直接从事大量而又危险的现场操作。

③ 能保证生产安全，防止事故发生或扩大，达到延长设备使用寿命，提高设备利用率、保障人身安全的目的。如离心式压缩机，往往由于操作不当引起喘振而损坏机体；聚合反应釜，往往因反应过程中温度过高而影响生产，假如对这些设备进行必要的自动控制，就可以防止或减少事故的发生。

④ 生产过程自动化的实现，能根本改变劳动方式，提高工人文化技术水平，为逐步地消灭体力劳动和脑力劳动之间的差距创造条件。

自动化技术是当今举世瞩目的高技术之一，也是中国今后重点发展的一个高科技领域。自动化技术包含了检测控制技术、计算机技术、通信技术、图形显示技术四大要素。当前生产设备不断向大型化、高效化方向发展，大规模综合型自动化系统不断建立，工业生产过程和企业管理调度一体化的要求，更促进了自动化技术不断发展。

 想 一 想

目前化工企业中，自动化控制技术应用广泛吗？为什么要实现化工生产自动化呢？

0.1.3 化工仪表和自动化技术的发展概况

随着社会进步和科学技术的发展，仪表及自动化装置在生产过程中得到广泛的应用。早期的仪表控制是生产装置的眼睛和耳朵。而现代化工厂的自动化装置已成为工厂的大脑、神经和手、脚。随着电子技术、计算机技术、控制技术、网络技术的发展，自动控制技术得到了长足的发展，已成为化工企业提高企业效益和工作效益的有效手段，它是经营管理、企业管理、操作管理、运转管理、运转控制等方面的集成，是社会现代化、科学技术进步的重要标志。自动化的发展大体经历了以下几个阶段。

（1）仪表自动化阶段

20 世纪 40 年代以前，绝大多数化工生产都处于手工操作状态，操作人员根据反映主要工艺参数的仪表的指示情况，用人工来改变操作条件，生产过程主要凭操作经验进行控制，生产效率极低。对于那些连续进行的生产过程，在进出物料的彼此联系中，主要依靠装设大型贮槽所起的缓冲作用来克服干扰的影响，以保证生产的稳定进行。所用仪表主要结构形式为机械式和液动式，仪表的精度低、体积大，只能实现就地检测和记录，显然生产效率很低，同时花在设备上投资也很大，经济效率也很低。

20 世纪 40 年代开始，过程控制得到发展。逐步出现了以基地式仪表为典型的局部自动化，大都是针对温度、压力、流量和液位等参数的单输入-单输出控制，主要控制目的是保证被控变量的稳定和生产的安全，以保证产品的产量和质量的稳定。

20 世纪 50 年代至 60 年代，人们对化工生产的各种单元操作进行了大量的开发工作，使得化工生产过程朝着大规模、高效率、连续生产、综合利用的方向迅速发展。如果没有先进的自动检测仪表和自动控制系统，这类生产就无法正常进行。此时，在实际生产中应用的自动控制系统主要是温度、压力、液位和流量四大工艺参数的简单控制系统，并开始出现串级、比值、前馈、多冲量等复杂控制系统。

随着电子技术的飞跃发展，以及新材料、新工艺的不断涌现，新的检测方法不断得到开发，新型仪表层出不穷。自动化仪表也向着高性能、小体积、使用方便的方向快速发展，气动、电动单元组合仪表（Ⅰ、Ⅱ、Ⅲ型）相继问世。而具有灵活性和可靠性的组装式电子综合控制装置将仪表和生产控制系统有机地结合在一起，为实现各种复杂的、特殊的控制规律提供了方便。由单元组合仪表构成的控制系统如图 0-2 所示。

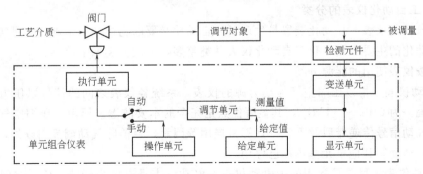

图 0-2　单元组合仪表构成的控制系统

（2）计算机控制阶段

20 世纪 70 年代，计算机开始应用于过程控制生产过程，随着现代化工业生产的不断发展和微型计算机的开发应用，以及光纤传感技术的日益成熟，过程检测与控制的发展达到了一个新的水平，出现了计算机控制系统。1975 年，以微处理器为核心的新型智能仪表的问世，使仪表具有自校准、自调零、自选量程、自动测试及信息变换、统计处理数据等多种功能，仪表与计算机之间的直接联系极为方便，计算机在自动化系统中发挥越来越巨大的作用。逐步出现了整个车间，甚至整个企业无人或很少有人参与操作管理、过程控制最优与现代化的集中调度管理相结合的全盘自动化方式。

目前，利用现代计算机技术、通信技术、图像显示技术及自动控制技术等，把工业控制计算机、微型机、顺序控制装置、过程输入输出装置、现场仪表等有机融合在一起的集散型控制系统（DCS）、现场总线控制系统（FCS）已广为应用，因其具有直接数字控制、顺序控制、批量控制、数据采集与处理、多变量相关控制及最佳控制等功能，兼有常规模拟仪表和计算机系统的优点，以其先进性、可靠性、灵活性、适应性、智能化、操作简便及良好的性价比引起了人们的密切关注，已成为大型工业企业的主流自动化控制系统。

（3）综合自动化阶段

从 20 世纪 90 年代开始，进入综合自动化阶段。何谓综合自动化系统？综合自动化系统就是包括生产计划和调度、操作优化、基层控制和先进控制等内容的递阶控制系统，也称管理控制一体化的系统。这类系统是靠计算机及其网络来实现的，因此也称为计算机集成过程系统（computer integrated process system，CIPS），与机械制造系统中的计算机集成制造系统（CIMS）类似。计算机集成生产系统将计划优化、生产调度、经营管理和决策引入计算机控制系统，使市场意识与优化控制相结合，管理与控制相结合，推出了现场总线控制技术，促使计算机控制系统更加完善，其应用的领域和规模越来越大，其社会、经济效益也越来越大。

化工生产过程的自动化是适应生产发展的需要而发展起来的，它们之间相互依存、相互促进、密切相关。生产工艺的变革、设备的更新、生产规模的扩大、新产品的涌现都会促进自动化的发展进程。同样，自动控制理论、技术、设备等方面的新成就，又保证了现代化工业生产在安全而稳定的情况下高速、高产、高质地运行，可以充分地发挥和利用设备的潜力，大大地提高生产率，获得最大的社会与经济效益。

在化工生产过程中，由于实现了自动化，人们通过自动化装置来管理生产，自动化装置与工艺及设备已结合成为有机的整体。因此，越来越多的工艺技术人员认识到学习化工仪表及自动化方面的知识，对于管理与开发现代化化工生产过程是十分必要的。

0.1.4 化工自动化仪表的分类

化工自动化仪表或自动化装置是生产过程自动化必要的物质技术基础，它是实现化工生产过程自动化的主要工具。化工自动化仪表种类繁多，一般分类如下。

（1）按仪表使用的能源分类

① 气动仪表 指以压缩空气为动力源的仪表，系统各仪表之间的信号以压力的大小传递，信号统一为 0.02～0.1MPa，其显著优点是完全的本安防爆。但由于压缩空气制备与处理困难，气动信号传递滞后及不宜与计算机连用等因素，目前除气动调节阀以外，变送、运算、记录、辅助等其他单元基本都已停用。

② 电动仪表 目前最常用的为电动仪表。电动仪表是以电为能源，信号之间联系比较方便，统一为Ⅰ、Ⅱ型：0～10mA DC；Ⅲ型：4～20mA DC，适宜于远距离传送和集中控制，便于与计算机连用。现在电动仪表可以做到防火、防爆，更有利于电动仪表的安全使用。但电动仪表一般结构较复杂，易受温度、湿度、电磁场、放射性等环境影响。

③ 液动仪表 指以油压为动力及信号传递的仪表，主要用于需要大功率输出的场合，液动仪表现在已经很少用，基本上被淘汰。

（2）按信息的获得、传递、反映和处理的过程分类

① 检测仪表　检测仪表的主要作用是获取信息，并进行适当的转换。在生产过程中，检测仪表主要用来测量某些工艺参数，如温度、压力、流量、物位及物料的成分、物性等，并将被测参数的大小成比例地转换成电（电压、电流、频率等）信号或气压信号。

② 显示仪表　显示仪表的主要作用是将由检测仪表获得的信息显示出来，包括各种模拟量、数字量的指示仪、记录仪和积算器，以及工业电视、图像显示器等。

③ 控制仪表　控制仪表可以根据需要对输入信号进行各种运算，例如，放大、积分、微分等，并把控制信号传给执行器。控制仪表包括各种电动、气动的控制器以及用来代替模拟控制仪表的微处理机等。

④ 集中控制装置　包括各种巡回检测仪、巡回控制仪、程序控制仪、数据处理机、电子计算机以及仪表控制盘和操作台等。

⑤ 执行器　执行器可以接受控制仪表的输出信号或者直接来自操作人员的指令，对生产过程进行操作或控制。执行器包括各种气动、电动、液动执行机构和控制阀。

上述各类仪表在信息传递过程中的关系可以用图 0-3 来表示。

（3）按仪表的结构形式分类

① 基地式仪表　基地式仪表是各类仪表之间以不可分离的机械结构，把变送、显示、控制等部分分装在一个表壳中，单独构成一个固定的控制系统。这种仪表主要用在现场，做就地检测和控制，但不能实现多种参数的集中显示与控制。这在一定程度上限制了基地式仪表的应用范围。但是基地式仪表一般结构比较简单，价格也比较

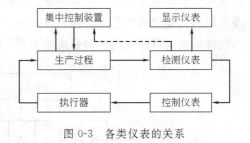

图 0-3　各类仪表的关系

低廉，常适用于中小企业的局部自动化，并具有防尘防溅等优点。

② 单元组合仪表　单元组合式仪表将变送、控制、显示等功能制成各自独立的仪表单元（简称单元，例如变送单元、显示单元、控制单元等），各单元间用统一的输入、输出信号相联系，可以根据实际需要选择某些单元进行适当的组合、搭配，组成各种测量系统或控制系统，因此单元组合仪表使用方便、灵活。

单元组合仪表可分为变送单元（B），调节单元（T），转换单元（Z），运算单元（J），显示单元（X），给定单元（G），辅助单元（F）和执行单元（K）八类单元。单元仪表中的各个单元之间用统一的标准信号进行联系，将各种独立仪表进行不同的组合，可以构成适用于各种不同场合的自动检测或控制系统。这类仪表有气动单元组合仪表（QDZ）和电动单元组合仪表（DDZ）两大类。下面简单介绍单元组合仪表命名与性能。

气动单元组合仪表是以 0.14MPa 压缩空气为能源，各单元之间以统一的 0.02～0.1MPa 气压标准信号相联系，整套仪表的精度为 1.0 级。

电动单元组合仪表的发展较快，主要经历了三个阶段：DDZ-Ⅰ型、DDZ-Ⅱ型和 DDZ-Ⅲ型。20 世纪 60 年代初研制的 DDZ-Ⅰ型仪表，它是采用电子管器件，由于它的体积大、笨重、耗电量大、易引起燃烧与爆炸，所以不久就被淘汰。DDZ-Ⅱ型仪表是以晶体管等分立元件为主要器件的，不仅体积缩小、重量减轻，而且性能也得到改善。随着半导体器件和电子技术的发展，20 世纪 70 年代中期推出了 DDZ-Ⅲ型仪表，它以集成电路作为核心器件，采用了安全火花防爆技术，因而精度较高，稳定性和可靠性也较好，多年来由于对Ⅲ型仪表不断改进，其性能日臻完善，因而得到了普遍的应用。

DDZ-Ⅱ型仪表是以 220V AC 为能源，各单元在现场传输信号为 0～10mA DC，控制室联络信号 0～2V DC，整套仪表的精度可达 0.5 级。DDZ-Ⅲ型仪表是采用 24V DC 为能源，各单元在现场传输信号为 4～20mA DC，控制室联络信号 1～5V DC，整套仪表的精度可达 0.2 级。

③ 组件组装式控制装置　组件组装式控制装置是在电动单元组合仪表基础上发展起来的一种功能分离，结构组件化的新型成套仪表。它密切结合系统工程，能与工业控制机、程控装置、图像显示等技术相结合，对生产过程进行综合控制。

组件组装式控制装置的基本组成如图 0-4 所示，它是由一块块功能分离的组件插装而成，整套装置分控制机柜和集中控制台（又称显示操作盘）两大部分。控制机柜用来承载各种功能组件，是整个控制装置的主体，它接受来自生产过程的各种信号，并进行各种运算、控制处理，同时把处理后的信号送至生产过程及集中控制台。集中控制台是用来进行人机联系所必需的显示、操作部件。它具有监视生产过程运行情况所必需的指示和记录功能，还具有送出设定值和进行手动-自动切换等功能。

组件组装式控制装置以成套仪表的形式提供给用户，使得整套自动控制系统在仪表制造厂就预先插接装配完毕。在机柜里，对机柜内的组件集中供电。同一组件箱的组件之间，以及不同组件箱之间的信号交换和导线连接全部集中在接线箱里，并采用矩阵端子接线方式进行接线，大大方便了用户对系统的安装。

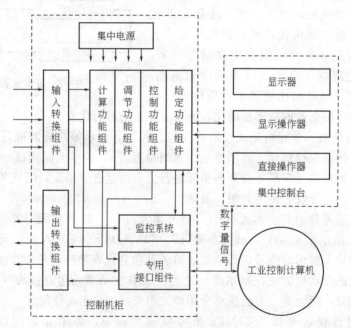

图 0-4　组件组装式控制装置基本组成

④ 总体分散型控制装置　总体分散型控制装置亦称为集中分散型控制系统（简称集散控制系统 DCS），是一种以微型计算机为核心的计算机控制装置。其基本特点是分散控制、集中管理。DCS 系统通常由控制站（下位机）、操作站（上位机）和过程通信网络三部分组成。

⑤ 新型计算机控制装置　现场总线控制系统（FCS 系统）是基于现场总线技术的一种新型计算机控制装置。其特点是现场控制和双向数字通信，即将传统上集中于控制室的控制功能分散到现场设备中，实现现场控制，而现场设备与控制室内的仪表或装置之间为双向数

字通信。

FCS 系统具有全数字化、全分散式、可互操作、开放式以及现场设备状态可控等优点。FCS 系统中还可能出现以以太网技术和以无线通信技术为基础的计算机控制系统。

（4）按防爆能力分类

在石油、化工生产过程中，广泛存在着各种易燃、易爆物质，这些生产环境对仪表的防爆能力尤为重视，现场仪表的防爆能力已成为仪表性能的重要指标。气动仪表的能源是 140kPa 的压缩空气，本质上是安全防爆的。而电动仪表必须采取必要的防爆措施才具有防爆性能，电动仪表的设计者也考虑了各种防爆措施。电动仪表按防爆能力分类，有普通型、隔爆型和安全火花型等类仪表。

1）普通型仪表

指未采取任何防爆措施的仪表，只能应用在非危险场所。

2）隔爆型仪表

采取隔离措施以防止引燃引爆事故的仪表称为隔爆型防爆仪表。隔爆的方法主要有两种。

① 最普通的办法是采用足够厚的金属外壳，其连接处采用符合规定的螺纹。其特点是仪表的电路和接线端子全部置于防爆壳体内，其表壳强度足够大，接合面间隙足够深，最大的间隙宽度又足够窄，以保证与外界的气密性。这样，即使仪表因事故在表壳内部产生燃烧或爆炸时，火焰穿过缝隙过程中，受缝隙壁吸热及阻滞作用，将大大降低其向外传递的能量和温度，从而不会引起仪表外部规定的易爆性气体混合物的爆炸。

必须指出，由隔爆仪表组成的隔爆防爆系统，其安装及走线方式，必须满足隔爆的要求，穿线管的开口位置，应处于安全区内或保持其与爆炸点距离符合有关规定。

② 采用充入惰性气体或将电路浸在油中的办法隔离的。其用意是靠惰性气体或油熄灭电火花，并帮助散热降温。同时，使周围易燃物与电路隔离。

🔊 注意之处

隔爆型防爆仪表安装及维护正常时，它能达到规定的防爆要求，但是揭开仪表表壳后，它就失去了防爆性能，因此不能在通电运行的情况下打开表壳进行检修或调整。此外，这种防爆结构长期使用后，由于表壳接合面的磨损，缝隙宽度将会增大，因而长期使用会逐渐降低防爆性能。

3）安全火花型仪表

采用本质安全型防爆措施的仪表称为本质安全型防爆仪表（简称本安仪表），也称安全火花型防爆仪表。所谓"安全火花"就是指这种火花的能量很低，它不能使爆炸性混合物发生爆炸。这种防爆结构的仪表，在正常状态下或规定的故障状态下产生的电火花和热效应均不会引起规定的易爆性气体混合物爆炸。正常状态是指在设计规定条件下的工作状态，故障状态是指电路中非保护性元件损坏或产生短路、断路、接地及电源故障等情况。

本质安全型防爆仪表在电路设计上采用低工作电压和小工作电流。通常采用不大于 24V DC 工作电压和不大于 20mA 的工作电流。对处于危险场所的电路，适当选择电阻、电容和电感的参数值，用来限制火花能量，使其只产生安全火花；在较大电容和电感回路中并联双重化二极管，以消除不安全火花。

安全火花型仪表是电动仪表中防爆性能最好的一类。常用本安型仪表有电Ⅲ型的差压变送器、温度变送器、电/气阀门定位器以及安全栅等。

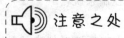 注意之处

　　将本质安全型防爆仪表在其所适用的危险场所中使用，还必须考虑与其配合的仪表及信号线可能对危险场所的影响，应使整个测量或控制系统具有安全火花防爆性能。

 想一想

　　家庭中使用的仪表多吗？具体有哪些？

0.1.5　自动化系统的组成和分类

（1）自动化系统的组成

自动化系统由生产装置和自动化装置两大部分构成的。

1）生产装置

在自动化系统中，将需要控制其工艺参数的生产设备或机器叫做被控对象。如化工生产中的各种塔器、反应器、换热器、泵、压缩机以及各种容器、贮槽等都是常见的被控对象，而输送流体用的管道也可以是一个被控对象。在复杂的生产设备中，如精馏塔、吸收塔等，在一个设备上可能有多个控制系统。这时在确定被控对象时，就不一定是生产设备的整个装置。如一个精馏塔，往往塔顶需要控制温度、压力，塔底又需要控制温度和塔釜液位等，而塔中部还需要控制进料量，在这种情况下，就只有将塔的某一与控制有关的相应部分作为该控制系统的被控对象。

2）自动化装置

自动化装置是实现化工生产过程自动化的主要工具，它包括现场仪表和控制装置两大部分。

① 现场仪表　现场仪表指安装在生产装置上的检测仪表和执行器，包括各种变量的传感器和变送器。

检测仪表是生产过程中信息获得的工具，其利用声、光、电、磁、热辐射等手段来实现对温度、压力、流量、物位、成分等工艺参数的测量，将这些非电量的参数变为相应的电信号输出。

执行器是直接改变操纵变量的工具。它依据调节仪表的调节信息或操作人员的指令，将信号或指令转换成位移，以实现对生产过程中的某些参数的控制。执行器由执行机构与调节阀两部分组成。执行机构按能源划分有气动执行器、电动执行器和液动执行器。

② 控制装置　控制装置是生产过程信息处理的工具。它将检测仪表获得的信息，根据工艺要求进行各种运算，然后输出控制信号。控制装置包括气动及电动模拟量控制器、数字式调节器、可编程调节器、可编程控制器、计算机控制装置等多种类型。

③ 显示仪表　显示仪表是显示被测参数数据信息的工具。它通过图表、数字、指示等方式将被测参数显示出来，供操作人员了解生产过程状态。由于显示仪表处于控制系统的闭环回路之外，所以在分析、描述及绘制自动化系统时，常常不涉及。

显示仪表根据功能不同，可以分为记录仪表和指示仪表；模拟仪表、数字仪表和计算机显示器；记录仪表又分为有纸记录与无纸记录等。

（2）自动化系统的分类

根据生产过程的要求不同，自动化系统分为以下四种类型。

1）自动检测系统

利用各种检测变送仪表对工艺过程中的变量进行自动检测、指示或记录的系统，称为自动检测系统。如图 0-5 所示。它包括工艺对象、检测变送以及显示等环节。它代替了操作人员对生产现场工艺参数的不断观察与记录，因此起到人的眼睛的作用。

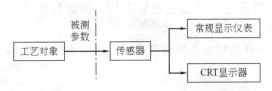

图 0-5　自动检测系统的构成

例如，图 0-6 中的热交换器是利用蒸汽加热冷液的，冷液经过加热后的温度是否满足工艺要求，可用测温元件配上平衡电桥来进行测量、指示和记录；冷液的流量可以用孔板流量计进行检测；蒸汽压力可用压力表来自动指示，这些都是自动检测系统。

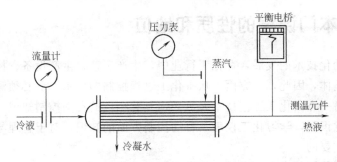

图 0-6　热交换器自动检测系统示意图

2）自动报警与联锁保护系统

在化工生产过程中，有时由于一些偶然因素的影响，导致工艺变量超出工艺允许的变化范围时，就有引发事故的可能。所以，对一些关键的工艺变量，要设有自动信号报警与联锁保护系统。当工艺变量接近临界数值时，系统会发出声、光等报警，提醒操作人员注意。如果变量进一步接近临界值、工况接近危险状态时，联锁系统立即采取紧急措施，自动打开安全阀或切断某些通路，必要时进行紧急停车，以防止事故的发生和扩大。因此，它是化工生产过程中的一种安全装置。例如，某反应器的反应温度超过了允许极限值，自动信号系统就会发出声光信号，报警给工艺操作人员，以便及时处理生产事故。现在，由于生产过程的强化，事故常常会在几秒内发生，由操作人员直接处理是根本来不及的。自动联锁保护系统可以圆满解决这类问题。如，当反应器的温度或压力进入危险限时，联锁系统可立即采取应急措施，加大冷剂量或关闭进料阀门，减缓或停止反应，从而可避免引起爆炸等生产事故，起到安全保护作用。

3）自动操纵系统及自动开停车系统

利用自动操纵装置，按预先规定的步骤，自动地对生产设备启动或者停运，或者交替进行某种周期性操作的系统。例如，合成氨造气车间的煤气发生炉，要求按照吹风、上吹、下吹制气、吹净等工作步骤周期性地接通空气和水蒸气，利用自动操纵机可以代替人工自动地按照一定的时间程序启动空气和水蒸气的阀门，使它们交替地接通煤气发生炉，从而减轻了操作工人的重复性体力劳动,实现了远距离的自动操纵。

4)自动控制系统

生产过程中各种工艺条件不可能是一成不变的。特别是化工生产,大多数是连续性生产,各设备相互关联着,当其中某一设备的工艺条件发生改变时,都可能引起其他设备中某些参数或多或少地波动,偏离正常的工艺条件,为此,需要用一些自动控制装置,对生产中某些重要变量进行自动控制,使它们在受到外界干扰影响而偏离正常状态时,能自动地调回到规定的数值范围内,保证生产过程正常地进行。为此目的而设置的系统称为自动控制系统。

化工自动化领域中,自动检测系统和自动控制系统是核心部分,在化工生产中应用最为广泛。

 做一做

试举例介绍你所见过的自动控制系统有哪些?

0.2　认识本门课程的性质和地位

由于现代自动化技术的发展,在化工行业中,生产工艺、生产设备、控制和管理已逐渐成为一个有机的整体,因此,一方面,从事化工过程控制的技术人员必须深入了解和熟悉生产工艺和设备;另一方面化工工艺技术人员必须具有相应的自动控制知识。现在,越来越多的工艺技术人员意识到,学习化工仪表及自动控制方面的知识,对于管理与开发现代化化工生产过程是十分重要的。

本课程是应用化工技术专业类的一门专业核心必修课。

通过本课程的学习,应能熟练阅读工艺流程图;能了解主要工艺参数(温度、压力、流量、物位)的检测方法及其仪表的工作原理及特点;能根据生产要求正确的选用和使用常见的检测仪表和控制仪表;能掌握化工自动化的初步知识,理解控制仪表的基本控制规律,懂得控制器参数对控制系统的影响;能根据工艺的需要,和自控人员共同讨论和提出合理的自动控制方案;能了解控制系统的发展趋势和最新发展动态,了解计算机控制系统。掌握工业生产过程中自动控制系统方面的基本知识,熟悉化工仪表的结构和性能,会操作仪器仪表,并能对仪器仪表进行日常维护保养,同时会判断仪器仪表的故障。

技能训练与思考题

1. 什么是化工自动化?实现化工自动化有哪些意义?
2. 自动化的发展经历哪几个阶段?
3. 化工自动化仪表的分类?
4. 自动化系统的组成有哪些?
5. 根据生产过程的要求的不同,自动化系统分为哪四类?
6. 什么是自动控制系统?

1 / 工艺参数的测量和信号转换

【能力目标】

- 能正确掌握化工生产中工艺参数测量的方法
- 能正常使用显示仪表
- 能掌握检测过程中信号转换问题

【知识目标】

- 掌握工艺参数检测知识
- 掌握显示仪表的工作原理和分类
- 掌握检测系统的构成
- 掌握检测过程中信号的转换问题
- 了解仪表的防护问题

1.1 化工工艺参数测量的基础知识

化工生产过程主要是通过控制四大工艺参数（温度、压力、液位、流量）来实现的。只有把工艺参数准确测量出来，才能准确控制。下面就来掌握工艺参数检测的基础知识，为后续生产操作中的工艺参数测量控制打下基础。

1.1.1 测量的基本概念

（1）测量的定义

"测量是以确定量值为目的的一种操作"。这种"操作"就是测量中的比较过程——将被测参数与其相应的测量单位进行比较的过程。实现比较的工具就是测量仪表（简称仪表）。

实际上，大多数的被测变量无法直接借助于通常的测量仪表进行比较，这时，必须将被测变量进行变换，将其转换成有确定函数关系，又可以比较的另一物理量，这就是信号的检测。检测是意义更为广泛的测量，它包含测量和检验的双重含义。各种检测仪表的测量过程，其实质就是被测变量信号能量的不断变换和传递，并与相应的测量单位进行比较的过程，而检测仪表就是实现这种比较的工具。例如，对炉温的检测，常常利用热电偶的热电效应，把被测温度（热能）变换成直流毫伏信号（电能），然后经过毫伏检测仪表转换成仪表指针位移（势能），再与温度标尺相比较而显示被测温度的数值。

（2）测量方法及分类

对于测量方法，从不同的角度出发，有不同的分类方法。按被测变量变化速度分为静态测量和动态测量；按测量敏感元件是否与被测介质接触，可分为接触式测量和非接触式测量；按比较方式分直接测量和间接测量；按测量原理分偏差法、零位法、微差法等。

1）按比较方式分

① 直接测量　直接测量是指用事先标定好的测量仪表对某被测变量直接进行比较，从而得到测量结果的过程。例如，用直尺测量物体的长度，用天平称量物质的质量，用温度计

测量物体的温度等。

② 间接测量　间接测量是指由多个仪表（或环节）所组成的一个测量系统。它包含了被测变量的测量、变换、传输、显示、记录和数据处理等过程。这种测量方法在工程中应用广泛。

一般来说，间接测量比直接测量要复杂一些。但随着计算机的应用，仪表功能加强，间接测量方法的应用也正在扩大，测量过程中的数据处理完全可以由计算机快速而准确地完成，使间接测量方法变得比较直观而简单。

2）按测量原理分

① 偏差法　用测量仪表的指针相对于刻度初始点的位移（偏差）来直接表示被测量的大小。指针式仪表是最为常用的一种类型。

用此种方法测量的仪表中，分度是预先用标准仪器标定的，如弹簧秤是用砝码标定。这种方法的优点是直观、简便，相应的仪表结构比较简单；缺点是精度低、量程窄。

② 零位法　将被测量与标准量进行比较，二者的差值为零时，标准量的读数就是被测量的大小。这就要有一灵敏度很高的指零机构。如天平称重和电位差计测量电势就是用这个原理。

零位法具有很高的灵敏度，但响应慢，测量时间长，不能测量快速变化的信号。

③ 微差法　是将偏差法和零位法组合起来的一种测量方法。测量过程中将被测变量的大部分用标准信号去平衡，而剩余部分采用偏差法测量。

微差法的特点是准确度高，不需要微进程的可变标准量，测量速度快，指零机构用一个有刻度可指示偏差量的指示机构代替。利用不平衡电桥测量电阻的变化量，是检测仪表中使用最多的微差法测量的典型例子。

1.1.2　测量误差

（1）误差的概念

在测量过程中，由于所使用的测量工具本身不够准确、观测者的主观性和周围环境的影响等，使得测量的结果不可能绝对准确。仪表测量值与被测参数的真实值之间总是存在着一定的差距，这种差距称为测量误差。表示为

$$\Delta = X - T \tag{1-1}$$

式中　X——测量值，即被测变量的仪表示值；

　　　T——真实值，在一定条件下，被测变量实际应有的数值。

真实值是一个理想的概念，因为任何可以得到的数据都是通过测量得到的，它受到测量条件、人员素质、测量方法和测量仪表的影响。

一个测量结果，只有当知道它的测量误差的大小及误差的范围时，这种结果才有意义，因此，必须确定真实值。在实际应用中，常把以下几种情况定为真实值。

① 计量学约定的真值　即测量过程中所选定的国际上公认的某些基准量。例如：一个物理大气压下，水沸腾的温度为 100℃，即为约定真值。

② 标准仪器的相对真值　可以用高一级标准仪器的测量值作为低一级仪表测量值的相对真值，在这种情况下真值 T 又称为实际值或标准值。

如：对同一被测压力进行测量，标准压力表示值为 16MPa，普通压力表示值为 16.01MPa，则该被测压力测量值 X 为 16.01MPa，相对真值为 16MPa，用普通压力表测量后产生的误差为

$$\Delta = X - T = 16.01 - 16 = 0.01 \text{MPa}$$

③ 理论真值　如：平面三角形的内角之和恒为 180°。

（2）误差的分类

1）根据测量误差的表示方式分类

①绝对误差　绝对误差是仪表的测量值与被测量的真值之间的差值。即 $\Delta = X - T$。

绝对误差直接说明了仪表显示值（测量值）偏离实际值的大小。对同一个实际值来说，测量产生的绝对误差小，则直观地说明了测量结果准确。由于仪表在各检测点的绝对误差不一定相同，一般绝对误差是指整个测量过程中的最大绝对误差。

②相对误差　相对误差 γ 是指某点的绝对误差与该点标准表的读数之比，一般以百分数表示。可表示为

$$\gamma = \frac{\Delta}{X_0} \times 100\% \tag{1-2}$$

式中　γ——X_0 点处的相对误差。

求取测量误差的目的在于判断测量结果的可靠程度。

③引用误差　绝对误差与仪表量程比值的百分数称为引用误差，表示为

$$\delta_{引} = \frac{\Delta}{X_{max} - X_{min}} \times 100\% = \frac{\Delta}{M} \times 100\% \tag{1-3}$$

式中　X_{max}——测量范围的上限；

　　　X_{min}——测量范围的下限；

　　　M——仪表量程。

在实际应用中，通常采用最大引用误差来描述仪表实际测量的质量，并把它定义为确定仪表精度的基准。表达式为

$$\delta_{引M} = \frac{\Delta_M}{X_{max} - X_{min}} \times 100\% = \frac{\Delta_M}{M} \times 100\% \tag{1-4}$$

式中　Δ_M——在测量范围内产生的绝对误差的最大值。

2）根据误差出现的规律来分

根据误差出现的规律，测量误差分为系统误差、随机误差和疏忽误差三类。

①系统误差　在相同条件下，对同一被测参数进行多次重复测量时，误差的大小和符号保持不变，或在条件改变时，按一定规律变化的误差称为系统误差。如仪表本身的缺陷、温度、湿度、电源电压等单因素环境条件的变化所造成的误差均属于系统误差。

系统误差的特点是，测量条件一经确定，误差即为一确切数值。用多次测量取平均值的方法，并不能改变误差的大小。系统误差是有规律的，可针对其产生的根源采取一定的技术措施进行修正，但不能完全消除。

②随机误差（偶然误差）　在相同条件下，对同一被测参数进行多次重复测量时，误差的大小和符号均以不可预计方式变化的误差称为随机误差。如电磁场干扰和测量者感觉器官无规律的微小变化等引起的误差均为随机误差。

随机误差在多次测量时，其总体服从统计规律，大多服从正态分布，具有对称性、有界性、抵偿性和单峰性等特点。可以通过对多次测量值取算术平均值的方法削弱随机误差对测量结果的影响。

③疏忽误差（粗大误差）　在一定的测量条件下，由于人为原因造成的、测量值明显偏离实际值所形成的误差称为疏忽误差。

产生疏忽误差的主要原因有：观察者过于疲劳，缺乏经验，操作不当或责任心不强而造成的读错刻度、记错数字或计算错误等失误；以及测量条件的突然变化，如机械冲击等引起仪器指示值的改变。疏忽误差可以克服，而且和仪表本身无关，凡确定是疏忽误差的测量数

据应剔除不用。

根据检测仪表的使用条件不同，测量误差又分为基本误差和附加误差。基本误差是指仪表在规定的标准工作条件下使用时的最大误差，一般就是仪表的允许误差。附加误差是仪表在非标准工作条件下使用时额外产生的误差，如温度附加误差、电源波动附加误差等。

1.1.3　检测仪表概述

在自动化系统中，所用的检测仪表是自动控制系统的"感觉器官"，相当于人的眼睛。只有正确检测生产过程的状态和工艺参数，才能由控制仪表进行自动控制。

检测是指利用各种物理和化学效应，将物质世界的有关信息通过测量的方法赋予定性或定量结果的过程。在生产过程中，完成工艺参数检测处理的仪表，称为检测仪表。用来将这些参数转换成一定的便于传送的信号（例如电信号或气压信号）的仪表通常称为传感器。当传感器的输出为单元组合仪表中规定的标准信号时，通常称为变送器。

（1）检测仪表的基本组成

检测仪表的结构虽因功能和用途各异，但通常包括下面三个基本部分，如图 1-1 所示。

图 1-1　检测仪表系统的组成

1）检测传感部分

检测部分一般直接与被测介质相关连，通过它感受被测变量的变化，并变换成便于测量的相应的位移、电量或其他物理量。这部分又包括以下两种情况。

① 敏感元件　敏感元件是能够灵敏地感受被测变量并响应的元件。例如，弹性膜盒能感受压力的大小而引起形变，因此弹性膜盒是一种压力敏感元件。

② 传感器　传感器不但能感受被测变量并能将其响应传送出去。即传感器是一种以测量为目的、以一定的精度把被测量转换为与之有确定关系的、便于传送处理的另一种物理量的测量器件。上述弹性膜盒的输出是变形，是一种极小的位移量，不便于向远方传送，如果膜盒中心的位移转变成电容极板的间隙变化，就成为输出信号为电容量的压力传感器。

由于电信号便于传送处理，所以多数传感器输出信号是电压、电流、电感、电阻、电容、频率等电量。目前利用光导纤维传送信息的传感器也得到发展，它在抗干扰、防爆、传送速度等方面都很突出。

2）转换传送部分

转换传送部分（也称信号处理器）是把检测部分输出的信号进行放大、转换、滤波、线性化处理，以推动后级显示器工作。

① 转换器　转换器是信号处理器的一种。传感器的输出通过转换器把非标准信号转换成标准信号，使之与带有标准信号的输入电路或接口的仪表配套，实现检测或调节功能。所谓的标准信号，就是物理量的形式或数值范围都符合国际标准的符号。如直流电流 $4 \sim 20mA$；直流电压 $1 \sim 5V$；空气压力 $20 \sim 100kPa$ 等都是当前通用的标准信号。

有了统一标准信号，不仅方便地把各类仪表组成检测或控制系统，而且还可以将不同系列的仪表甚至计算机连接起来，构成控制系统使用，这样使兼容性、互换性大为提高，配套方便，提高了仪表的应用范围。另外，不同的标准信号之间通过转换器也可以互相转换。如电气转换器把 $20 \sim 100kPa$ 空气压力转换成 $4 \sim 20mA$ 直流电流信号。

② 变送器　变送器是传感器与转换器的另一种称呼。凡能直接感受非电的被测变量并将其转换成标准信号输出的传感器装置，可称为变送器。如差压变送器、浮筒液位变送器、

电磁流量变送器等。

3）显示部分

将测量结果用指针、记录笔、数字值、文字符号（或图像）的形式显示出来。显示部分可以和检测部分、信号处理部分共同构成一个整体，成为就地指示型测量仪表，如弹簧管式压力表、玻璃管式液位计、水银温度计等；也可以单独工作为一台仪表，与各类传感器、变送器等配合使用构成检测、控制系统，如自动平衡式显示仪表、数字显示表、无纸记录仪等。

（2）检测仪表的分类

检测仪表的主要作用是获取信息，并进行适当的转换。在生产过程中检测仪表主要用来测量某些工艺参数，如温度、压力、流量、物位（液位）以及物料的成分、物性等，并将被测参数的大小成比例地转换成电的信号（电压、电流、频率等）或气压信号。

检测仪表的分类方法有很多种，下面简单介绍。

1）检测仪表按照检测的工艺变量的不同分

① 温度检测仪表　常用的温度检测仪表有膨胀式温度计、压力式温度计、热电阻温度计、热电偶温度计、辐射高温计等。

② 压力（包括差压、负压）检测仪表　常用的压力检测仪表有弹性式压力计、电气式压力计等。

③ 流量检测仪表　常用的流量检测仪表有节流式流量计、转子流量计、漩涡流量计、涡轮流量计、电磁流量计、容积式流量计等。

④ 物位（液位）检测仪表　常用的物位检测仪表有差压式、浮力式、电容式、超声波、雷达式物位计等。

⑤ 物质成分分析仪表及物性检测仪表　包括气相色谱仪、红外分析仪、PH 计、ORP（氧化还原电势）检测仪等。

2）检测仪表按照示值表达方式的不同，可分为指示型、记录型、信号型、远传指示型、累积型。

3）检测仪表按照精确度等级和使用的场合不同，分为实用仪表、范型仪表和标准仪表，分别使用在现场、实验室和标定室。

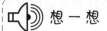 想 — 想

生活中，家里有哪些检测仪表？你还了解多少？

1.1.4　检测仪表的基本技术指标

检测仪表的质量优劣，经常用它的质量指标来衡量。检测仪表的质量指标有以下几项。

（1）量程

量程是指仪表能接受的输入信号范围。它用测量的上限值 y_{max} 与下限值 y_{min} 的差值来表示。即

$$y_m = y_{max} - y_{min} \tag{1-5}$$

例如，测量范围为 $-50 \sim +1000℃$，下限值为 $-50℃$，上限值为 $+1000℃$，量程为 1050℃。

量程的选择是仪表使用中的重要问题之一。一般规定：正常测量值在满刻度的 50%～70%。若为方根刻度，正常测量值在满刻度的 70%～85%。

有的检测仪表一旦过载（即被测量超出测量范围）就将损坏，而有的检测仪表允许一定程度的过载，但过载部分不作为测量范围，这一点在使用中应加以注意。

（2）精确度

仪表的精确度（准确度）简称精度，反映了仪表测量值接近真值的准确程度。一般用相对百分误差表示。

相对百分误差用仪表的最大绝对误差与该表量程的百分比表示，即

$$\delta = \frac{\Delta_{max}}{仪表量程} \times 100\% = \frac{\Delta_{max}}{标尺上限值 - 标尺下限值} \times 100\% \qquad (1-6)$$

式中　δ——仪表的相对百分误差；

Δ_{max}——仪表的最大绝对误差，仪表量程为标尺上限值与下限值之差。

仪表的精确度通常用精度等级来表示，精度等级就是仪表的最大相对百分误差去掉"±"和"%"后的数字，但必须与国家标准相一致。

我国统一规定的仪表精度等级有 0.005，0.02，0.05，0.1，0.2，0.35，0.5，1.0，1.5，2.5，4.0 等。其中 0.5～4.0 级表为常用的工业用仪表。精度通常以圆圈或三角内的数字标注在仪表刻度盘上。数字越小，说明仪表的精确度越高，其测量结果越准确。精确度等级标明了该仪表的最大相对百分误差不能超过的界限。如果某仪表精度为 0.5 级，则表明该仪表最大相对百分误差不超过±0.5%，最大绝对误差应小于仪表最大量程的 0.5%。在选表和仪表校验后重新定级时应予注意。

仪表的精度等级是衡量仪表质量优劣的重要指标之一，它反映了仪表的准确度和精密度。仪表的精度等级一般用圈内数字等形式标注在仪表面板或铭牌上。

【例 1-1】　某压力测量仪表的测量范围为 0～10MPa，校验该表时得到的最大绝对误差为 0.08MPa，试确定该仪表的精度等级。

解：该仪表的精度为

$$\delta_{max} = \frac{\Delta_{max}}{量程} \times 100\% = \frac{\pm 0.08}{10 - 0} \times 100\% = \pm 0.8\%$$

由于国家规定的精度等级中没有 0.8 级仪表，而该仪表的精度又超过了 0.5 级仪表的允许误差，所以，这台仪表的精度等级应定为 1.0 级。

【例 1-2】　某台测温仪表的测量范围为 0～1000℃，根据工艺要求，温度指示值的误差不允许超过±7℃，试问应如何选择仪表的精度等级才能满足以上要求？

解：根据工艺要求，仪表精度应满足为

$$\delta_{max} = \frac{\Delta_{max}}{量程} \times 100\% = \frac{\pm 7}{1000 - 0} \times 100\% = \pm 0.7\%$$

此精度介于 0.5 级和 1.0 级之间，若选择精度等级为 1.0 级的仪表，其允许最大绝对误差为10℃，这就超过了工艺要求的允许误差，故至少应选择 0.5 级的精度才能满足工艺要求。

📢 结论

　　由以上两个例子可以看出：根据仪表校验数据来确定仪表精度等级和根据工艺要求来选择仪表精度等级，要求是不同的。根据仪表校验数据来确定仪表精度等级时，仪表的精度等级值应选不小于由校验结果所计算的精度值；根据工艺要求来选择仪表精度等级时，仪表的精度等级值应不大于工艺要求所计算的精度值。

（3）回差

在相同使用条件下，同一仪表对同一被测变量进行正、反行程测量时（即被测变量从小到大和从大到小全行程范围变化），被测变量从不同方向到达同一数值时，仪表指示值的最大差值称为该表的回差或变差。如图1-2所示。

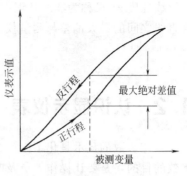

图 1-2　测量仪表的变差

回差 ε 用同一被测参数值下的仪表正反行程指示值的最大差值与仪表量程的百分数表示。即

$$\varepsilon = \pm \frac{(X_{正} - X_{反})_{\max}}{标尺上限 - 标尺下限} \times 100\% \qquad (1-7)$$

回差是反映仪表恒定度的指标。正常仪表的回差应小于其允许误差，否则，应及时检修。回差是由仪表传动机构的间隙、运动部件的摩擦、弹性元件的滞后等原因造成的，由于智能型仪表全电子化，无可动部件，所以这个指标对智能型仪表而言已不重要了。

（4）灵敏度

灵敏度是反映仪表对被测变量变化灵敏程度的指标。当仪表达到稳态时，仪表输出信号变化量 $\Delta\alpha$ 与引起此输出信号变化的输入信号（被测参数）变化量 ΔX 之比表示灵敏度 S。即

$$S = \frac{\Delta\alpha}{\Delta X} \times 100\% \qquad (1-8)$$

仪表的灵敏限是指能够引起仪表指针动作的被测参数的最小变化量。一般，仪表灵敏限的数值应不大于仪表所允许的绝对误差的一半。

对同一类仪表，标尺刻度确定后，仪表测量范围越小，灵敏度越高。但灵敏度越高的仪表精度不一定高。

（5）分辨力与分辨率

分辨力是指仪表可能检测到的被测信号最小变化的能力，也就是使仪表示值产生变化的被测量的最小改变量。通常仪表分辨力的数值应不大于仪表允许绝对误差的一半。数字式仪表的分辨力是指仪表在最低量程上最末一位数字改变一个字所表示的物理量。

例如，3位半（最大显示值为1999）数字电压表，若在最低量程时满度值为2V，则该数字式电压表的分辨力为1mV。数字仪表能稳定显示的位数越多，则分辨力越高。

分辨力有时又用分辨率表示，分辨率是分辨力与仪表量程之比的百分数。分辨力又称为灵敏限，是灵敏度的一种反映。一般说仪表的灵敏度高，则其分辨力同样也高。

（6）反应时间

表示仪表对被测量变化响应的快慢程度。表示方法为：当仪表的输入信号突然变化一个数值（阶跃变化）后，仪表的输出信号（即示值）由开始变化到新稳态值的63.2%所用时间。也可称为仪表的时间常数 $T_{\rm m}$。

（7）线性度

线性度反映了检测仪表输出量与输入量的实际关系曲线偏离直线的程度，如图1-3所示。通常总是希望测量仪表的输出与输入之间呈线性关系。因为在线性情况下，模

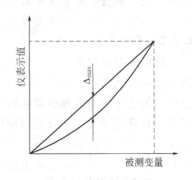

图 1-3　线性度示意图

拟仪表的刻度可以做成均匀刻度，而数字仪表就可以不必采取线性化措施。

线性度 ε_L 又称为非线性误差，通常用实际测得的输入-输出曲线（标定曲线）与理论拟合直线之间的最大偏差与测量仪表量程范围之比的百分数来表示。

$$\varepsilon_L = \pm \frac{(X_{标定} - X_{理论})_{max}}{标尺上限 - 标尺下限} \times 100\% \tag{1-9}$$

1.2　认识显示仪表

工艺参数的显示是化工生产过程中不可缺少的一个重要环节。测量生产过程中各个工艺参数的目的，是要让操作人员及时了解生产过程的进行情况，更好地对生产过程进行控制和管理。下面介绍掌握显示仪表的种类，掌握显示仪表的工作原理。

1.2.1　显示仪表的概述

显示仪表就是及时反映被测参数的连续变化情况，实现相关信息传递的工具。显示仪表直接接受传感器或变送器的输出信号，连续地显示、记录生产过程中各个被测参数的变化情况。

凡能将生产过程中各种参数进行指示、记录或累积的仪表统称为显示仪表（或称为二次仪表）。显示仪表一般安装在生产现场或控制室的仪表盘上。它和各种测量元件或变送单元配套使用，连续地显示或记录生产过程中各参数的变化情况。它又能与控制单元配套使用，对生产过程中的各参数进行自动控制和显示。

随着仪器科学与技术的发展和生产过程自动化的需要，目前，我国已生产的显示仪表种类很多。按照能源来分：可分为电动显示仪表、气动显示仪表、液动显示仪表；按照显示的方式来分：可分为模拟式、数字式和图像显示三种。

模拟式显示仪表是以仪表的指针（或记录笔）的线性位移或角位移来模拟显示被测参数连续变化的仪表。这类仪表免不了要使用磁电偏转机构或机电式伺服机构，因此，测量速度较慢，精度较低，读数容易造成多值性。但它结构简单、工作可靠、价廉且又能反映出被测值的变化趋势，因而目前大量地应用于工业生产中。

数字显示仪表是直接以数字形式显示被测参数值大小的仪表。这类仪表由于避免了使用磁电偏转机构或机电式伺服机构，因而测量速度快、精度高、读数直观，对所测参数便于进行数值控制和数字打印记录，尤其是它能将模拟信号转换为数字量，便于和数字计算机或其他数字装置联用。因此，这类仪表得到迅速的发展。

图像显示则是直接把工艺参数用图形、曲线、字符和数字等在屏幕上进行显示，并配以打印、记录装置，可根据需要对各种工艺参数进行打印、记录。它是随着计算机的推广应用而相应发展起来的一种新型显示仪器，其中应用比较普遍的是 CRT 显示器。

1.2.2　模拟式显示仪表

模拟式显示仪表是用标尺、指针、曲线等方式连续显示记录被测变量数值的一种仪表，例如，动圈式仪表、自动平衡式仪表等都属于模拟式显示仪表。动圈式仪表结构简单，易于维护，但受环境温度和线路电阻变化影响较大，仪表测量的准确度和精确度低，同时动圈式仪表不具有记录功能，只能指示被测变量的瞬时值。因此，现在应用的很少。自动平衡式显示仪表可以与不同的传感器（或变送器）配套后，可用于显示、记录各种不同的过程变量，在石油、化工、冶金等工业生产领域获得了广泛应用。

（1）自动平衡式显示仪表

自动平衡式显示仪表一般由测量线路、放大器、可逆电机、指示记录机构、传动结构、同步电机、稳压电源等部分组成。自动平衡式显示仪表外形如图 1-4 所示。

图 1-4 自动平衡式显示仪表外形图

测量线路接受来自检测仪表的信号，经放大器放大后驱动可逆电机转动，它一方面带动测量线路中的平衡机构平衡输入信号使其为零，另一方面带动指示和记录机构进行显示记录。

自动平衡式显示仪表按测量线路的不同，分为电子电位差计和电子平衡电桥两种。下面分别介绍。

1）电子电位差计

电子电位差计是用来测量毫伏级电压信号的显示记录仪表。可以和热电偶配套使用测量温度，也可以测量其他能转换成电压信号的各种工艺参数。

① 手动电位差计　电位差计是基于电位补偿原理工作的，图 1-5 是其电压补偿原理图。其中 R 为线性度很高的锰铜线绕电阻，它由稳压电源供电，这样就可以认为通过它的电流 I 是恒定的。G 为检流计，它是灵敏度很高的电流计。E_t 为被测的未知热电势。测量时，可调节滑动触点 C 的位置，以使 R_{CB} 上的压降 U_{CB} 变化，则得

$$U_{CB} = IR_{CB} \tag{1-10}$$

这样，当 $U_{CB} > E_t$ 时，检流计中就有电流流过，指针就向一方偏转；当 $U_{CB} < E_t$ 时，检流计中也有电流流过，电流方向相反，指针向另一个方向偏转；只有当 $U_{CB} = E_t$ 时，检流计中无电流流过，即此时 $I_G = 0$。也就是说，这时的已知电压 U_{CB} 正好和未知热电势 E_t 相补偿，即

$$E_t = U_{CB}（条件：I_G = 0） \tag{1-11}$$

根据滑动触点的位置，可以读出 U_{CB}，这样就达到了对未知热电势 E_t 测量的目的。

由上述可知，$U_{CB} = IR_{CB} = E_t$，为了要在线绕电阻 R 上直接刻出 U_{CB} 的数值，就得使工作电流 I 等于定值，用稳压电源供电是一个好办法。

② 自动电子电位差计　自动电子电位差计也是根据这种电压平衡原理进行工作的。与手动电位差计比较，它是用可逆电动机及一套机械传动机构代替了人手进行电压平衡操作，用放大器代替了检流计来检测不平衡电压并控制可逆电机的工作。图 1-6 是自动电子电位差计的简单原理图。当热电势 E_t 与已知的直流压降相比较时，若 $E_t \neq U_{CB}$，其比较之后的差值（即不平衡信号）经放大器放大后，输出足以驱动可逆电机的功率，使可逆电机又通过一套传动机构去带动滑动触点 C 的移动，直到 $E_t = U_{CB}$ 时为止。这时放大器输入端的输入信号为零，可逆电机不再转动，测量线路就达到了平衡，这样 U_{CB} 就可以代表被测量 E_t 的值。并且，可逆电机在带动滑动触点 C 移动的同时，还带动指针和记录笔，随时可以指示和记录出被测电势的数值。由此可知，电子电位差计既保持了手动电位差计测量精度高的优点，而且无需用手去调节就能自动指示和记录被测温度值。

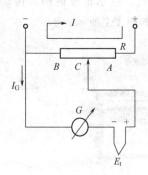

图 1-5　电压补偿原理

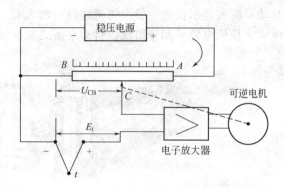

图 1-6　自动电子电位差计原理图

实际上自动电子电位差计是由测量桥路、放大器、可逆电机、指示机构、记录机构所组成，如图 1-7 所示。测量桥路是由稳压电源 1V 供电，分上下两个支路。上支路由始端电阻 R_G、滑线电阻 R_P、工艺电阻 R_B、量程电阻 R_M 和限流电阻 R_4 组成。下支路是由冷端补偿电阻 R_2 和限流电阻 R_3 组成。桥路的不平衡电压与热电偶的热电势比较后，其差值送至放大器。

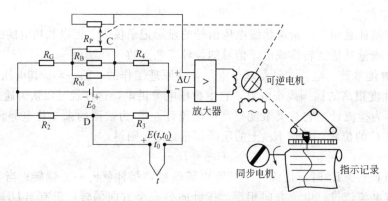

图 1-7　自动电子电位差计测量电路原理图

使用电子电位差计测温时，应注意其分度号应与热电偶及补偿导线的分度号相一致，并要注意连接极性。

电子电位差计的型号用 XW 系列来命名，其中 X 表示显示仪表；W 表示直流电位差计。XW 系列有许多品种，有条形指示仪、圆图记录仪、大型长图记录仪、小型长图记录仪、小型圆标尺指示仪等。

2）电子平衡电桥

电子自动平衡电桥通常与热电阻配用来测量、指示和记录温度，也可以与其他电阻型变送器配用，测量、显示、记录与之相对应的工艺参数。其灵敏度和精度较高，应用十分广泛。

① 自动平衡电桥的工作原理　电子平衡电桥是利用平衡电桥来测量热电阻阻值变化的。电子平衡电桥的工作原理见图 1-8。其中 R_t 为热电阻，它与 R_2、R_3、R_4、R_P 组成电桥；E_0 为电源电压；G 为接入对角线 A、B 上的检流计；R_P 为带刻度数值的滑线电阻，t_{min}、t_{max} 为显示温度的最小值、最大值。

当温度在量程下限时，R_t 有最小值。滑动触点应移动至 R_P 最左端，此时电桥平衡的平衡条件是 $R_3(R_P+R_t)=R_2R_4$。当温度变化时，对应的热电阻阻值发生变化，原有电桥失去平衡，通过调整，可使电桥重新处于平衡状态，利用平衡电桥测出热电阻的变化，就能测出待测温度。

分析可知，滑动触点 B 的位置就可以反映热电阻阻值的变化，亦即反映了被测温度的变化，并且可以看出触点的位移与热电阻的增量呈线性关系。

如果将检流计换成电子放大器，利用被放大的不平衡电压去驱动可逆电机，使可逆电机再带动滑动触点 B 移动以达到电桥平衡。这样就构成了电子自动平衡电桥。见图1-9。

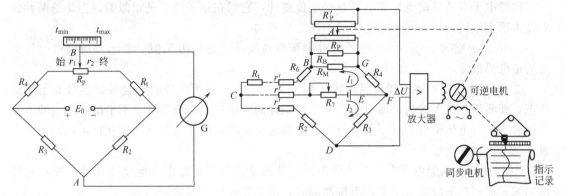

图1-8 平衡电桥测温原理图   图1-9 电子自动平衡电桥测量电路

② 电子自动平衡电桥 目前我国生产的电子自动平衡电桥有直流电桥和交流电桥两种。直流电桥的型号是 XQ 系列，交流电桥的型号是 XD 系列。

电子自动平衡电桥的基本结构与电子电位差计相比，除感温元件和测量桥路不同外，其他组成部分完全一样，大部分零部件都完全通用，甚至连整个仪表的外壳形状及尺寸大小都一样。

电子自动平衡电桥的测量电路原理见图1-9。在测量桥路中，沿用了电位差计中的处理方法，用副滑线电阻 R_P' 与滑线电阻 R_P 配合，形成电桥的一个滑动输出点。而其他几个电阻 R_M、R_B、R_3 和 R_4 具有完全相同的作用。只是电阻 R_2 不再起冷端温度补偿作用，而是一个锰铜固定电阻。

电子自动平衡电桥的热电阻采用三线制接法。这是由于采用与热电阻相配的电桥来测量温度时，热电阻是安装在生产现场，而电子自动平衡电桥的其他电阻则安置在操作室的仪表中，因此连接热电阻与仪表的导线往往很长。如果用图1-8所示的平衡电桥来测量，那么连接热电阻的两根导线都分布在桥路的 R_t 这个桥臂上，因此连接导线的电阻值随环境温度的变化，将同热电阻阻值的变化一起加在电桥的一个桥臂上，使测量产生较大的误差。为了克服这一缺点，由热电阻引出三根导线，与热电阻两端相连的两根导线分别接入桥路的两个相邻桥臂上，而第三根导线与稳压电源相连，如图1-9所示。这样，由于环境温度变化而引起的连接导线电阻值的变化对测量的影响就基本得到克服了。

为了克服因导线的长度不同而引起附加在桥臂上连接导线电阻值的变化，规定每根连线的电阻为 2.5Ω，如果不足 2.5Ω 可用锰铜电阻 R_1 补偿。桥路上、下支路的电流一般分别为 $3mA$；当用交流电作为桥路电源时，在电源回路中则串入 R_7 电阻用以限流，以保证流过热电阻的电流不超过允许值。

从图1-9可知，电子自动平衡电桥的工作过程是这样的，当被测温度升高时，则 R_t 阻值增加，桥路失去平衡，这一不平衡电压由电桥的对角线引至电子放大器进行放大，然后驱动可逆电机，由可逆电机带动滑线电阻的滑动触点移动，以改变上支路两个桥臂阻值的比例，直至使桥路恢复平衡状态。可逆电机同时带动指针，指示出温度变化的数值。与此同时，可逆电机还可以带动指针和记录笔，分别在温度标尺和由同步电机带动的记录笔纸上指示和记录相应的温度数值。当被测温度为仪表刻度的始端值时，热电阻的阻值最小，滑动触点应移向 R_P 的右端。当被测温度升至刻度的终端值时，热电阻的阻值最大，滑动触点应移向 R_P 的左端。

同样，电子平衡电桥在使用时，其分度号应与所用热电阻的分度号相一致。

比较电子自动平衡电桥和电子自动电位差计，它们在很多地方是相似的。但是这两种仪表在本质上不同。现在简单把它们的不同之处归纳一下。

① 它们的输入信号不同。电子自动平衡电桥接受的是电阻阻值；电子自动电位差计接受的是电势信号。

② 两者的作用原理不同。当仪表达到平衡时，电子平衡电桥的测量桥路本身处于平衡状态，即测量桥路无输出；而电子自动电位差计的测量桥路本身则处于不平衡状态，即测量桥路有不平衡电压输出，只不过它与被测电势大小相同，而极性相反，相互抵消，从而使仪表达到平衡状态而已。

③ 当用热电偶配电子电位差计测温时，其测量桥路需要考虑热电偶冷端温度的自动补偿问题；而用热电阻配电子平衡电桥测温时，则不存在这个问题。

④ 测温元件与测量桥路的连接方式不同。电子平衡电桥感测元件热电阻是连接在桥臂中，而电子自动电位差计的感测元件热电偶是连接在桥路输出回路中，并且连接热电阻一般用三线制接法，连接热电偶则要补偿导线。

（2）声光式显示仪表

声光式显示仪表是以声音或光柱的变化反映被测参数超越极限或模拟显示被测参数的连续变化的仪表。其中，应用最广泛的是反映被测参数超越极限时，进行声光报警的闪光信号报警器。光柱式显示仪表是以等离子柱、荧光光柱及发光二极管（LED）光柱的高低变化来模拟显示被测参数连续变化的显示仪表。这类仪表制造工艺简单、造价低、寿命长、可靠性高，显示直观、清晰，可取代常规模拟式显示仪表。目前大多与智能式数字显示仪表配合，共同显示模拟量与数字量。

如图 1-10 所示，XXS-10 型闪光报警仪是 8 路报警仪，可以与各种电接点式控制、检测仪表配合使用，用来指示生产过程中的各种参数是否越限，实现越限报警。

该报警仪以单片机为核心，有八个闪光报警回路，每个回路带有一个闪光信号灯，每个回路可以监视一个界限值，每个报警回路的信号，可以是常开方式、也可以是常闭方式，在一台仪表中可以混合使用。

图 1-10　XXS-10 型闪光报警仪

报警器每四个闪光报警回路合用一块印刷线路板，称为报警单元板，整机有两块报警单元板。灯光电源、振荡、音响放大合用一块印刷电路板，称为公用板。它是与报警回路上的印刷线路板插座组合而成为整体的。

XXS-10 型闪光报警仪可以在线设置八种报警方式，可选择开路报警或短路报警，一台仪表就可实现多路报警；采用八个平面发光器，发光强烈、均匀，可输出音响控制信号和快闪、慢闪、平光三种发光控制信号；可带报警记忆功能；可外接遥控开关，实现远程控制。

报警信号输入电路采用光电隔离器件，采用开关电源，具有极强的电压适应性和抗干扰性。采用国际通用卡入式结构设计，仪表安装、维修、更换简单方便，拆装仅需几秒钟。

闪光报警仪具有报警可靠、操作简单、使用灵活、维修方便、功耗低、报警方式可调等特点，只适用于极限控制系统的显示和报警。

1.2.3 数字显示仪表

数字式显示仪表也可以和模拟式仪表一样，与各种传感器、变送器配套后，显示不同的工艺参数（例如温度、压力、流量及物位等）。

数字式显示仪表分为普通数字显示仪表和智能数字显示仪表两大类。这里分别简单介绍一下数字显示仪表。

普通数字显示仪表是采用数码技术，把与被测变量成一定函数关系的连续变化的模拟量变换成断续的数字量来显示的仪表。这类仪表机械结构简单，电路结构复杂，测量速度快、精度高、读数直观，便于进行数值控制和数字打印，也便于和计算机联用，所以，数字式显示仪表得到了广泛应用。

普通数字式显示仪表和模拟式显示仪表一样，与各种传感器或变送器配套后，可用来显示温度、压力、流量、物位、成分等不同的参数。

1）普通数字式显示仪表的特点

与模拟式显示仪表相比，普通数字式显示仪表具有以下特点：

① 结构紧凑，测量精度高、灵敏度高；

② 测量速度快，从每秒几十次到每秒上百万次；

③ 数字显示，读数清晰、直观、准确、方便，可以方便地实现多点测量；

④ 便于与计算机联用；

⑤ 完全消除了读数误差。

2）普通数字式显示仪表的基本功能

① 输入信号一般为电压、电流或频率脉冲信号及开关信号等。

② 以 0~9 数字形式及其单位符号显示被测参数的测量值。

③ 可对被测参数自动测量和显示，可对被测参数设定报警限，当被测参数达到设定值时可输出控制信号。并可进行多点测量、显示、报警、输出控制信号。

3）数字式显示仪表的分类

数字式显示仪表的分类方法很多，按输入信号分，有电压型和频率型两大类；按测量显示的回路分，有单回路显示和多回路显示两大类；按功能分，有数字显示仪、数字显示报警仪、数字显示输出仪、数字显示记录仪、数字显示报警输出记录仪等。其分类如图 1-11 所示。

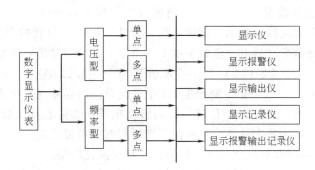

图 1-11 数字式显示仪表分类图

4) 数字显示仪表的构成及原理

普通数字式显示仪表由前置放大器、模数转换器（A/D）、非线性补偿、标度变换和显示装置等部分组成，其组成原理框图如图1-12所示。其中A/D转换、非线性补偿和标度变换的顺序是可以改变的，可组成适用于各种不同场合的数字式显示仪表。

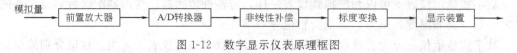

图1-12　数字显示仪表原理框图

由检测单元送来的信号先经变送器转换成电信号，由于信号较弱，通常需进行前置放大后才能进行A/D转换，把连续变化的模拟信号转换成离散变化的数字量；然后经非线性补偿、标度变换后，最后送入计数器计数并显示；同时还可送往报警系统和打印机构，需要时也可把数字量输出，供其他计算单元使用，它还可与单回路数字调节器或计算机配套作定值控制等。

① A/D转换　A/D转换是数字式显示仪表的核心部分。它的主要任务是使连续变化的模拟量转换成与其成比例的、离散变化的数字量，便于进行数字显示。要完成这一任务必须用一定的计量单位使连续量整量化，才能得到近似的数字量。计量单位越小，整量化的误差也就越小，数字量就越接近连续量本身的值。模-数转换的过程可用图1-13来说明，图1-13（a）是模拟式仪表的指针读数与输入电压的关系，图1-13（b）表示将这种关系进行了整量化，即用折线代替了图1-13（a）中的直线。显然，分割的阶梯（即一个量化单位）越小，转换精度就越高，但这要求模-数转换装置的频率响应、前置放大的稳定性等也越高，这是一个矛盾。模-数转换技术就是讨论如何使连续量整量化的方法。

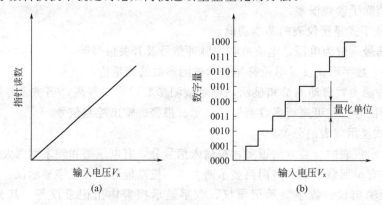

图1-13　模拟量-数字量的整量化示意图

A/D转换器的主要技术指标是其转换精度（或分辨率），一般以A/D转换器将一个模拟量转换成二进制数的位数来表示。例如，用一个12位的A/D转换器去测一个 $0\sim5\text{V}$ 的模拟电压信号，其分辨率（最末一位数字跳变一个字所代表的量值，即量化单位）为

$$\text{LSB} = 5\text{V}/2^{12} = 5000\text{mV}/4096 = 1.22\text{mV}$$

A/D转换器在转换过程中至少要产生 ±1 个量化单位的误差（量化误差），因此A/D转换器的量化单位（LSB）也表示A/D转换器的转换精度，二进制数位数越高，A/D转换器的精度也越高。当然，除此之外还存在其他因素所引起的模拟误差。

常用的A/D转换器有双积分型（双斜率型）和逐次比较型。

其中，双积分型A/D转换器的工作原理是将一段时间内输入的电模拟量通过两次积分，变换成与其平均值成正比的时间间隔，然后由脉冲发生器和计数器来测量此时间间隔而得到数字量。它属于间接法测量，即电模拟量不是直接转换成数字量，而是首先转换成时间间隔这一中间量，再由中间量转换成数字量。

而逐次比较型 A/D 转换器为直接法测量，它是基于电位差计的电压比较原理（相当于用天平称重），用一个标准的可调电压与被测电压进行逐次比较，不断逼近，最后达到一致。当两者一致时，已知标准电压的大小，就表示了被测电压的大小。再将这个和被测电压相平衡的标准电压以二进制形式输出，就实现了 A/D 转换。

逐次比较型 A/D 转换器采用逻辑电路，实现高速转换，其转换速度可达微秒数量级。具有测量精度高、稳定性好，测量速度快等优点。尽管电路复杂，抗干扰能力差，要求精密元件多，但在当前飞速发展的高速多点巡回检测系统及计算机参与生产过程控制系统中，仍采用它作为 A/D 转换的主要手段。

② 非线性补偿　非线性补偿是为了使仪表显示的数字与被测参数成对应的比例关系而采取的各种补偿措施。因为大多数检测元件和传感器都存在着输入输出的非线性特性。在测量电路中，也往往存在着非线性元件或非线性转换。所以为了使仪表的输出与被测参数一一对应，在数字式显示仪表内一般都有非线性补偿环节。目前常用的方法有模拟式非线性补偿、非线性模-数转换补偿法、数字式非线性补偿法等。如检测元件或变送器的输入输出线性关系很好，或是对仪表的精度要求不高，非线性补偿环节也可省略。

③ 标度变换　模拟信号经过模-数转换器，转换成与之对应的数字量输出，但是数字显示怎样和被测原始参数统一起来呢？例如，当被测温度为 650℃ 时，模-数转换计数器输出 1000 个脉冲，如果直接显示 1000，操作人员还需要经过换算才能得到确切的值，这是不符合测量要求的。为了解决这个问题，所以还必须设置一个标度变换环节，将数字式显示仪表的显示值和被测原始参数值统一起来。

标度变换的实质就是量程变换，它使仪表的显示数字能直接表征被测参数的工程量，即直接显示多少温度、压力、流量或液位，所以是一个量纲的还原。因为测量值与工程值之间往往存在一定的比例关系，测量值必须乘上某一常数，才能转换成数字式仪表所能直接显示的工程值。标度变换可以在模拟部分进行，也可以在数字部分进行。

④ 计数显示　数字显示装置通过计数器对所接受的脉冲信号进行计数，再经译码器等，将被测量结果用十进制数显示出来，以便操作人员能直接精确地读取所需的数据。常用数字显示器有辉光数码管显示器、发光二极管显示器、液晶显示器等。下面简单介绍它们的发光原理。

发光二极管显示（LED）的发光原理就是利用固体材料在电场激发下发光原理制成的。这也称为是电致发光效应。半导体的 P-N 结就是"电致发光"的固体材料之一。P 型半导体和 N 型半导体接触时，在界面上形成 P-N 结，当在 P-N 结施加正向电压时，会使耗尽层减薄，势垒高度降低，能量较大的电子和空穴分别注入 P 区或 N 区，分别与 P 区的空穴和 N 区的电子复合，同时以光的形式辐射出多余的能量。

液晶显示原理：固体加热到熔点就会变成液体，但是有些物质具有特殊的分子结构，它从固体变成液体的过程中，先经过一种被称为液晶（Liquid Crystal）的中间状态，然后才能变为液体。这种中间状态具有光学各向异性晶体所特有的双折射性。液晶的光学性质也会随电场、磁场、热能、声能的改变而改变，其中电场（电流）改变其光学特性的效应称为液晶的电光效应。虽然液晶之所以会产生电光效应的物理机理比较复杂，但就其本质而言，就是液晶分子在电场的作用下，改变了原先的排列，从而产生电光效应。

液晶显示器是各类新型显示技术中最受重视、研究投入最多的一种。除了仪表，其他诸如计算器的显示、BP 机、手机的显示等比比皆是。作为手提式计算机显示器的彩色液晶显示屏早已是普通的商品了。液晶显示器的前景无疑是巨大的。

1.2.4　新型显示仪表

当前的新型显示仪表主要是应用微处理技术、新型显示技术、记录技术、数据存储技术和控制技术等，将信号的检测、处理、显示、记录、数据储存、通信、控制及复杂数学运算等多个或全部功能集合于一体的新型仪表，具有使用方便、观察直观、功能丰富、可靠性高等优点。新型显示仪表的种类很多，显示方式多种多样，下面简单介绍无纸记录仪。

图 1-14　无纸记录仪

无纸记录仪是近年来快速发展起来的一种新型记录仪表。无纸记录仪的外形见图 1-14。无纸记录仪以微处理器为核心，采用全电子化设计，直接将记录信号转化成数字信号送至随机存储器加以保存，采用大屏幕液晶显示屏（LCD）或用 VGA 监视器显示和记录被测参数，克服了传统有纸记录仪卡纸、卡笔、断线等故障，免去了现场换纸、换笔、添墨等大量日常维护工作，提高了记录仪的可靠性，并节省了耗材费用，达到了高精度、高可靠性和全微机化操作，维护量趋于零。无纸记录仪是现有机械式记录仪不可多得的更新换代产品，是化工、石油、冶金、制药等行业不可缺少的显示仪表之一。

（1）无纸记录仪的特点

① 无纸、无墨、无一切机械转动部件，无需日常维护。精度高，可靠性高，通用性好，功能强。

② 输入信号种类多，可以与热电偶、热电阻以及能产生标准直流电流、电压信号的多种变送器配合使用。

③ 可显示趋势曲线、数据、报表、实时棒图等，并可实现单通道/多通道曲线及棒图、数字等的选择显示和循环显示。

④ 对输入信号可以组态或编程，并能实现温压补偿、流量积算和 PID 控制，带有报警功能。

⑤ 有大容量的芯片可存放测量数据，并可用半导体存储器或软盘转存。

⑥ 存放的数据可以通过人机界面进行各种处理和分析，也可在 PC 机上用专用软件进行分析处理，可靠性高，使用方便，符合现代信息化要求。

（2）无纸记录仪的组成及基本工作原理

无纸记录仪主要由工业专用微处理器、A/D 转换器、只读存储器 ROM、随机存储器 RAM、显示控制器、液晶显示器、键盘控制器、报警电路、时钟电路等部分组成。其原理方框图如图 1-15 所示。

图 1-15 中的 CPU 为工业专用微处理器，用来对各种数据进行采集和处理，并对其进行放大与缩小，被记录数据可送至随机存储器 RAM 上存储，或送至液晶显示屏上显示，也可根据需要，随意放大或缩小，以方便操作人员观察所记录信号的状态；同时，被记录信号可

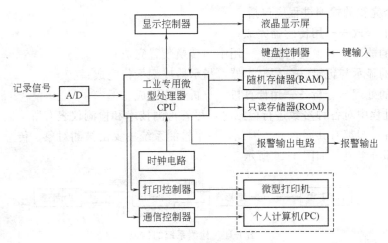

图 1-15　无纸记录仪的原理方框图

与设定的上、下限信号比较，一旦越限则发出报警信号。总之，CPU 为该记录仪的核心，一切有关数据计算与逻辑处理的功能均由它来承担。

A/D 转换器：将来自被记录信号的模拟量转换为数字量以便 CPU 进行运算处理。

只读存储器 ROM：用来固化程序，接通电源后，ROM 的程序就让 CPU 开始工作。

随机存储器 RAM：用来存储经 CPU 处理后的历史数据。根据采样时间的不同，可保存几天到几十年的数据，带有备用电源，以保证所有记录数据和组态信号不会因掉电而丢失。

显示控制器：用来将 CPU 内的数据显示在点阵液晶显示屏上。

液晶显示器：可显示 320×240 点阵。

键盘控制器：操作人员通过操作按键的信号，信号经键盘控制器送至 CPU，使 CPU 按照操作人员的要求工作。

报警输出电路：当被记录的数据越限时，CPU 及时发出信号给报警电路，产生报警输出。

时钟电路：时钟电路的作用是为 CPU 提供时序系列脉冲，以产生记录仪所需的记录时间间隔、时标或日期等。

此外，无纸记录仪内还配有打印控制器和通信控制器，CPU 内的数据可通过它们，与外界的微型打印机、个人计算机连接，实现数据的打印和通信。

 想一想

平时用的手表有什么型号的？是不是有的是用指针指示？有的直接显示数字？

1.3　自动检测过程及变送器

利用各种检测变送仪表对工艺过程中的变量进行自动检测、指示或记录的系统，称为自动检测系统。本节就是掌握自动检测仪表的构成，为后续工艺参数的测量做准备。

（1）过程参数检测过程

过程参数检测就是用专门的技术工具（仪表），依靠能量的变换、实验和计算找到被测

量的值。一个完整的检测过程应包括：

① 信息的获取——用传感器完成；

② 信号的放大、转换与传输——用中间转换装置完成；

③ 信号的显示与记录——用显示器、指示器或记录仪完成；

④ 信号的处理与分析——用计算机、分析仪等完成。

在生产过程中对各种参数进行检测时，尽管检测技术和检测仪表有所不同，但从测量过程的本质上看，却都有共同之处。因此，一个检测系统主要由被测对象、传感器、变送器和显示装置等部分组成，如图 1-16 所示。

图 1-16 检测系统的构成

对于一个检测系统来说，被测对象、检测仪表和显示装置部分总是必需的，一般来说，检测、变送和显示可以是三个独立的部分，当然检测和其他部分也可以有机地结合在一起成为一体。有时传感器、变送器和显示装置可统称为检测仪表，或者将传感器称为一次仪表，将变送器和显示装置称为二次仪表。

此外，自动检测系统还有一个连接输入输出各环节的通道，即传输通道。它是导线（电信号通道）、导管（气信号通道）以及信号所通过的空间。尽管比较简单，但在系统设计、安装时如不按照规范要求进行布置、匹配和选择，则易造成失真或引入干扰等。将影响整个自动控制系统的控制目标，进而影响生产过程。

（2）变送器的基本特性和构成原理

对于一个检测系统来说，传感器和变送器可以是两个独立的环节，也可以是一个有机的整体。由于传感器所输出的信号种类很多，而且信号往往十分微弱。因此，除了部分单纯以显示为目的的检测系统以外，多数情况下需要利用变送器来把传感器的输出转换成遵循统一标准的模拟量或者数字量输出信号，送到显示装置把被测变量显示出来，或者送到控制器对其实现控制。因此，变送器的作用更加受到重视。

变送器的输入输出特性通常是指包含敏感元件和变送环节的整体特性，其中一个原因是人们往往更关心检测系统的输出与被测物理量之间的对应关系，另一个原因是因为敏感元件的某些特性需要通过变送环节进行处理和补偿以提高测量准确度，例如，线性化处理、环境温度的补偿等。

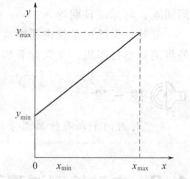

图 1-17 变送器的理想输入输出特性

变送器的理想输入输出特性如图 1-17 所示。x_{max} 和 x_{min} 分别为变送器测量范围的上限值和下限值，即被测参数的上限值和下限值，图中 $x_{max}=0$，y_{max} 和 y_{min} 分别为变送器输出信号的上限值和下限值。对于模拟式变送器，y_{max} 和 y_{min} 即为统一标准信号的上限值和下限值；对于智能式变送器，y_{max} 和 y_{min} 即为输出的数字信号范围的上限值和下限值。

由图可以得出变送器的输出一般表达式为

$$y = \frac{x}{x_{max} - x_{min}}(y_{max} - y_{min}) + y_{min} \tag{1-12}$$

式中　x——变送器的输入信号；

　　y——相对应于 x 时变送器的输出信号。

1）模拟式变送器

模拟式变送器完全是由模拟元器件构成，它将输入的各种被测参数转换成统一标准信号，其性能也完全取决于所采用的硬件。从构成原理来看，模拟式变送器由测量部分、放大器和反馈部分三部分组成。如图 1-18 所示。在放大器的输入端还加有零点调整与零点迁移信号 x_0，x_0 由零点调整（简称调零）与零点迁移（简称零迁）环节产生。

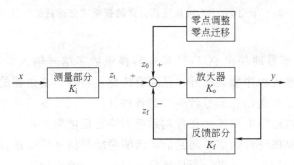

图 1-18　模拟式变送器的基本组成

测量部分中包含检测元件，它的作用是检测被测参数 x，并将其转换成放大器可以接受的信号。x_i 可以是电压、电流、电阻、频率、位移、作用力等信号，由变送器的类型决定；反馈部分把变送器的输出信号转换成反馈信号；在放大器的输入端，x_f 与调零及零点迁移信号 x_0 的代数和同 x_i 进行表较，其差值由放大器进行放大，并转换成统一标准信号 y 输出。

2）智能式变送器

智能式变送器是由微处理器（CPU）为核心构成的硬件和由系统程序，功能模块构成软件两大部分组成。

模拟式变送器的输出信号一般为统一标准的模拟量信号，例如 DDZ-Ⅱ型仪表输出 $0\sim10\text{mA DC}$，DDZ-Ⅲ型仪表输出 $4\sim20\text{mA DC}$ 等，在一条电缆上只能传输一个模拟量信号。智能式变送器输出信号则为数字信号，数字信号可以实现多个信号在同一条通信电缆（总线）上传输，但它们必须遵循共同的通信规范和标准。介于二者之间，还存在一种称为 HART 协议的通信方式。所谓 HART 协议的通信方式，是指在一条电缆中同时传输 $4\sim20\text{mA DC}$ 电流信号和数字信号。这种类型的信号称为键控频移信号 FSK。HART 协议通信方式属于模拟信号传输向数字信号传输转变过程中的过渡性产品。

通常，一般形式的智能式变送器的构成如图 1-19 所示。采用 HART 协议通信方式的智能式变送器的构成如图 1-20 所示。

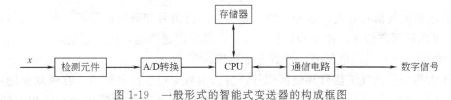

图 1-19　一般形式的智能式变送器的构成框图

由图 1-19、图 1-20 可以看出：智能式变送器主要包括传感器组件、A/D 转换器、微处理器、存储器和通信电路等部分；采用 HART 协议通信方式的智能式变送器还包括 D/A 转

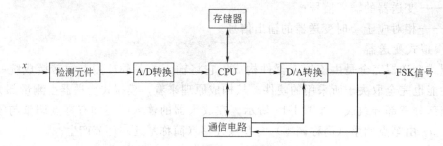

图 1-20　采用 HART 协议通信方式的智能式变送器的构成框图

换器。

被测参数 X 经传感器硬件由 A/D 转换器转换成数字信号输入微处理器，进行数据处理。存储器中除存放系统程序和数据外，还存有传感器特性、变送器的输入输出特性以及变送器的识别数据，用于变送器在信号转换时的各种补偿，以及零点调整和量程调整。

智能式变送器通过通信电路挂接在控制系统网络通信电缆上，与网络中其他各种智能化的现场控制设备或计算机进行通信，向它们传送测量结果信号或变送器本身的各种参数。网络中其他各种智能化的现场控制设备或计算机也可对变送器进行远程调整和参数设定，这个往往是个双向的信号传输过程。

智能式变送器的软件分为系统程序和功能模块两大部分。系统程序对变送器的硬件进行管理，并使变送器完成最基本的功能，如模拟信号和数字信号的转换，数字通信、变送器自检等；功能模块提供了各种功能，供用户组态时调用以实现用户所要求的功能。不同的变送器，其具体的用途和硬件结构不同，因而它们所包含的功能在内容和数量上是有差异的。

1.4　检测系统中信号转换

各种检测仪表的测量过程，其实质就是被测变量信号能量的不断变换和传递，并与相应的测量单位进行比较的过程。化工生产过程中，自动控制系统中就是利用各仪表信号之间的联系构成的，所以信号转换问题是控制中经常涉及的问题。本节就是掌握测控系统中信号转换问题。

1.4.1　检测系统的常见信号类型

检测技术涉及的内容很广，但在化工生产中，常见的被测量类型有热工量（温度、压力、物位、流量）、机械量（位移、转速、振动等）、物质的性质和成分量（浓度、组分含量、酸碱度等）、电工量（电压、电流、功率、电阻等）等。

为了便于传输、处理和显示，对于非电量的被测参数通常转换成的电气、压力、光等信号类型。

① 常用的电气信号有电压信号、电流信号、阻抗信号和频率信号等。电气信号传送快、滞后小，可以远距离传送，便于和计算机连接，其应用越来越广泛。目前，大多数传感器是将被测参数的变化转换为电信号，发展非常迅速。

② 压力信号包括气压信号和液压信号，液压信号多用于控制环节。在气动检测系统中，以净化的恒压空气为能源，气动传感器或气动变送器将被测参数转换为与之相应的气压信号，经气动功率放大器放大，可以进行显示、记录、计算、报警或自动控制。

③ 光信号包括光通量信号、干涉条纹信号、衍射条纹信号等。随着激光、光导纤维和

计量光栅等新兴技术的发展，光学检测技术得到了很大的发展。特别在高精度、非接触测量方面，光学检测技术正发挥着越来越重要的作用。

1.4.2 检测系统中信号的传递形式

检测系统中传递信号的形式可分为以下几种。

① 模拟信号　在时间上是连续变化的，即在任何瞬时都可以确定其数值的信号，称为模拟信号。模拟信号可以变换成电信号，即是平滑地、连续地变化的电压或电流信号。

② 数字信号　数字信号是一种以离散形式出现的不连续信号，通常以二进制的 0 和 1 组合的代码序列来表示。数字信号变换成电信号就是一连串的窄脉冲和高低电平交替变化的电压信号。

③ 开关信号　用两种状态或两个数值范围表示的不连续信号叫开关信号。在自动检测技术中，利用开关式传感器可以将模拟信号变换成开关信号。

1.4.3 信号制式及信号传输方式

（1）信号制式

由于控制系统中仪表之间的输入/输出之间相互连接，需要有统一的标准联络信号才能方便地把各个仪表组合起来，构成各种控制系统，这就要求在设计自动化仪表和装置时，力求做到通用性和相互兼容性。要实现这一点，必须统一仪表的信号制式。信号制式即信号标准，是指成套仪表系列中，仪表之间采用何种统一传输信号的类型和数值。现场总线控制系统（FCS）中，现场仪表与控制室仪表或装置之间采用双向数字通信方式，也存在信号标准问题。

1）气动仪表的模拟信号标准

我国国家标准 GB 777《化工自动化仪表用模拟气动信号》规定了气动仪表信号的下限值和上限值，如表 1-1 所示，该标准与国际 IEC382 是一致的。

表 1-1　模拟信号的上下限

模拟信号的下限	20kPa(0.2kgf/cm^2)
模拟信号的上限	100kPa(1kgf/cm^2)

2）电动仪表的模拟信号标准

我国国家标准 GB 339《化工自动化仪表用模拟直流电流信号》规定如表 1-2 所示，序号 1 的规定与国际标准 IEC381A 一致。序号 2 考虑到 DDZ-Ⅱ系列单元组合仪表当时仍在广泛使用而设置的。目前随着 DDZ-Ⅱ系列单元组合仪表的逐渐淘汰，这种信号标准已很少使用。

表 1-2　模拟直流电流信号及负载电阻

序号	电流信号	负载电阻
1	4～20mADC	250～750Ω
2	0～10mADC	0～1000Ω
		0～3000Ω

两种标准的比较：

这种以 20mA 表示信号的满度值，而以此满度值的 20％即 4mA 表示零信号的安排，称为"活零点"。"活零点"的优点：电气零点与机械零点分开，有利于识别断电、断线等故障，且为实现两线制提供了可能性。

电的信号种类较多，主要有模拟信号、数字信号、频率信号和脉冲信号等，由于模拟式仪表和装置的结构简单、历史悠久，应用广泛，尤其是目前大部分变送器和执行器是模拟式的，因此在过程控制系统中，无论是远距离传输还是控制室内部的仪表之间，用得最多的还是电模拟信号。电模拟信号可分为直流电压、直流电流、交流电压和交流电流。

目前，世界各国都采用直流电流和直流电压信号作为仪表的统一模拟信号，这是因为直流信号与交流信号相比，具有如下优点。

① 直流信号干扰小。在信号传输过程中，直流信号不受交流感应的影响，易于解决仪表的抗干扰能力。

② 接线简单。直流信号不受传输线路的电感、电容和负载性质的影响，不存在相位移问题，使接线简单化。

③ 获得基准电压容易。

④ 便于 A/D 转换和现场仪表与数字控制仪表及装置配用。

3）其他信号传输标准

RS485 数字信号传输、Smart 传输技术、现场总线技术。

（2）电动仪表信号标准的使用

1）电流信号传输

当电流作为传输信号时，如一台发送仪表的输出电流同时输送给几台接收仪表，则这几台仪表是相互串联的，如图 1-21 所示。这是因为直流电流信号便于远传，当负载电阻较小，传输距离较远时，如果采用电压信号形式传输信息，导线上的电压会引起误差，采用直流电流形式就不会存在这个问题。由于信号发送仪表输出具有恒流特性，所以导线电阻在规定范围内变化对电流不会产生明显的影响。现场与控制室仪表之间采用 4～20mA DC 直流电流信号联络。但是这种串联连接存在以下缺点。

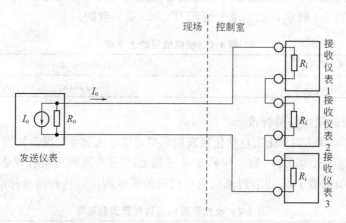

图 1-21　电流信号传输时仪表之间的连接

① 增加和减少接收仪表或一台仪表出现故障时，将会影响其他仪表的正常工作。如任何一台仪表在拆离信号回路之前首先要把仪表的两端短接，否则其他仪表会因电流中断而失去自己的接地点。

② 控制器和变送器等输出端由于串联工作而均处于高电位，输出功率管容易损坏，从而降低了仪表的可靠性。

③ 各个接收仪表一般应浮空工作，否则会引起信号混乱。若要使各台仪表有自己的接地点，在仪表的输入/输出之间要采用直流隔离措施。这对设计者和使用者在技术上提出了更高的要求。

2）电压信号传输

用直流电压信号作为联络信号，如一台发送仪表的输出电压同时输送给几台接收仪表，则这几台接收仪表应并联连接。如图1-22所示，这种连接方式可克服串联连接方式的缺点，任何一台仪表拆离信号都不会影响其他仪表的正常运行，当信号源接地时，各仪表内部电路对地具有同样的电位，这不仅解决了接地问题，而且各仪表可以共用一个直流电源。

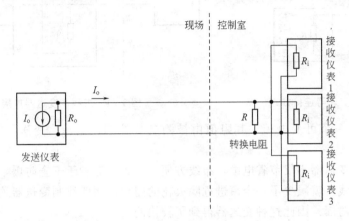

图1-22　电压信号传输时仪表之间的连接

在控制室内，各仪表之间距离不远，适合采用直流电压1～5V作为仪表之间的联络信号。

注意之处

用电压传送信息的并联方式要求各个接收仪表的输入阻抗要足够高，各仪表并联后的等效阻抗，应大于转换电阻R的阻值。并联方式易于引入干扰，故电压信号不适于作远距离传输。

综上所述，直流电流信号传送适合于远距离对单个仪表的信息传送，直流电压信号适合于把同一信息传送到并联的多个仪表。因此，直流电流信号主要应用在现场仪表与控制室之间的信号传输，而直流电压信号（1～5V）则应用在控制室内各仪表的相互连接。

（3）变送器信号传输方式

变送器是现场仪表，它的气源或电源从控制室来，输出信号传送到控制室。气动变送器用两根气动管线分别传送气源和输出信号。电动模拟式变送器采用二线制或四线制传送电源和输出信号。智能式变送器采用双向全数字量传输信号，即现场总线通信方式。目前广泛采用的是HART协议通信方式，即在一条通信电缆中同时传输4～20mA DC直流电流信号和数字信号。这里主要介绍电动模拟式变送器的信号传输方式。

1）四线制变送器

四线制变送器的供电电源和输出信号分别各用两根导线传输，如图1-23所示，由于电源和信号分别传送，因此对电流信号的零点及元件的功耗没有严格的要求。

2）二线制变送器

所谓"两线制"变送器就是将供电的电源线与信号的输出线合并起来，一共只用两根导线。二线制变送器是用两根导线作为电源和输出信号的公用传输线，如图1-24所示，二线

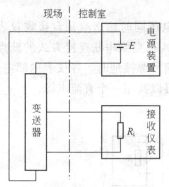

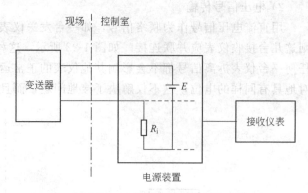

图 1-23　四线制变送器连接方式　　　　　　图 1-24　二线制变送器连接方式

制变送器相当于一个可变电阻，其阻值由被测参数控制，电源、变送器和负载电阻是串联的。

使用两线制变送器不仅节省电缆，布线方便，且大大有利于安全防爆，因为减少一根通往危险现场的导线，就减少了一个窜进危险火花的门户，而四线制变送器须有电源注入，因而很难做到本安防爆。因此这种变送器得到了较快的发展。

目前大多数变送器均为二线制变送器。二线制变送器具有连接电缆短、安全防爆和抗干扰能力强等优点，但要实现二线制变送器必须具备以下条件。

① 变送器的正常工作电流必须小于或等于变送器的输出电流，这是因为在变送器的输出电流下限值时，半导体器件必须有正常的工作点，需要有电源供给正常的功率，由于电源线和信号线公用，电源供给线路的功率是通过信号电流提供的，因此信号电流必须有活零点。国际统一电流信号采用 4～20mA DC，为制作二线制变送器创造了条件。凡输出电流采用 0～10mA DC 的仪表是不能采用二线制变送器的。

② 变送器的输出端电压等于电源电压减去输出电流在负载电阻和传输导线电阻上的压降。为保证变送器的正常工作，输出端电压值只允许在限定范围内变化。如果负载变化要增加，电源电压就需增大。

③ 必须单电源供电。

1.5　安全防爆基本知识

在石油、化工等工业部门中，某些生产场所存在易燃易爆的固体粉尘、气体或蒸气，它们与空气混合后成为具有火灾或者爆炸危险的混合物，使其周围空间成为具有不同程度爆炸危险的场所。安装在这些场所的检测仪表和执行器如果产生火花具有点燃危险混合物的能量，则会引起火灾或爆炸。因此必须进行安全防爆。

1.5.1　防爆仪表和安全防爆系统

为了解决电动仪表的防爆问题，长期以来人们进行了坚持不懈的努力。在安全火花防爆方法出现以前，传统的防爆仪表类型有充油型（O）、充气型（P）、充沙型（q）、隔爆型（d）、增安型（e）、无火花型（n）等，其基本思想是把可能产生危险火花的电路从结构上与爆炸性气体隔离开来。安全火花仪表和传统的防爆仪表的防爆方法不同，它是从电路设计开始就考虑防爆，把电路在短路、断路及误操作等各种状态下可能发生的火花都限制在爆炸性气体的点火能量之下，是从爆炸发生的根本原因上采取措施解决防爆问题的，因而被认为和气动、液动仪表一样，列入本质安全防爆仪表之内。与结构防爆仪表相比，安全火花防爆仪表的优点是很突出的。首先，它的防爆等级比结构防爆仪表高一级，可用于后者所不能胜任的氢气、乙炔等最危险的场所；其次，它长期使用不会降低防爆等级；此外，这种仪表还可在运行中，用安全火花型测试仪器在危险现场进行带电测试和检修，因此被广泛用于石油、化工等危险场所的控制。

　　安全火花防爆系统的基本结构见图1-25。它不仅在危险场所使用本安仪表，而且在控制室仪表和危险场所仪表之间设置了安全栅，限制送往危险场所的电压、电流，保证进入危险场所的电功率在安全范围内。这样构成的系统就能实现本质安全防爆。

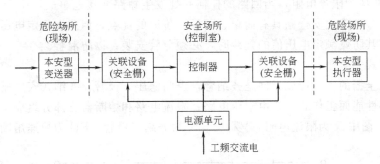

图 1-25　安全火花防爆系统的基本构成

　　如果上述系统中不采用安全栅，而由分电盘代替，如图1-26所示，分电盘只能起信号隔离作用，不能限压、限流，故该系统就不再是本质安全防爆系统了；同样，有了安全栅，但若某个现场仪表不是本安仪表，则该系统也不能保证本质安全的防爆要求，这是因为系统存在等效电感与等效电容等储能元器件，当系统发生故障时，这些等效储能元器件中所存储的能量，有可能超过引起环境爆炸的能量下限。因此，一般的要求是安全栅、传输电缆、现场仪表的总的等效电感与等效电容，应小于引起爆炸时能存储相应能量的等效电感与电容。同时，在设计与安装本质安全系统时，所选用的设备及由这些设备所组成的系统，都要经过有关部门的认证。

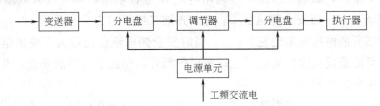

图 1-26　由分电盘构成的控制系统

1.5.2　安全栅

　　安全栅作为控制仪表和现场仪表的关联设备，本安回路的安全接口，它能在安全区和危险区之间双向转递电信号，并可限制因故障引起的安全区向危险区的能量转递。安全栅是一种安装在安全场所的本质安全型防爆仪表的关联设备，当本安防爆系统的本安仪表发生故障时，安全栅能将串入到故障仪表的能量限制在安全值以内，从而确保现场设备、人员和生产的安全。

　　安全栅的构成形式有五种：电阻式安全栅、齐纳式安全栅、中继放大器式安全栅、光电隔离式安全栅、变压器隔离式安全栅。

　　（1）电阻式安全栅

电阻式安全栅是利用电阻的限流作用，把流入危险场所（危险侧）的能量限制在临界值以下，从而达到防爆的目的。如图 1-27 所示。

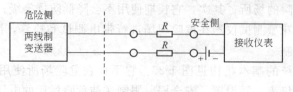

图 1-27　电阻式安全栅

图 1-27 中 R 为限流电阻，当回路的任何一处发生短路或接地事故，由于 R 的作用，使电流得到限制。电阻式安全栅具有简单、可靠、价廉的优点，但防爆额定电压低。在同一表盘中若有超过其防爆额定电压值的配线时，必须分管安装，以防混触。

（2）齐纳式安全栅

齐纳式安全栅的主要构成元件是齐纳管，也叫稳压二极管。齐纳式安全栅是基于齐纳二极管反向击穿性能而工作的，它由限压电路、限流电路和熔断器三部分组成。其原理电路如图 1-28 所示：图中 R 为限流电阻，VZ_1、VZ_2 为齐纳二极管，FU 为快速熔断器。

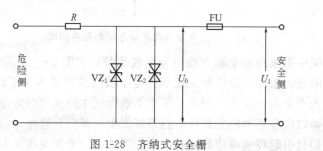

图 1-28　齐纳式安全栅

系统正常工作时，安全侧电压 U_1 低于齐纳二极管的击穿电压 U_0，齐纳二极管截止，安全栅不影响正常的工作电流，安全栅不起作用。

但现场发生事故，如形成短路时，利用电阻 R 进行限流，避免进入危险场所的电流过大，以确保现场安全。当安全侧电压 U_1 高于齐纳二极管的击穿电压 U_0 时，齐纳二极管击穿，进入危险场所的电压被限制在 U_0 上，同时安全侧电流急剧增大，快速熔断器 FU 很快熔断，从而将可能造成危险的高电压立即和现场断开，保证了现场的安全。并联两个齐纳二极管是增加安全栅的可靠性。

齐纳安全栅优点是采用的器件非常少，体积小，价格便宜；缺点是齐纳式安全栅必须本安接地，且接地电阻必须小于 1Ω。

危险侧本安仪表必须是隔离型的，齐纳安全栅对供电电源电压响应非常大，电源电压的波动可能会引起齐纳二极管的电流泄漏，从而引起信号的误差或者发出错误电平，严重时会使快速熔断器烧断。

（3）中继放大器式安全栅

中继放大器式安全栅是利用放大器的高输入阻抗性能来实现安全火花防爆的。

（4）光电隔离式安全栅

光电隔离式安全栅是利用光电耦合器的隔离作用，使其输入与输出之间没有直接电或磁的关系，这就切断了安全栅输出端高电压窜入危险侧的通道。一般要求直流信号转换成频率信号，经光电耦合器检出频率信号再转换成直流信号的原理来实现。光电隔离式安全栅目前尚处在开发阶段，虽然结构较复杂，但是具有隔离电压高、线性好、精度高、抗干扰性好等优点，有广阔的应用前景。

（5）变压器隔离式安全栅

这种安全栅也是通过隔离、限压和限流等措施，限制流入危险场所的能量，来保证危险侧的安全。它与光电隔离式安全栅的区别是用变压器作为隔离器件，通过电磁转换方式来传输信号。同样也是需要将电流信号进入变压器隔离式安全栅之前，转换为交流信号，通过变压器后，再把交流信号转换成直流电流输出。电路原理见图1-29。

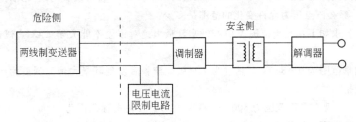

图 1-29　变压器隔离式安全栅

变压器隔离式安全栅分为检测端安全栅（输入式安全栅）和操作端安全栅（输出式安全栅）两种。

① 检测端安全栅　把来自现场变送器的 4～20mA DC 电流经隔离变压器 1:1 地转换成 1～5V DC 信号或 4～20mA DC 信号输出至控制室仪表（计算机），为现场两线制变送器提供 24V DC 直流电源，利用限流、限压电路使得任何情况下送往危险场所的电压不超过 30V DC、电流不超过 30mA DC，从而保证了危险场所的安全。检测端安全栅的外形结构如图 1-30所示。

图 1-30　常见的检测端安全栅外形结构

② 操作端安全栅　把来自控制室仪表的 4～20mA DC 电流经隔离变压器 1:1 地转换成 1～5V DC 直流电压信号或 4～20mA DC 直流电流信号输出至现场执行器。利用限流、限压电路使得任何情况下送往危险场所的电压不超过 30V DC、电流不超过 30mA DC，从而保证了危险场所的安全。操作端安全栅的外形基本和检测端安全栅的外形相同。

技能训练与思考题

1. 根据误差出现的规律，误差分成哪几种类型？各有何特点？产生的原因是什么？
2. 选择合适的答案：
    （1）仪表的精度等级是用仪表的（　　）来表示的。
    　　A. 相对误差　　　　B. 附加误差　　　　C. 绝对误差　　　　D. 引用误差

（2）某温度测量仪表的测温范围为 20～100℃，精度为 1 级，则该表的绝对误差为（　　　）。

　　A. ±0.8℃　　　　　　　B. ±1℃　　　　　　　C. 1℃　　　　　　　D. ±1.0%

3. 判断题：

　（1）检测仪表的回差可以超过其允许误差。　　　　　　　　　　　　　　　　　　　（　　）

　（2）仪表的灵敏度越大，其精度也越高。　　　　　　　　　　　　　　　　　　　　（　　）

　（3）看错刻度线造成的误差属于随机误差。　　　　　　　　　　　　　　　　　　　（　　）

　（4）仪表因环境温度变化造成的误差属于系统误差。　　　　　　　　　　　　　　　（　　）

4. 某台压力变送器的测量范围为 250～500kPa，精度等级为 1 级，试问该表的最大允许误差为多大？若校验点为 400kPa，那么该点压力允许变化的范围是多少？

5. 工艺上提出选表要求如下：测量范围为 0～300℃，最大绝对误差不能大于 ±4℃，试选择合适精度的温度表。

6. 某一温度表的测量范围为 0～300℃，精度为 1.0 级，校验后发现其最大绝对误差为 +4℃，试判断该仪表的精度是否合格。

7. 被测温度为 400℃，现有量程范围为 500℃、精度为 1.5 级和量程范围为 1000℃、精度为 1.0 级的温度仪表各一块，问选用哪一块仪表进行测量更准确？为什么？

8. 某台具有线性关系的温度变送器，其测量范围为 0～200℃，变送器的输出为 4～20mA。对这台温度变送器进行校验，校验数据如下：

输入信号	标准温度/℃	0	50	100	150	200
输出信号	正行程读数 $X_{正}$/mA	4	8	12.01	16.01	20
	反行程读数 $X_{反}$/mA	4.02	8.10	12.10	16.09	20.01

　　试根据以上校验数据确定该仪表的精度、回差。

9. 自动平衡式显示仪表有哪几种？分别和哪种测温元件配用？

10. 一般形式的数字显示仪表主要由几部分组成？每部分有何作用？

11. 什么是无纸记录仪？简述其特点和功能。

12. 自动检测系统由哪几部分构成？各部分有何作用？

13. 检测仪表中的常见信号类型有哪些？

14. 检测仪表中的信号传递方式有哪些？

15. 什么是信号制？为什么世界各国采用直流电流和直流电压信号作为仪表的统一模拟信号？

16. 什么是二线制变送器？试画出二线制变送器的连接方式。

17. 构成安全火花防爆系统有哪些要求？

18. 安全栅的结构形式有哪些？各有什么特点？

2／温度检测

2.1 概述

任何一个化工生产过程都必然有能量的交换和转化，而热交换形式则是这些能量交换中最普遍的交换形式。在很多化工反应过程中，温度的测量和控制，常常是保证这些反应过程正常进行与安全运行的主要环节，它对产品产量和质量的提高都有很大的影响。温度参数是化工生产过程中经常需要测量控制的工艺控制指标。要想把温度检测出来，先要了解温度及温度测量的基本方法。

2.1.1 温度

温度是表征物体冷热程度的物理量，它反映了物体分子做无规则热运动的平均动能的大小。任意两个冷热程度不同的物体相接触，必然发生热交换，热量将从热物体传向冷物体，直至两者的冷热程度完全一致，即达到温度相等。

温度定义本身并没有提供衡量温度高低的数值标准，因此温度不能直接测量，只能借助于冷热不同的物体之间的热交换，以及物体的某些物理性质随温度的变化而变化的特性间接测量。当用以测温的选择物体与被测物体温度达到相等时，通过测量选择物体的某一物理量（如液体的体积、导体的电阻等），便可以定量得出被测物体的温度数值。也可以利用热辐射原理或光学原理等进行非接触测量。

2.1.2 温度测量

目前化工生产中常用的测温仪表按检测方法不同可分为接触式测温和非接触式测温两大类。

（1）接触式测温

两个冷热程度不同的物体相接触时，必然产生热交换现象，直至两物体的冷热程度一致，达到热平衡时为止。接触式测温就是根据这一原理进行温度测量的。接触法测温可以直接测得被测物体的温度，简单可靠、测量精度高。但由于测温元件与被测介质需进行充分的热交换，产生了测温滞后。且受到耐高温材料的限制，不能用于很高温度的测量。

常用的接触式测温仪表有以下几种。

1）液体膨胀式温度计

液体膨胀式温度计根据液体受热时体积膨胀的原理进行温度测量。其结构简单，使用方便，稳定性较好，价格便宜，精度较高，但容易破损，不能记录和远传。测温范围为 $-50\sim$ 600℃。读数时，观察者的视线应与标尺垂直，对水银温度计应按凸月面的最高点读数，对酒精等有机液体温度计则按凹面的最低点读数。

2）固体膨胀式温度计

固体膨胀式温度计根据双金属受热时线性膨胀的原理进行温度测量。其结构紧凑，牢固可靠，机械强度较高，耐振动，价格便宜，但精度较低。测温范围为 $-80\sim600$℃。

3）压力式温度计

压力式温度计根据温包内的气体、液体或蒸汽受热后压力改变的原理进行温度测量。其特点是耐震，坚固，防爆，价格便宜，最易就地集中测量。但精度低，测温距离短，滞后大，毛细管机械强度差，损坏后不易修复。测温范围为 $-30\sim600$℃。

4）热电偶温度计

热电偶温度计根据金属的热电效应原理进行温度测量。其测温范围广，测量准确，便于远距离、多点、集中测量和自动控制。但需要进行冷端温度补偿，测量低温时精度较低。测温范围为 $-269\sim2800$℃。

5）热电阻温度计

热电阻温度计根据导体或半导体的热阻效应原理进行温度测量。其测量准确，便于远距离、多点、集中测量和自动控制，适合测量中、低温范围。但振动场合容易损坏，使用时须注意环境温度的影响。测温范围为 $-200\sim650$℃。

（2）非接触式测温

非接触式测温是利用热辐射或热对流实现热交换，从而进行温度测量的。测温元件不与被测介质直接接触，测温范围很广，不受测温上限的限制，也不会破坏被测物体的温度场，反应速度快，可用来测量运动物体的表面温度。但受发射物体的发射率、测量距离、烟尘和水汽等外界因素的影响，测量精度较低。常用的非接触式测温仪表有辐射高温计和光学高温计等。

2.2　常用测温仪表

温度检测仪表有很多种，适用的场合各不相同。本节就是掌握各类温度检测仪表的工作原理和使用方法，为后续工作做好准备。

2.2.1　膨胀式温度计

膨胀式温度计是基于物体受热时体积膨胀的性质而制成的。日常生活中使用的玻璃管温度计属于液体膨胀式温度计，工业上使用的双金属温度计属于固体膨胀式温度计。下面简单介绍。

（1）液体膨胀式温度计

基于液体的热胀冷缩特性来制造的温度计即液体膨胀式温度计，通常液体盛放于玻璃管之中，又称玻璃管液体温度计。由于液体的热膨胀系数远远大于玻璃的膨胀系数，因此通过观察液体体积的变化即可知温度的变化。

1）玻璃管液体温度计的组成原理

玻璃管液体温度计由感温泡（也称玻璃温包）、工作液体、毛细管、刻度标尺及膨胀室等组成。当测温温度升高时，温包里的工作液体因膨胀而沿毛细管上升，根据刻度标尺可以读出被测介质的温度。为了防止温度过高时液体膨胀胀破温度计，在毛细管顶部留一膨胀室。

玻璃管液体温度计读数直观、测量准确、结构简单、价格低廉，其缺点是碰撞和振动易断裂、信号不能远传。因此一般被应用于实验室和工业生产现场等领域。

2）玻璃管液体温度计的分类

玻璃管液体温度计按工作液体的不同可分为水银温度计、酒精温度计和甲苯温度计等。水银由于不易氧化、不沾玻璃、易获得高纯度、熔点和沸点间隔大，能在很大温度范围内保持液态，特别是200℃以下体积膨胀系数线性好，因此得到广泛应用。普通水银温度计测温范围在−30～+300℃。若采用石英玻璃管，在水银上面空间充一定压力的氮气，其测量上限可达600℃，甚至更高。

玻璃管液体温度计按用途可分为标准水银温度计、实验室和工业用温度计。

3）玻璃管液体温度计的使用

使用玻璃管液体温度计应注意以下问题。

① 读数时视线应正交于液柱，以避免视差误差。

② 注意温度计的插入深度。

③ 由于玻璃的热后效影响，使玻璃温包体积变化，引起温度计零点偏移，出现示值误差，因此要定期对温度计进行校验。

（2）固体膨胀式温度计

基于固体的热胀冷缩特性来制造的温度计即固体膨胀式温度计。工业中使用最多的是双金属温度计。

1）双金属温度计的组成原理

双金属温度计中的感温元件是用两片线膨胀系数不同的金属片叠焊在一起而制成的。双金属片受热后，由于两金属片的膨胀长度不同而产生弯曲，如图2-1所示。温度越高产生的线膨胀长度差就越大，因而引起弯曲的角度就越大。双金属温度计就是基于这一原理而制成的，它是用双金属片制成螺旋形感温元件，外加金属保护套管，当温度变化时，螺旋的自由端便围绕着中心轴旋转，同时带动指针在刻度盘上指示出相应的温度数值。

图2-2是一种双金属温度信号器的示意图。当温度变化时，双金属片1产生弯曲，且与调节螺钉相接触，使电路接通，信号灯4便发亮。若以电铃代替信号灯便可以作为另一种双金属温度信号报警器。如以继电器代替信号灯便可以用来控制热源（如电热丝）而成为双金属位式温度控制器。温度的控制范围可通过改变调节螺钉2与双金属片1之间的距离来调整。

2）双金属温度计的特点

双金属温度计结构简单、耐振动、耐冲击、使用方便、维护容易、价格低廉，适用于振动较大场合的温度测量。目前国产双金属温度计的使用温度范围为−80～+100℃，精度为1.0，1.5和2.5级，型号为WSS。

图 2-1　双金属片

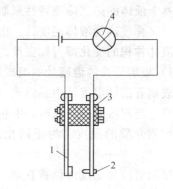

图 2-2　双金属温度信号器
1—双金属片；2—调节螺钉；
3—绝缘子；4—信号灯

　想一想

☆家里用的温度计有哪些？都是怎么工作的？
☆家里的冰箱温度是怎么检测的？

2.2.2　压力式温度计

应用压力随温度的变化来测温的仪表叫压力式温度计。它是根据在封闭系统中的液体、气体或低沸点液体的饱和蒸汽受热后体积膨胀或压力变化这一原理而制成的，并用压力表来测量这种变化，从而测得温度。

压力式温度计的结构如图 2-3 所示。它主要由以下三部分组成。

① 温包　它是直接与被测介质相接触来感受温度变化的元件，因此要求它具有高的强度，小的膨胀系数，高的热导率以及抗腐蚀等性能。根据所充工作物质和被测介质的不同，温包可用铜合金、钢或不锈钢来制造。

② 毛细管　它是用铜或钢等材料冷拉成的无缝圆管，用来传递压力的变化。其外径为 1.2～5mm，内径为 0.15～0.5mm。如果它的直径越细，长度越长，则传递压力的滞后现象就愈严重。也就是说，温度计对被测温度的反应越迟钝。然而，在同样的长度下毛细管越细，仪表的精度就越高。毛细管容易被损坏，折断，因此，必须加以保护。对不经常弯曲的毛细管可用金属软管做保护套管。

③ 弹簧管（或盘簧管）　它是一般压力表用的弹性元件，压力变化时在径向方向上开合变化，带动指针指示。

在石油、化工生产过程中，使用最多的是利用热电偶和热电阻这两种感温元件来测量温度。下面就主要介绍热电阻温度计和热电偶温度计。

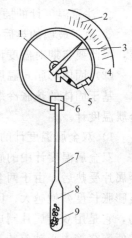

图 2-3　压力式温度计
结构原理图
1—传动机构；2—刻度盘；
3—指针；4—弹簧管；
5—连杆；6—固定装置；
7—毛细管；8—温包；
9—液体介质

2.2.3　热电偶温度传感器

热电偶温度传感器将被测温度转化为毫伏（mV）级热电势信号输出。热电偶温度传感器通过连接导线与显示仪表（如电测仪表）相连组成测温系统，实现远距离温度自动测量、显示或记录、报警及温度控制等。热电偶温度传感器本身虽然不能直接指示出温度值，但习惯上被称为热电偶温度计。

（1）热电偶及其测温原理

1）热电偶

热电偶是根据热电偶的热电效应原理进行温度测量的。热电偶温度传感器的敏感元件是热电偶。热电偶是化工生产中最常用的温度检测元件之一，可直接与被测对象接触，不受中间介质的影响，测量精度高。常用的热电偶可从-50～1600℃连续测量液体、蒸汽和气体介质以及固体表面温度，某些特殊热电偶最低可测量-269℃（如金铁-镍铬），最高可达2800℃（如钨-铼）。

热电偶是由A、B两种不同的导体焊接而成，如图2-4所示。焊接的一端置于温度为T的被测介质中，感受被测温度，称为工作端或热端；另一端放在温度为T_0的恒定温度下，称为自由端或冷端。导体A、B称为热电极，这两种不同导体的组合就称为热电偶。

图 2-4 热电偶示意图　　　　　　　　　图 2-5 热电效应

2）热电效应

将A、B两种不同金属导线两端分别焊接起来，只要两个焊接点的温度不相等，闭合回路中就会有热电势产生，这种现象称为热电效应，见图2-5。

热电势产生的原因：两种不同的金属，由于其自由电子的密度不同，当不同的金属相互接触时，在其接触端面上，会产生自由电子的扩散运动，从而在交界面上产生静电场，静电场的存在，阻止了扩散的进一步进行，最终使扩散与反扩散达到动态平衡。当A、B两种材料确定后，接触电势的大小只与接触端面的温度T和T_0有关。同种金属材料中，由于两焊点温度不同所产生的温差电势极小，可忽略不计。

设A、B两种金属的自由电子密度$N_A>N_B$，焊接点温度$T>T_0$，则热电偶产生的热电势为

$$E_{AB}(T,T_0)=E_{AB}(T)-E_{AB}(T_0) \tag{2-1}$$

当冷端温度T_0恒定时，$E_{AB}(T_0)$为一常数，此时，热电势$E_{AB}(T,T_0)$就为热端温度T的单值函数，当构成热电偶的热电极材料均匀时，热电势只与工作端温度T有关，而与热电偶的长短及粗细无关。只要测出热电势的大小，就能知道被测温度的高低，这就是热电偶的测温原理。

显然，当构成热电偶的热电极材料相同时，两接点的接触电势都为零，无论两接点温度如何，闭合回路中总的热电势都为零，所以同种材料构成热电偶无意义；如果两接点温度相等，尽管热电极材料不同，但两接点的接触电势相等，回路中总的热电势仍然为零，同样不能进行温度测量。

（2）热电偶的基本定律

1）均质导体定律

两种均质金属组成的热电偶，其热电势大小与热电极直径、长度及沿热电极长度上的温

度分布无关，只与热电极材料和两端温度差有关。

如果热电极材质不均匀，则当热电极上各处温度不同时，将产生附加热电势，造成无法估计的测量误差。因此，热电极材料的均匀性是衡量热电偶质量的重要指标之一。

2）中间导体定律

热电偶回路断开接入第三种导体 C，若导体 C 两端温度相同，则回路热电势不变，这为热电势的测量（接入测量仪表，即第三导体）奠定了理论基础，见图 2-6。

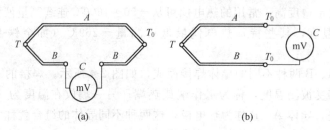

(a)　　　　　　　　　　(b)

图 2-6　热电偶测温电路原理图

3）中间温度定律

热电偶在接点温度为 T、T_0 时的热电势等于该热电偶在接点温度为 T、T_n 和 T_n、T_0 时相应热电势的代数和，即

$$E_{AB}(T,T_0)=E_{AB}(T,T_n)+E_{AB}(T_n,T_0) \tag{2-2}$$

若 $T_0=0℃$，则有

$$E_{AB}(T,0)=E_{AB}(T,T_n)+E_{AB}(T_n,0) \tag{2-3}$$

式中　T_n——中间温度，$T_0<T_n<T$。

热电偶是在冷端温度为 0℃ 时进行分度的，若热电偶冷端温度 T_0 不为 0℃ 时，则热电势与温度之间的关系应根据下式进行计算。

$$E_{AB}(T,T_0)=E_{AB}(T,0)-E_{AB}(T_0,0) \tag{2-4}$$

式中，E_{AB}（T，0）和 E_{AB}（T_0，0）相当于该种热电偶的工作端温度分别为 T 和 T_0，而冷端温度为 0℃ 时产生的热电势，其值可以查附录中热电偶的分度表得到。

【例 2-1】　某支铂铑$_{10}$-铂热电偶（S）测温，冷端温度 30℃，测得回路电势为 7.345mV，求被测介质温度。

解：由于测得电势为 7.345mV，则 $E(T，30)=7.345mV$

查附表三 S 型热电偶分度表可查知：$E(30，0)=0.173mV$

根据中间温度定律可知

$$E(T,0)=E(T,30)+E(30,0)=7.345mV+0.173mV=7.518mV$$

查 S 型热电偶分度表可知被测介质温度 $T=815.9℃$

答：被测介质温度 T 为 815.9℃

由于热电偶 $E\sim T$ 之间通常呈非线性关系，当冷端温度不为 0℃ 时，不能利用已知回路实际热电势 $E(T，T_0)$ 直接查表求取热端温度值；也不能利用已知回路实际热电势 $E(T，T_0)$ 直接查表求取的温度值，再加上冷端温度确定热端被测温度值，需按中间温度定律进行修正。

（3）常用热电偶

1）热电极材料的要求

根据热电偶的测温原理，理论上任意两种金属材料都可以构成热电偶。但实际上为了保证可靠地进行具有足够精度的温度测量，对热电极材料还有许多要求，如：热电势与温度应尽可能成线性关系，并且温度每增加1℃时所产生的热电势要大；电阻温度系数要小，电导率要高；物理、化学稳定性和复现性要好；材料组织要均匀，便于加工成丝等。目前国际上被公认的比较好的热电极材料只有几种，这些材料是经过精选而且标准化了的，它们分别被应用在各温度范围内，测量效果良好。

2）标准热电偶

不同材料构成的热电偶，测温范围和性能各不相同。工业常用的标准化热电偶见表2-1。

表 2-1 标准热电偶

热电偶名称	分度号	正热电极	负热电极	测温范围/℃	
				长期使用	短期使用
铂铑$_{30}$-铂铑$_6$	B	铂铑$_{30}$合金	铂铑$_6$合金	300～1600	1800
铂铑$_{10}$-铂	S	铂铑$_{10}$合金	纯铂	−20～1300	1600
镍铬-镍硅	K	镍铬合金	镍硅合金	−200～1200	1300
镍铬-铜镍	E	镍铬合金	铜镍合金	−40～800	900

① 铂铑$_{30}$-铂铑$_6$热电偶：适于在氧化性或中性介质中使用。高温时热电特性很稳定，测量准确，但其产生的热电势小，价格贵，低温时热电势极小，当冷端温度在40℃以下使用时，可不进行冷端温度补偿。可作基准热电偶。

② 铂铑$_{10}$-铂热电偶：适于在氧化性或中性介质中使用。高温时性能稳定，不易氧化；有较好的化学稳定性；测量准确，线性较差，价格较贵，适于作基准热电偶或精密温度测量。

③ 镍铬-镍硅热电偶：适于在氧化性或中性介质中使用，500℃以下低温范围内，也可用于还原性介质中测量。该热电偶线性好，灵敏度高，测温范围较广，价格便宜，在工业生产中应用广泛。

④ 镍铬-铜镍热电偶：适于测量中、低温范围，灵敏度高，价格便宜，低温时性能稳定，适宜于中性介质或还原性介质中使用。

由于构成热电偶的热电极材料不同，在相同温度下，热电偶产生的热电势也不同，各种热电偶热电势与温度的一一对应关系都可以从标准数据表中查到，这种表就称为热电偶的分度表。附录就是几种常见热电偶的分度表，而与某分度表对应的该热电偶，用它的分度号表示。

（4）热电偶的结构形式

热电偶广泛应用在各种条件下的温度测量。由于热电偶的用途和安装位置不同，其外形也常不相同。但其通常是由热电极、绝缘套管、保护套管、接线盒几部分构成。如图2-7所示。

1）热电偶温度传感器的基本组成

① 热电极　热电极作为测温敏感元件，是热电偶温度传感器的核心部分，其测量端通常采用焊接方式构成。焊点的形式通常有点焊、对焊和绞状点焊（麻花状）等。热电极的直径由材料的价格、机械强度、电导率、使用条件和测量范围决定。贵金属电极丝较细，直径一般为0.3～0.65mm，普通金属电极丝直径为0.5～3.2mm，其长度由安装条件及插入深度而定，一般为350～2000mm。

② 绝缘套管　绝缘套管用于防止两根热电极短路。绝缘材料主要根据测温范围及绝缘性能要求来选择，通常用石英管、瓷管、纯氧化铝管等。

③ 保护套管　保护套管用于保护热电极，使其免受化学侵蚀和机械损伤，确保测温准

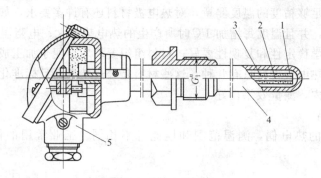

图 2-7　热电偶的构造图

1—测量端；2—热电极；3—绝缘套管；4—保护管；5—接线盒

确、延长使用寿命。常用材料有铜或铜合金、20 碳钢及石英等。

④ 接线盒　接线盒用来连接热电偶和显示仪表。一般由铝合金制成。接线盒的出线孔和盖子均用垫片和垫圈加以密封，以防灰尘和有害气体进入；接线盒内用于连接热电极和补偿导线的螺丝必须紧固，以免产生较大的接触电阻而影响测量的准确性。

2）按结构形式分类

① 普通热电偶　普通热电偶主要由外形如图 2-8(a) 所示。这种热电偶在测量时将测量端插入被测对象内部，主要用于测量容器或管道内部气体、液体等流体介质的温度。

② 铠装热电偶　又称缆式热电偶，是由热电极、绝缘材料和金属保护套管三者加工在一起的坚实缆状组合体。如图 2-8(b) 所示。

铠装热电偶具有体积小、精度高、动态响应快、耐振动、耐冲击、机械强度高、可任意弯曲、便于安装、可装入普通热电偶保护管内使用等优点，已得到越来越广泛的应用。

③ 表面型热电偶　利用真空镀膜工艺将电极材料蒸镀在绝缘基板上，其尺寸小，热容量小，响应速度快，主要用来测量微小面积上的瞬变温度。如图 2-8(c) 所示。

④ 快速热电偶　专用于测量钢水及高温熔融金属的温度，只能一次性使用。其热电极由直径为 $0.05 \sim 0.1mm$ 的铂铑$_{10}$-铂铑$_{30}$ 等材料制成，装在 U 形石英管内，外部有绝缘良好的纸管、保护管及高温绝热水泥加以保护和固定。当热电偶插入高温熔融金属时，保护帽瞬间熔化，工作端立刻与被测介质接触，测出其温度。随后，热电偶被烧坏，所以又称为消耗式热电偶。如图 2-8 (d) 所示。

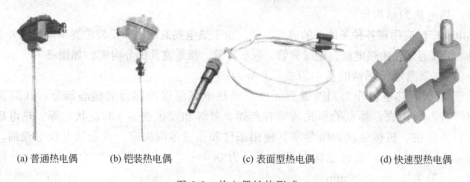

(a) 普通热电偶　　　(b) 铠装热电偶　　　　　(c) 表面型热电偶　　　　　(d) 快速型热电偶

图 2-8　热电偶结构形式

（5）补偿导线与热电偶冷端温度补偿方法

由热电偶测温原理可知，只有当热电偶冷端温度保持不变时，热电势才是被测温度的单值函数。但在实际工作中，由于热电偶的冷端常常靠近设备或管道，冷端温度不仅受环境温度的影响，还受设备或管道中被测介质温度的影响，因而冷端温度难以保持恒定。如果冷端温度自由变化，必然引起测量误差。为了准确地测量温度，应设法将热电偶的冷端延伸到远离被测对象且温度较为稳定的地方。由于热电偶大都采用贵重金属材料制成，而检测点到仪表的距离较远，为了降低成本，通常采用补偿导线将热电偶的冷端延伸到远离热源并且温度较为稳定的地方。见图 2-9。

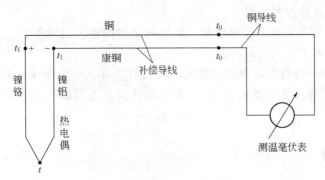

图 2-9 补偿导线接线图

1）补偿导线

补偿导线由廉价金属制成，在 $0\sim100℃$ 范围内，其热电特性与所连接的标准热电偶的热电特性完全一致或非常接近，使用补偿导线相当于将热电偶延长。不同热电偶所配用的补偿导线是不相同的，廉价金属制成的热电偶，可用其本身材料作为补偿导线。

常用热电偶的补偿导线如表 2-2 所示。

表 2-2 常用热电偶的补偿导线

热电偶名称	补偿导线正极		补偿导线负极		工作端为 100℃，冷端为 0℃ 时的标准热电势/mV
	材料	颜色	材料	颜色	
铂铑$_{10}$-铂	铜	红	铜镍	绿	0.645 ± 0.037
镍铬-镍硅	铜	红	康铜	蓝	4.095 ± 0.105
镍铬-铜镍	镍铬	红	铜镍	棕	6.317 ± 0.170
铜-铜镍	铜	红	铜镍	白	4.277 ± 0.047

使用补偿导线时，必须注意：

① 选用的补偿导线必须与所用热电偶相匹配。

② 补偿导线的正、负极应与热电偶的正、负极对应相接，否则会产生很大的测量误差。

③ 补偿导线与热电偶连接端的接点温度应相等，且不能超过 100℃。

2）热电偶冷端温度补偿方法

采用补偿导线可以将热电偶的冷端延伸到温度较为稳定的地方，但延伸后的冷端温度一般还不是 0℃，而热电偶的分度表是在冷端温度为 0℃ 时得到的，热电偶所用的配套仪表也是以冷端温度为 0℃ 进行刻度的。为了保证测量的准确性，在使用热电偶时，只有将冷端温度保持为 0℃，或者是进行一定的修正才能得出准确的测量结果。这样做，就叫做热电偶的冷端温度补偿。常用的冷端温度补偿方法有以下几种。

① 冰浴法 将通过补偿导线延伸出来的冷端分别插入装有变压器油的试管中，把试管放入装有冰水混合物的容器中，可使冷端温度保持 0℃。这种方法在实际生产中不适用，多用于实验室。

② 公式修正法　根据公式(2-4)，将测得的热电势 E_{AB} $(T$，$T_0)$，和查分度表所得的热电势 E_{AB} $(T_0$，$0)$ 相加，便可得到实际温度下的热电势 E_{AB} $(T$，$0)$。再次查分度表，便可求出被测温度 T。这种方法只适用于实验室或临时测温，在连续测量中不实用。

③ 校正仪表零点法　一般显示仪表未工作时指针均指在零位上（机械零点）。如果热电偶的冷端温度 T_0（室温）较为恒定时，可在测温前，断开测量电路，将显示仪表的机械零点调整到 T_0 上，这相当于把热电势修正值预先加在显示仪表上。当接通测量电路时，显示仪表的指示值即为实际被测温度。

此法简单易行，在工业上经常使用。如果控制室的室温经常变化，会有一定的测量误差。通常用于测温要求不太高的场合。

④ 补偿电桥法　当热电偶冷端温度波动较大时，可在补偿导线后面接上补偿电桥（不平衡电桥），使其产生一不平衡电压 ΔU，来自动补偿热电偶因冷端温度变化而引起的热电势变化。

📢 注意之处

所选补偿电桥必须与热电偶配套；补偿电桥接入测量系统时正负极不可接反；显示仪表的机械零点应调整到补偿电桥设计时的平衡温度，若补偿电桥是在20℃平衡的，仍需把仪表的机械零点预先调至20℃处，若补偿电桥是按0℃平衡设计的，则仪表的零点应调至0℃处。大部分补偿电桥均按20℃时平衡设计。

⑤ 补偿热电偶法　在生产中，为了节省补偿导线和投资费用，常用多支热电偶配用一台公用测温仪表，通过转换开关实现多点间歇测量。补偿热电偶是为了将冷端温度保持恒定而设置的。它的工作端插入 $2\sim3m$ 深的地下或放在其他恒温器中，使其温度恒为 T_0，而它的冷端与测量热电偶的冷端都接在温度为 T_1 的同一个接线盒中，补偿热电偶的材料可以与测量热电偶相同，也可以是测量热电偶的补偿导线，此时相当于两支相同的热电偶反串，其测温仪表的指示值则为 E_{AB} $(T$，$T_1)$ － E_{AB} $(T_0$，$T_1)$，即为 E_{AB} $(T$，$T_0)$ 所对应的温度，而不受接线盒所处温度 T_1 变化的影响。

（6）热电偶测温系统的构成

热电偶测温系统一般由热电偶、补偿导线和显示仪表三部分组成。如图 2-10 所示。

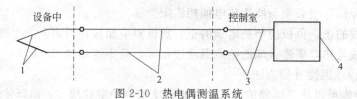

图 2-10　热电偶测温系统

1—热电偶；2—补偿导线；3—铜导线；4—显示仪表或信号转换装置

📢 注意之处

☆ 热电偶、补偿导线和显示仪表的分度号必须一致；接线端极性必须正确。

☆ 如显示仪表为动圈表，还必须考虑冷端温度补偿的问题。

2.2.4 热电阻温度计

热电偶一般适用于中、高温的测量。但是测量300℃以下的温度时，热电偶产生的热电势较小，对测量仪表的放大器和抗干扰能力要求很高，而且冷端温度变化的影响变得突出，增大了补偿难度，测量的灵敏度和精度都受到一定的影响。通常对500℃以下的中、低温区，一般都使用热电阻来进行温度测量。

工业上广泛应用的热电阻温度计，可测量-200~650℃范围内的液体、气体、蒸汽及固体表面的温度。其测量精度高，性能稳定，不需要进行冷端温度补偿，便于多点测量和远距离传送、记录。

(1) 热电阻测温原理

热电阻是根据金属导体的电阻值随温度的变化而变化的性质来进行温度测量的。实验表明，大多数金属导体具有正的温度系数，温度每升高1℃，电阻值约增加0.4%~0.6%。热电阻温度计利用热电阻与被测介质相接触，感知被测温度的变化，并将其转换成电阻的变化，再通过测量电路进一步转换成电压信号，最后送至显示仪表指示或记录被测介质温度。

(2) 常用热电阻

虽然大多数金属和半导体电阻都有随温度变化而变化的性质，但它们并不是都能作为测温用热电阻。热电阻的材料必须满足一定的要求，如：电阻温度系数和电阻率要大；热容量要小；在整个测温范围内有稳定的物理和化学性质；电阻值与温度应呈线性关系；易于提纯；有良好的复现性等。

热电阻大都由纯金属材料制成，工业上广泛应用的是铂电阻和铜电阻（参见附录）。

1）铂热电阻（WZP）

铂的物理、化学性质非常稳定，是目前制造热电阻的最好材料。铂电阻除用作一般工业测温外，主要作为标准电阻温度计，广泛地应用于温度的基准、标准的传递。但是铂的价格较贵，在还原性介质中，特别是高温下很容易沾上杂质，致使铂丝变脆，影响它的阻值和温度的关系。

我国铂热电阻的分度号主要为Pt_{100}和Pt_{10}两种，其0℃时的电阻值R_0分别为100Ω和10Ω。此外，还有$R_0=1000$Ω的Pt_{1000}铂热电阻。

2）铜热电阻（WZC）

铜丝可用于制作-50~150℃范围内的工业用电阻温度计。在此温度范围内，铜的电阻值与温度关系接近线性，灵敏度比铂电阻高，容易提纯得到高纯度材料，复制性能好，价格便宜。但铜易于氧化，一般只用于150℃以下的低温测量和没有水分及无腐蚀性介质中的温度测量，铜的电阻率低，为了得到一定的电阻值，铜电阻丝必须较细，长度要较长，所以铜电阻的体积较大，机械强度较低。

在-50~+150℃范围内，铜电阻的电阻值R_t与温度t的关系是线性的，即

$$R_t = R_0(1 + \alpha_t) \tag{2-5}$$

式中 R_t、R_0——温度分别为t℃和0℃时铜电阻的电阻值；

α——铜电阻的电阻温度系数。

由上式可见，铜电阻的电阻值在测温范围内呈线性。工业上的铜热电阻有R_0为100Ω和50Ω两种，对应的分度号分别为Cu_{100}和Cu_{50}。

另外，铁和镍两种金属也有较高的电阻率和电阻温度系数，亦可制作成体积小、灵敏度高的热电阻温度计。但由于铁容易氧化，性能不太稳定，故尚未实用。镍的稳定性较好，已被定型生产，用符号WZN表示，可测温度范围为-60~180℃，R_0值有100Ω、300Ω和

500Ω 三种。

（3）热电阻的结构形式

1）普通热电阻

普通热电阻通常由电阻体、绝缘子、保护套管、接线盒四部分构成，除电阻体外，其余三部分与普通热电偶基本相同。为避免通过交流电时产生电抗，造成附加误差，电阻体一般采用双线无感绕法绕制。

2）铠装热电阻

铠装热电阻是将电阻体、绝缘材料和保护套管三者组合加工成一体。其体积小、抗振性强、可弯曲、热惯性小、使用寿命长，适用于结构复杂或狭小设备的温度测量。

3）表面型热电阻

端面热电阻的电阻体经特殊处理，紧贴在温度计端面，其测量准确，响应迅速，体积小，适用于测量轴瓦和其他机件的温度。

4）隔爆型热电阻

隔爆型热电阻采用特殊的接线盒，把其外壳内部爆炸性混合气体因受到火花或电弧等影响而发生的爆炸局限在接线盒内，使生产现场不致引起爆炸，适用于具有爆炸危险场所的温度测量。

（4）热电阻测温系统的组成

热电阻测温系统一般由热电阻、连接导线和显示仪表等组成。

◁）） 注意之处

☆ 热电阻和显示仪表的分度号必须一致；

☆ 热电阻温度计的测量线路最常用的是电桥电路。由于热电阻的阻值较小，所以连接导线的电阻值不能忽视，对 50Ω 的测温电桥，1Ω 的导线电阻就会产生约 5℃ 的误差。为了消除连接导线电阻变化对测量的影响，热电阻必须采用三线制连接。

2.2.5 辐射式高温计

辐射式高温计是基于物体热辐射定律来测量温度的仪表。目前，它已被广泛地用来测量高于 800℃ 的温度。

物体热辐射能量随辐射波长变化的谱线遵从维恩（Wien）位移定律，即

$$\lambda_m = 2898/T(\mu m) \tag{2-6}$$

式中　T——物体的温度，K；

λ_m——物体热辐射能谱峰值波长。

从上式可知，物体热辐射能谱峰值波长 λ_m 与其自身的温度 T 成反比。只要测出物体热辐射能谱，找出其峰值波长 λ_m，便可求出物体的温度 $T = 2898/\lambda_m$。

2.3 温度测量仪表的使用

2.3.1 温度测量仪表的选用

在化工生产过程中，仪表的选型是否正确，直接影响控制系统运行的质量和寿命。温度检测仪表的种类很多。在选用温度检测仪表的时候，应注意每种仪表的特点和适用范围，这

也是确保温度测量准确度的第一个关键环节。

测温检测仪表的选用原则主要包括：

① 根据工艺要求，正确选用温度测量仪表的量程和精度。正常使用的测温范围一般为全量程的 30％～70％之间，最高温度不得超过刻度的 90％。

② 用于现场进行接触式测温的仪表有玻璃温度计（用于指示精度较高和现场没有振动的场合）、压力式温度计（用于就地集中测量、要求指示清晰的场合）、双金属温度计（用于要求指示清晰、并且有振动的场合）、半导体温度计（用于间断测量固体表面温度的场合）。

③ 用于远传接触式测温的有热电偶、热电阻。应根据工艺条件与测温范围选用适当的规格品种、惰性时间、连接方式、补偿导线、保护套管与插入深度等。

④ 测量细小物体和运动物体的温度，或测量高温，或测量具有振动、冲击而又不能安装接触式测量仪表的物质的温度，应采用光学高温计、辐射高温计、光电高温计与比色高温计等不接触式温度计。

⑤ 用辐射高温计测温时，必须考虑现场环境条件，如受水蒸气、烟雾、一氧化碳、二氧化碳、臭氧、反射光等影响，并应采取相应措施，防止干扰。

综观以上各种测温仪表，机械式的大多只能作就地指示，辐射式的精度较差，只有电测温仪表精度较高，信号又便于远传和处理。因此热电偶与热电阻两种测温仪表得到了最广泛的应用。

2.3.2　温度测量仪表的安装

在使用膨胀式温度计、热电偶温度计、热电阻温度计等接触式温度计进行温度测量时，均会遇到具体的安装问题。如果温度计的安装不符合要求，往往会引入一定的测量误差，因此，温度计的安装必须按照规定要求进行。

接触式温度计测得的温度都是由测温元件决定的。在正确选择了测温元件和显示仪表之后，测温元件的正确安装，是提高温度测量精度的重要环节。工业上，一般按下列要求进行安装。

（1）测温元件的安装要求

1）正确选择测温点

由于接触式温度计的感温元件是与被测介质进行热交换而测量温度的，因此，必须使感温元件与被测介质能进行充分的热交换，感温元件放置的方式与位置应有利于热交换的进行，不应把感温元件插至被测介质的死角区域。

2）测温元件应与被测介质充分接触

应保证足够的插入深度，尽可能使受热部分增长。对于管路测温，双金属温度计的插入长度必须大于敏感元件的长度；温包式温度计的温包中心应与管中心线重合；热电偶温度计保护套管的末端应越过管中心线 5～10mm；热电阻温度计的插入深度在减去感温元件的长度后，应为金属保护管直径的 15～20 倍，非金属保护管直径的 10～15 倍。为增加插入深度，可采用斜插安装，当管径较细时，应插在弯头处或加装扩大管。根据生产实践经验，无论多粗的管道，温度计的插入深度为 300mm 已足够，但一般不应小于温度计全长的 2/3。

测温元件应迎着被测介质流向插入，至少要与被测介质流向成正交（呈 90°）安装，切勿与被测介质形成顺流，如图 2-11 所示。

3）避免热辐射、减少热损失

在温度较高的场合，应尽量减小被测介质与设备（或管壁）表面之间的温差。必要时可

| (a) 垂直管道轴线安装法 | (b) 倾斜管道轴线的安装法 | (c) 在弯曲管道上的安装法 |

图 2-11　温度仪表的常见安装方法

在测温元件安装点加装防辐射罩，以消除测温元件与器壁之间的直接辐射作用。避免热辐射所产生的测温误差。

如果器壁暴露于环境中，应在其表面加一层绝热层（如石棉等），以减少热损失。为减少感温元件外露部分的热损失，必要时也应对测温元件外露部分加装保温层进行适当保温。

（2）布线要求

① 按照规定的型号配用热电偶的补偿导线，注意热电偶的正、负极与补偿导线的正、负极相连接，不要接错。

② 热电阻的线路电阻一定要符合所配的二次仪表的要求。

③ 为了保护连接导线与补偿导线不受外来的机械损伤，应把连接导线或补偿导线穿入钢管内或走槽板。

④ 导线应尽量避免有接头。应有良好的绝缘。禁止与交流输电线合用一根穿线管，以免引起感应。

⑤ 导线应尽量避开交流动力电线。

⑥ 补偿导线不应有中间接头，否则应加装接线盒。另外，最好与其他导线分开敷设。

2.3.3　温度测量仪表的故障判断

温度检测仪表常见的故障现象有温度指示不正常，偏高或偏低，或变化缓慢甚至不变化等。

以热电偶作为测量元件进行说明。首先应了解工艺状况，可以询问工艺人员被测介质的情况及仪表安装位置，是在气相还是液相或其他的工艺状况。因为是正常生产过程中的故障，不是新安装的热电偶，所以可以排除热电偶补偿导线极性接反、热电偶和补偿导线不配套等因素。下面通过实例简单介绍一下常见故障的判断方法。

工业应用案例 1：温度指示为零

① 工艺过程　温度指示系统，采用热电偶作为测温元件，用温度变送器把信号转变成标准的 4～20mA 信号送给 DCS 显示。

② 故障现象　DCS 系统上温度显示为零。

③ 分析与判断　首先对 DCS 系统的模块输入信号进行检查，测得输入信号为 4mA，这说明温度变送器的输出信号为 4mA。为了进一步判断故障是出在温度变送器，还是在测温元件，对热电偶的 mV 信号进行测量，从测得 mV 信号得知，测温元件没有问题，这说明温度变送器存在故障。由于温度变送器存在故障致使温度变送器的输出为 4mA，致使温度在 DCS 系统上显示值为零。

④ 处理方法　找到问题，其处理方法就是把温度变送器送检修理，如送检后不能修复，唯一的方法就是更换一台温度变送器。

工业应用案例 2：控制室温度指示比现场温度指示低

① 工艺过程　温度指示调节系统，采用热电偶作为测温元件，除热电偶外，在装置上采用双金属温度计就地显示。

② 故障现象　控制室温度指示和现场就地温度指示不符，控制室温度指示比现场温度指示低50℃。

③ 分析与判断　双金属温度计比较简单、直观，首先从控制室温度指示入手。在现场热电偶端子处测量热电势，对照相应温度，确定偏低，说明不是调节器指示系统有故障，问题出在热电偶测温元件上。抽出热电偶检查，发现在热电偶保护套管内有积水。积水造成下端短路，一则热电势减小，二则热电偶测量温度是点温，即热电偶测温点的温度，由于有积水，积水部分短路，造成热电偶测量点变动，引起测量温度变化。

④ 处理方法　将保护套管内的水分充分擦干或用仪表空气吹干，热电偶在烘干后再安装。重新安装后，要注意热电偶接线盒的密封和补偿导线的接线要求，防止雨水再次进入保护套管内。

工业应用案例 3：温度指示不会变化

① 工艺过程　硫酸焚硫炉温度指示，共有三点温度分别来测量炉头、炉中、炉尾温度，用热电偶作为测温元件，信号直接送DCS系统显示。

② 故障现象　三点温度中有一点温度指示不会变化，而其他两点温度指示正常。

③ 分析与判断　三点温度同时测量焚硫炉温度，其中两点正常，而另外一点示值不会变化，说明该点温度的示值确实存在问题。首先在盘后测量该点温度的mV信号，从测得的值来看，热电偶不存在问题，再对现场的热电偶进行检查，也没有发现问题，为了进一步确认，把该点温度接至显示正常的另外两点温度的通道上，温度指示正常。这说明该点温度的测温元件没有问题，问题出在模块输入通道或系统组态上。在随后对系统组态检查时，发现该点温度的组态模块输出参数处于手动状态。由于组态模块输出参数处于手动状态，致使模块输出值一直保持不变，导致该温度指示值不会变化。

④ 处理方法　找到问题，处理方法就比较简单了，把组态模块输出参数置于自动状态，问题得到解决，温度指示恢复正常。

2.4　工业应用案例——离子膜烧碱生产一次盐水制备中配水罐温度的检测

国内某离子膜烧碱生产大型企业中，在一次盐水制备生产岗位上有一项主要任务就是需要完成对一次盐水配水罐的出口水温度的控制。配水罐的作用就是在其中配置一定温度的化盐用水，用泵送入化盐池对原盐进行融化，以配制一次粗盐水溶液。为保证配制一次粗盐水的盐水含盐量，需要对配水罐内的水温度进行检测控制。本节的工作任务就是依据一次盐水制备的设计图纸和相关的文字资料，了解一次盐水生产的工艺流程，掌握温度控制仪表的类型以及选择的原则，完成现场仪表的安装、维护和使用，实现对配水罐内配水温度的检测。

2.4.1　离子膜烧碱生产工艺流程简介

（1）离子膜法烧碱生产工艺的简介

离子膜法烧碱生产是用电解饱和氯化钠溶液的方法来制取烧碱、氯气和氢气，并对它们进行工艺处理，达到生产工艺控制指标的要求的过程。

离子膜法烧碱生产任务主要可分为：一次盐水的制备、二次盐水的精制、精制盐水的电解、氯氢气的处理、液氯的生产五个工作子任务。

（2）认识一次盐水制备的工艺流程

本项子任务中的配水罐内配水温度的控制是一次盐水制备过程中的一个重要的控制指标，我们需要把温度检测出来，控制到工艺控制要求的数值。首先来了解其生产工艺概况，然后再完成配水罐内配水温度的检测工作任务。一次盐水制备的工艺流程框图如图 2-12 所示。

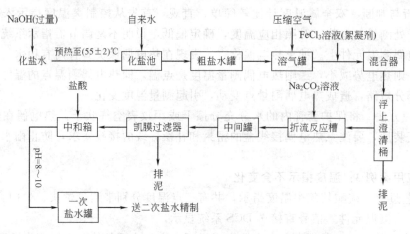

图 2-12　离子膜烧碱生产中一次盐水生产工艺流程框图

原盐从立式盐仓经铲车不断地送入到化盐池。为确保化盐水的氯化钠溶液的浓度，化盐池内盐层高度应保持在 3m 以上。化盐用水主要来自洗盐泥桶的洗水，电解送来的脱氯、脱硫酸根后的淡盐水以及外加水。这些化盐用水自配水罐用泵送至预热器预热到（55±2）℃后，以使化盐后的粗盐水的含盐量达到 315g/L 左右。预热后的化盐用水再从化盐池底部送入，通过从化盐池底部均匀分布的分水管出口上安装的菌状溢流帽下的出水通道流出，与池内的盐层进行逆向接触，在流动中溶解原盐，制成饱和粗食盐水，溢流进粗盐水折流反应槽内，在折流反应槽内向粗盐水溶液中加入精制剂 NaOH 溶液。

加入精制剂 NaOH 的饱和粗盐水先流入粗盐水贮池，再用泵打入溶气罐，由溶气罐出来的盐水在文丘里混合器中与絮凝剂 $FeCl_3$ 溶液混合后，进入浮上澄清桶进行气固分离操作。从澄清桶中部通过清液上升管溢流出来的清液，利用位差流入后反应罐，精制剂 Na_2CO_3 溶液一同加入到后反应罐中，经搅拌反应后用泵送入凯膜过滤系统，过滤后的清液流入到酸碱中和折流反应槽内，加入适量的盐酸中和溶液中过量的 NaOH 溶液，使之 pH 值为 8～10，进入一次精盐水贮罐。澄清桶沉降盐泥、上浮泥和凯膜过滤系统过滤下来的盐泥靠位差进入洗泥池内，在用泥浆泵送往板框压滤机进行固液分离操作，压滤后的滤液送回配水罐，滤饼送往厂外进行回收利用。

2.4.2　一次盐水配水罐的温度操作指标要求

在一次盐水制备过程中，化盐用水必须经换热器预热后才能进入配水罐，预热后的温度指标要求如表 2-3 所示。

表 2-3　一次盐水生产中正常操作控制工艺条件一览表

序号	设备名称	工艺条件名称	单位	控制范围	计量仪表
1	配水罐	化盐水温度	℃	55±2(10～5 月)	温度表
				60±2(6～9 月)	
2	凯膜过滤器	过滤压力	MPa	≤0.10	压力表
3	板框过滤器	过滤压力	MPa	≤0.45	压力表

思考

为什么必须预热呢？这是为了加快溶盐速度，化盐用水温度应加热到（55±2）℃。在这个温度的时候，盐水的溶解度最合适，满足离子膜生产要求。预热过程中，如果温度过高会使得盐水溶解度过饱和，对离子膜生产不好，如果温度过低会使得含盐的浓度过低，同样会对离子膜生产不好。因此预热的温度是在（55±2）℃。

2.4.3 一次盐水配水罐温度检测系统的构成

（1）一次盐水配水罐内的配水温度检测等元件的选择

前面介绍到化盐水在配水罐中经过预热后才能送入化盐池内进行化盐使用，并且预热的温度在55℃左右。在500℃以下用热电阻比热电偶好，为了测量准确，一般选择铂热电阻，通常选用Pt100。根据工艺温度要求确定测量范围为0～100℃。为了消除环境温度对测量的影响，热电阻至温度变送器的连接导线采用三线制连接。考虑到检测系统寿命问题，应使用相应的抗腐蚀的保护套管。考虑到室外工作环境，热电阻应选择防水式接线盒。连接方式选用法兰连接。

（2）一次盐水配水罐温度检测系统的构成

通过上述分析，测温元件选择了Pt100，对应着选择了与Pt100配套的DDZ-Ⅲ热电阻温度变送器，把温度信号转换成标准的4～20mA直流电流信号，再远传至控制室送给显示仪表显示。控制室的显示仪表可以选择无纸记录仪，也可以与工业计算机联用，通过组态监控软件在计算机上显示。最后，得到一次盐水的配水罐的温度检测系统，如图2-13所示。

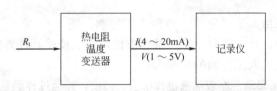

图2-13　一次盐水配水罐内配水温度检测系统的构成

思考

上述工艺中只是要求把温度检测显示出来，那如何来控制温度参数，怎么构成控制系统呢？自动控制系统是什么样的呢？下面先来学习一下有关自动控制系统的内容。

2.5　简单控制系统

自动控制系统是在人工控制的基础上产生和发展起来的，下面通过分析人工操作，并与自动控制比较，从而了解和分析一般的自动控制系统，掌握其在生产中的应用。

2.5.1 自动控制系统的组成

（1）人工控制与自动控制

液体贮槽在生产中常用来作为一般的中间容器或成品罐。从前一个工序来的物料连续不断地流入槽中，而槽中的液体又送至下一工序进行加工或包装。当流入量 Q_i（或流出量

Q_o。）波动时会引起槽内液位的波动，严重时会溢出或抽空，而生产要求液位控制在某一高度 h_0。解决这个问题的最简单办法就是以贮槽液位为操作指标，以改变出口阀门开度为控制手段，如图 2-14(a) 所示。当流入量 Q_i 等于流出量 Q_o 时，整个系统处于平衡状态，液位 $h=h_0$。如 Q_i 发生变化，液位 h 也变化。当 Q_i 增大使液位 h 上升时，超过要求的液位值 h_0，操作人员应将出口阀门开大，液位上升越多，出口阀门开得越大；反之，当 Q_i 减小使液位下降时，将出口阀门关小，液位下降越多，出口阀门关得越小。为了使贮槽液位上升和下降都有足够的余地，选择玻璃管液位计中间的某一点为正常工作时的液位高度，通过控制出口阀门开度而使液位保持在这一高度上，这样贮槽中就不会出现因液位过高而溢流至槽外，或液位过低而抽空的事故。

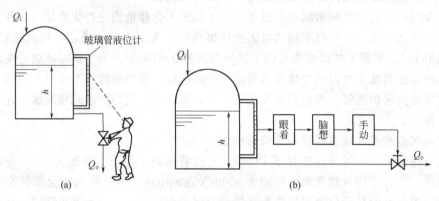

图 2-14　液位人工控制

1）人工控制

上述控制过程如果由人工来完成，则称人工控制。图 2-14 是液位人工控制的过程。在贮槽上可装一只玻璃液位计，随时指示贮槽的液位。当贮槽受到外界的某些扰动，液位发生变化时，操作人员实施的人工控制的步骤为：

① 观察（检测）　用眼睛观察玻璃液位计中液位高度，并通过神经系统传递给大脑中枢；

② 思考（运算）、命令　大脑将观测到的液位与工艺要求的液位加以比较，计算出偏差；然后根据此偏差的大小和正负以及操作经验，经思考决策后发出指令；

③ 执行　根据大脑发出的指令，用手去改变出口阀门的开度，以改变出口流量，进而改变液位。

上述过程不断重复下去，直到液位回到所规定的高度为止。这个过程就叫做人工控制过程。在上述控制过程中，控制的指标是液位，所以也称为液位控制。

在人工控制中，操作人员的眼、脑、手三个器官分别担负了检测、运算和执行三个任务，完成了控制全过程。但由于受到生理上的限制，人工控制满足不了现代化生产的需要，为了减轻劳动强度和提高控制精度，可以用自动化装置来代替上述人工操作，从而使人工控制变为自动控制。

2）自动控制

为了完成人工控制过程中操作人员的眼、脑、手三个器官的任务，自动化装置主要包括三部分，分别用来模拟人的眼、脑、手功能，如图 2-15 所示。

① 测量元件与变送器　用于测量液位，并将测得的液位转化成统一的标准信号（气压信号或电流、电压信号）输出。

② 控制器　接受测量变送器送来的信号，并与工艺要求的液位高度进行比较，计算出

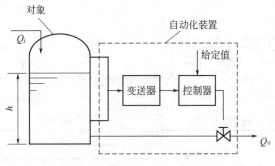

图 2-15　液位自动控制

偏差的大小，并按某种运算规律算出结果，再将此结果用标准信号（即操作指令信号）发送至执行器。

③ 执行器　通常指控制阀。它接受控制器传来的操作指令信号，改变阀门的开度以改变物料或能量的大小，从而起到控制作用。

在自动控制过程中，贮槽液位可以在没有人的参与下自动地维持在规定值。这样，自动化装置在一定程度上代替了人的劳动，但必须指出，在自动控制过程中，自动化装置只能按照人们预先的安排来动作，而不能代替人的全部劳动。

（2）自动控制系统的组成

图 2-15 所示的贮槽、液位变送器、控制器及执行器构成了一个完整的自动控制系统。从图中可以看出，一个自动控制系统主要是由两大部分组成：一部分是起控制作用的全套仪表称为自动化装置，它包括测量元件及变送器、控制器、执行器等；另一部分是自动化装置所控制的生产设备。在一个自动控制系统中，以上两部分是必不可少的，除此之外，还有一些附属（辅助）装置，如给定装置、转换装置、显示仪表等。

自动控制系统是由被控对象和自动化装置两大部分组成。由于构成自动控制系统的这两大部分的数量、连接方式及其目的的不同，自动控制系统可以有很多类型。所谓的简单控制系统，通常是由一个测量仪表（测量元件、变送器）、一个控制器和一个执行机构所组成的控制一个对象参数的（单闭环）控制系统，因此也称为单回路控制系统。

在自动控制系统中，将需要控制其工艺参数的生产设备或生产过程称为被控对象，简称对象。图 2-15 所示的贮槽就是这个液位控制系统的被控对象。石油、化工生产中，各种分离器、换热器、塔器、泵与压缩机以及各种容器、贮罐都是常见的被控对象，甚至一段被控制流量的管道也是一个被控对象。一个复杂的生产设备上可能有好几个控制系统，这时确定被控对象时，就不一定是整个生产设备。例如，一个精馏塔、吸收塔往往塔顶需要控制温度、压力等，塔底又需要控制温度、塔釜液位等，有时中部还需要控制进料流量，在这种情况下，就只有塔的某一与控制有关的相应部分才是该控制系统的被控对象。

（3）自动控制系统方块图

在研究自动控制系统时，为了能更清楚地表示出一个自动控制系统中各个组成环节之间的相互影响和信号联系，便于对系统分析研究，一般都用方块图来表示控制系统的组成和作用。例如图 2-15 所示的液位自动控制系统可以用图 2-16 的方块图来表示。每个方块表示组成系统的一个部分，称为"环节"。两个方块之间用一条带有箭头的线条表示其信号的相互关系，箭头指向方块表示为这个环节的输入，箭头离开方块表示为这个环节的输出。线旁的字母表示相互间的作用信号。

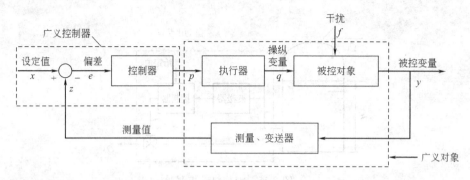

图 2-16　自动控制系统方块图

图 2-15 的贮槽在图 2-16 中用一个"被控对象"方块来表示，其液位就是生产过程中所要保持恒定的变量，在自动控制系统中称为被控变量（被调参数），用 y 来表示。在方块图中，被控变量 y 就是对象的输出。影响被控变量 y 的因素来自进料流量的改变，这种引起被控变量波动的外来因素，在自动控制系统中称为干扰作用（扰动作用），用 f 表示。干扰作用是作用于对象的输入信号。与此同时，出料流量的改变是由于执行器（控制阀、调节阀）动作所致，如果用一方块表示控制阀，那么，出料流量即为"控制阀"方块的输出信号。出料流量 q 的变化也是影响液位变化的因素，所以也是作用对象的输入信号。出料流量信号 q 在方块图中把控制阀和对象连接在一起。

贮槽液位信号 y 是测量、变送器的输入信号，而变送器的输出信号 z 进入比较机构，与工艺上希望保持的被控变量数值，即给定值（设定值）x 进行比较，得出偏差信号 e（$e＝x－z$），并送往控制器。比较机构实际上只是控制器的一个组成部分，不是一个独立的仪表，为的是能更清楚地说明其比较作用，在图中把它单独画出来（一般方块图中是以○或⊗表示）。控制器（调节器）根据偏差信号的大小，按一定的规律运算后，发出信号 p 送至控制阀，使控制阀的开度发生变化，从而改变出料流量以克服干扰对被控变量（液位）的影响。控制阀的开度变化起着控制作用。具体实现控制作用的变量叫做操纵变量，如图 2-15 中流过控制阀的出料流量就是操纵变量。用来实现控制作用的物料一般称为操纵介质或操纵剂，如上述中的流过控制阀的流体就是操纵介质。

用同一种形式的方块图可以代表不同的控制系统。例如图 2-17 所示的蒸汽加热器温度控制系统，当进料流量或温度变化等因素引起出口物料温度变化时，可以将该温度变化测量后送至温度控制器 TC。温度控制器的输出送至控制阀，以改变加热蒸汽量来维持出口物料的温度不变。这个控制系统同样可以用图 2-16 的方块图来表示。这时被控对象是加热器，被控变量 y 是出口物料的温度。干扰作用可能是进料流量、

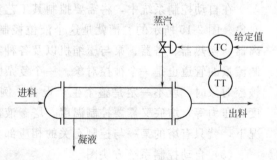

图 2-17　蒸汽加热器温度控制系统

进料温度的变化、加热蒸汽压力的变化、加热器内部传热系数或环境温度的变化等。而控制阀的输出信号即操纵变量 q 是加热蒸汽量的变化，在这里，加热蒸汽是操纵介质或操纵剂。

必须指出，方块图中的每一个方块都代表一个具体的装置。方块与方块之间的连接线，只是代表方块之间的信号联系，并不代表方块之间的物料联系。方块之间连接线的箭头也只是代表信号作用的方向，与工艺流程图上的物料线是不同的。工艺流程图上的物料线是代表

物料从一个设备进入另一个设备,而方块图上的线条及箭头方向有时并不与流体流向相一致。例如对于控制阀来说,它控制着操纵介质的流量(即操纵变量),从而把控制作用施加于被控对象去克服干扰的影响,以维持被控变量在给定值上。所以控制阀的输出信号 q,任何情况下都是指向被控对象的。然而控制阀所控制的操纵介质却可以是流出对象的(例如图 2-15 中的出口流量),也可以是流入对象的(例图 2-17 中的加热蒸汽)。这说明方块图上控制阀的引出线只是代表施加到对象的控制作用,并不是具体流入或流出对象的流体。如果这个物料确实是流入对象的,那么信号与流体的方向才是一致的。

(4)反馈

对于任何一个简单的自动控制系统,只要按照上面的原则去作它们的方块图时,就会发现,不论它们在表面上有多大差别,它的各个组成部分在信号传递关系上都形成一个闭合的环路。其中任何一个信号,只要沿着箭头方向前进,通过若干个环节后,最终又会回到原来的起点。所以,自动控制系统是一个闭环系统。

再看图 2-16 中,系统的输出变量是被控变量,但是它经过测量元件和变送器后,又返回到系统的输入端,与给定值进行比较。这种把系统(或环节)的输出信号直接或经过一些环节重新返回到输入端的做法叫做反馈。从图 2-16 还可以看到,在反馈信号 z 旁有一个负号"一",而在给定值 x 旁有一个正号"十"(正号可以省略)。这里正和负的意思是在比较时,以 x 作为正值,以 z 作为负值,也就是到控制器的偏差信号 $e=x-z$。因为图 2-16 中的反馈信号 z 取负值,所以叫负反馈,负反馈的信号能够使原来的信号减弱。如果反馈信号取正值,反馈信号使原来的信号加强,那么就叫做正反馈。在这种情况下,方块图中反馈信号 z 旁则要用正号"十",此时偏差 $e=x+z$。在自动控制系统中都采用负反馈。因为当被控变量 y 受到干扰的影响而升高时,测量值 z 也升高,只有负反馈才能使经过比较到控制器去的偏差信号 e 降低,此时控制器将发出信号而使控制阀的开度发生变化,变化的方向为负,从而使被控变量下降回到给定值,这样就达到了控制的目的。如果采用正反馈,那么控制作用不仅不能克服干扰的影响,反而是推波助澜,即当被控变量 y 受到干扰升高时,z 亦升高,控制阀的动作方向是使被控变量进一步升高,而且只要有一点微小的偏差,控制作用就会使偏差越来越大,直至被控变量超出了安全范围而破坏生产。所以控制系统绝对不能单独采用正反馈。

📢 结论

　　自动控制系统是具有被控变量负反馈的闭环系统。它与自动检测、自动操纵等开环系统比较,最本质的区别,就在于自动控制系统有负反馈。它可以随时了解被控对象的情况,有针对性地根据被控变量的变化情况而改变控制作用的大小和方向,从而使系统的工作状态始终等于或接近于所希望的状态,这是闭环系统的优点。开环系统中,被控(工艺)变量是不反馈到输入端的。

2.5.2　自动控制系统的分类

自动控制系统种类很多,其分类方法主要有:按被控变量来分类,如温度、流量、压力、液位等控制系统;按控制规律来分类,如比例、比例积分、比例微分、比例积分微分等控制系统;按基本结构分类,有开环控制、闭环控制系统等;在分析自动控制系统特性时,最常用的是将控制系统按照工艺过程需要控制的参数(即给定值)是否变化和如何变化来分类，则有定值控制系统、随动控制系统和程序控制系统三类。

（1）按工艺过程需要控制的参数（即给定值）是否变化和如何变化来分类

① 定值控制系统　所谓"定值"就是给定值恒定的简称。工艺生产中，如果要求控制系统使被控制的工艺参数保持在一个生产技术指标上不变，或者说要求工艺参数的给定值不变，那么就需要采用定值控制系统。图 2-15 所讨论的贮罐液位控制系统就是定值控制系统的例子，这个控制系统的目的是使贮罐的液位保持在给定值上不变。在石油、化工生产自动控制系统中要求的大都是这种类型的控制系统。因此我们后面所讨论的，如果未加特别说明，都是指定值控制系统。

② 随动控制系统（自动跟踪系统）　这类系统的特点是给定值不断地变化，而且这种变化不是预先规定好的，也就是说，给定值是随机变化的。随动控制系统的目的就是使所控制的工艺参数准确而快速地跟随给定值的变化而变化。在油田自动化中，有些比值控制系统就属于随动控制系统。例如要求甲流体的流量和乙流体的流量保持一定的比值，当乙流体的流量变化时，要求甲流体的流量能快速而准确地随之变化。原油破乳剂是油田和炼油厂必不可少的化学药剂之一，通过表面活性作用，降低乳状液的油水界面张力，使水滴脱离乳状液束缚，再经聚结过程，达到破乳、脱水的目的。为了取得好的脱水效果，在确定出最佳加药比之后，破乳剂的用量就与处理液的量成比例，处理量越大，加入的破乳剂就相应成比例地增加。由于生产中原油处理量可能是随机变化的，所以相对于破乳剂用量的给定值也是随机的，故属于随动控制系统。

③ 程序控制系统（顺序控制系统）　这类系统的给定值也是变化的，但它是一个已知的时间函数，即生产技术指标需按一定的时间序列变化。这类系统在间歇生产过程中应用比较普遍，如冶金工业上金属热处理温度的控制、间歇生产过程中应用比较普遍的多种液体自动混合加热控制，发电厂锅炉汽轮机的自启停控制，数控机床对工件的加工生产等就属于此类。近年来，程序控制系统应用日益广泛，一些定型的或非定型的程序装置越来越多地被应用到生产中，微型计算机的广泛应用也为程序控制系统提供了良好的技术工具与有利条件。

（2）按控制系统的结构不同，自动化系统可分为两种类型

① 闭环控制系统　闭环控制系统是按反馈的原理工作的。控制器与被控对象之间既有正向作用又有反向联系。在自动控制系统中均采用负反馈，以达到控制的目的。

② 开环控制系统　开环控制，控制器与被控对象之间只有正向作用，没有反向联系。从信号传递关系上看，未构成闭合回路。

2.5.3　自动控制系统的过渡过程和品质指标

（1）控制系统的静态与动态

在自动化领域中，把被控变量不随时间变化的平衡状态称为系统的静态，而把被控变量随时间变化的不平衡状态称为系统的动态。

当控制系统处于平衡状态即静态时，其输入（给定和干扰）和输出均恒定不变，系统的各个组成环节如变送器、控制器、控制阀都不改变其原先的状态，如图 2-15 所示的液位自动控制系统，当流入量等于流出量时，液位就不改变。此时，系统就达到了平衡状态，亦即处于静态。由此可知，自动控制系统中的静止是指各参数（或信号）的变化率为零，这不同于习惯上的静止不动的概念。一旦给定值有了改变或干扰进入系统，这时平衡状态将被破坏，被控变量开始偏离给定值，因此，控制器、控制阀相应动作，改变原来平衡时所处的状态，产生控制作用以克服干扰的影响，使系统恢复新的平衡状态。从干扰的发生、经过控制、直到系统重新建立平衡的这段时间中，整个系统的各个部分（环节）和输入、输出参数

都处于变动状态之中，这种变动状态就是动态。

在自动化工作中，了解系统的静态是必要的，但是了解系统的动态更为重要。因为在生产过程中，干扰是客观存在的，是不可避免的，例如生产过程中前后工序的相互影响、负荷的改变、电压、气压的波动等。这些干扰是破坏系统平衡状态引起被控变量发生变化的外界因素。在一个自动控制系统投入运行时，时时刻刻都有干扰作用于控制系统，从而破坏了正常的工艺生产状态。因此，就需要通过自动化装置不断地施加控制作用去对抗或抵消干扰作用的影响，从而使被控变量保持在工艺生产所要求控制的技术指标上。所以，一个自动控制系统在正常工作时，总是处于一波未平，一波又起，波动不止，往复不息的动态过程中。显然，静态是自动控制系统的目的，动态是研究自动控制系统的重点。

（2）控制系统的过渡过程

图 2-18 是简单控制系统的方块图。假定系统原先处于平衡状态，系统中的各信号不随时间而变化。在某一个时刻 t_0，有一干扰作用于对象，于是系统的输出 y 就要变化，系统进入动态过程。由于自动控制系统的负反馈作用，经过一段时间以后，系统应该重新恢复平衡。系统由一个平衡状态过渡到另一个平衡状态的过程，称为系统的过渡过程。

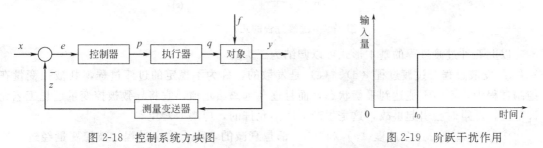

图 2-18 控制系统方块图　　　　　　　　图 2-19 阶跃干扰作用

系统在过渡过程中，被控变量是随时间变化的。了解过渡过程中被控变量的变化规律对于研究自动控制系统是十分重要的。显然，被控变量随时间的变化规律首先取决于作用于系统的干扰形式。在生产中，出现的干扰是没有固定形式的，且多半属于随机性质，在分析和设计控制系统时，为了安全和方便，常选择一些定型的干扰形式，其中常用的是阶跃干扰，如图 2-19 所示。由图 2-19 可以看出，所谓阶跃干扰就是在某一瞬间 t_0，干扰（即输入量）突然地阶跃式的加到系统上，并继续保持在这个幅度。采取阶跃干扰的形式来研究自动控制系统是因为考虑到这种形式的干扰比较突然，比较危险，它对被控变量的影响也最大。如果一个控制系统能够有效地克服这种类型的干扰，那么对于其他比较缓和的干扰也一定能很好地克服；同时，这种干扰的形式简单，容易实现，便于分析、实验和计算。

一般说来，自动控制系统在阶跃干扰作用下的过渡过程有如图 2-20 所示的几种基本形式。

1）非周期衰减过程

被控变量在给定值的某一侧作缓慢变化，没有来回波动，最后稳定在某一数值上，这种过渡过程形式为非周期衰减过程，如图 2-20(a) 所示。

2）衰减振荡过程

被控变量上下波动，但幅度逐渐减小，最后稳定在某一数值上，这种过渡过程形式为衰减振荡过程，如图 2-20(b) 所示。

3）等幅振荡过程

被控变量在给定值附近来回波动，且波动幅度保持不变，这种情况称为等幅振荡过程，如图 2-20(c) 所示。

4）发散振荡过程

被控变量来回波动，且波动幅度逐渐变大，即偏离给定值越来越远，这种情况称为发散振荡过程，如图 2-20(d) 所示。

5）单调发散过程

被控变量虽不振荡，但偏离原来的平衡点越来越远，如图 2-20(e) 所示。

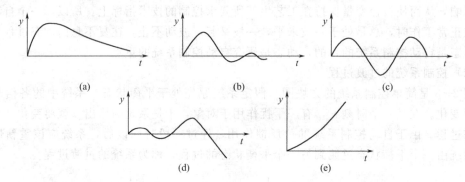

图 2-20　过渡过程的几种基本形式

以上五种过渡过程的基本形式可以归纳为三类。

① 发散过程　过渡过程（d）、（e）是发散的，称为不稳定的过渡过程，其被控变量在控制过程中，不但不能达到平衡状态，而且逐渐远离给定值，它将导致被控变量超越工艺允许范围，严重时会引起事故，这是生产上所不允许的，应竭力避免。

② 衰减过程　过渡过程（a）和（b）都是衰减的，称为稳定过程。被控变量经过一段时间后，逐渐趋向原来的或新的平衡状态，这是所希望的。

对于非周期的衰减过程，由于这种过渡过程变化较慢，被控变量在控制过程中长时间地偏离给定值，而不能很快恢复平衡状态，所以一般不采用，只是在生产上不允许被控变量有波动的情况下才采用。

对于衰减振荡过程，由于能够较快地使系统达到稳定状态，所以在多数情况下，都希望自动控制系统在阶跃输入作用下，能够得到如图（b）所示的过渡过程。

③ 等幅振荡过程　过渡过程形式（c）介于不稳定与稳定之间，一般也认为是不稳定过程，生产上不能采用。只是对于某些控制质量要求不高的场合，如果被控变量允许在工艺许可的范围内振荡（主要指在位式控制时），那么这种过渡过程的形式是可以采用的。

（3）控制系统的品质指标

控制系统的过渡过程是衡量控制系统品质的依据。由于在多数情况下，都希望得到衰减振荡过程，所以取衰减振荡的过渡过程形式来讨论控制系统的品质指标。

假定自动控制系统在阶跃输入作用下，被控变量的变化曲线如图 2-21 所示，这是属于衰减振荡的过渡过程。图上横坐标 t 为时间，纵坐标 y 为被控变量离开给定值的变化量。假定在时间 $t=0$ 之前，系统稳定，且被控变量等于给定值，即 $y=0$；在 $t=0$ 瞬间，外加阶跃干扰作用，系统的被控变量开始按衰减振荡的规律变化，经过相当长时间后，y 逐渐稳定在 C 值上，即 $y(\infty)=C$。

对于如图 2-21 所示的过渡过程，一般采用下列几个品质指标来评价控制系统的质量。

1）最大偏差 A 或超调量 B

最大偏差是指在过渡过程中，被控变量偏离给定值的最大数值。在衰减振荡过程中，最大

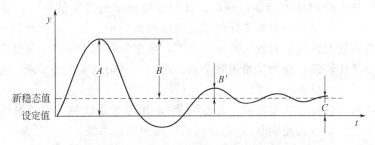

图 2-21　过渡过程品质指标示意图

偏差就是第一个波的峰值，在图 2-21 中以 A 表示。最大偏差表示系统瞬间偏离给定值的最大程度。若偏离越大，偏离的时间越长，即表明系统离开规定的工艺参数指标就越远，这对稳定正常生产是不利的。因此最大偏差可以作为衡量系统质量的一个品质指标。一般来说，最大偏差当然是小一些为好，特别是对于一些有约束条件的系统，如化学反应器的化合物爆炸极限、触媒烧结温度极限等，都会对最大偏差的允许值有所限制。同时考虑到干扰会不断出现，当第一个干扰还未清除时，第二个干扰可能又出现了，偏差有可能是叠加的，这就更需要限制最大偏差的允许值。所以，在决定最大偏差允许值时，要根据工艺情况慎重选择。

有时也可以用超调量来表征被控变量偏离给定值的程度。在图 2-21 中超调量以 B 表示。从图中可以看出，超调量 B 是第一个峰值 A 与新稳定值 C 之差，即 $B=A-C$。对于无差控制系统，系统的新稳定值等于给定值，那么最大偏差 A 也就与超调量 B 相等了，即 $B=A$。

2）衰减比 n

虽然前面已提及一般希望得到衰减振荡的过渡过程，但是衰减快慢的程度多少为适当呢？表示衰减程度的指标是衰减比，它是前后相邻两个峰值的比。在图 2-21 中衰减比 $n=B:B'$，习惯上表示为 $n:1$。$n>1$，过渡过程是衰减振荡过程；$n=1$，过渡过程是等幅振荡过程；$n<1$，过渡过程是发散振荡过程。

要满足控制要求，n 必须大于 1。假如 n 只比 1 稍大一点，显然过渡过程的衰减程度很小，接近于等幅振荡过程，由于这种过程不易稳定、振荡过于频繁、不够安全，因此一般不采用。如果 n 很大，则又太接近于非振荡过程，过渡过程过于缓慢，通常这也是不希望的。一般 n 取 4～10 之间为宜。因为衰减比在 4：1 到 10：1 之间时，过渡过程开始阶段的变化速度比较快，被控变量在同时受到干扰作用和控制作用的影响后，能比较快地达到一个峰值，然后马上下降，又较快地达到一个低峰值，而且第二个峰值远远低于第一个峰值。当操作人员看到这种现象后，心里就比较踏实，因为他知道被控变量再振荡数次后就会很快稳定下来，并且最终的稳态值必然在两峰值之间，决不会出现太高或太低的现象，更不会远离给定值以至造成事故。尤其在反应比较缓慢的情况下，衰减振荡过程的这一特点尤为重要。对于这种系统，如果过渡过程是或接近于非振荡的衰减过程，操作人员很可能在较长时间内，都只看到被控变量一直上升（或下降），似乎很自然地怀疑被控变量会继续上升（或下降）不止，由于这种焦急的心情，很可能会导致去拨动给定值指针或仪表上的其他旋钮。假若一旦出现这种情况，那么就等于对系统施加了人为的干扰，有可能使被控变量离开给定值更远，使系统处于难于控制的状态。所以，选择衰减振荡过程并规定衰减比在 4：1 至 10：1 之间，完全是操作人员多年操作经验的总结。

3）余差 C

当过渡过程终了时，被控变量所达到的新的稳态值与给定值之间的偏差叫做余差，或者说余差就是过渡过程终了时的残余偏差，在图 2-21 中以 C 表示。偏差的数值可正可负。在生产中，给定值是生产的技术指标，所以，被控变量越接近给定值越好，亦即余差越小越好。但在实际生产中，也并不是要求任何系统的余差都很小，如一般贮槽的液位调节要求就不高，这种系统往往允许液位有较大的变化范围，余差就可以大一些。又如化学反应器的温度控制，一般要求比较高，应当尽量消除余差。所以，对余差大小的要求，必须结合具体系统作具体分析，不能一概而论。

有余差的控制过程称为有差控制（有差调节），相应的系统称为有差系统。没有余差的控制过程称为无差控制（无差调节），相应的系统称为无差系统。

4）过渡时间 t_s

从干扰作用发生的时刻起，直到系统重新建立新的平衡时止，过渡过程所经历的时间叫过渡时间，一般可用 t_s 表示。严格地讲，对于具有一定衰减比的衰减振荡过渡过程来说，要完全达到新的平衡状态需要无限长的时间。实际上，由于仪表灵敏度的限制，当被控变量接近稳态值时，指示值就基本上不再改变了。因此，一般是在稳态值的上下规定一个小的范围，当被控变量进入这一范围并不再越出时，就认为被控变量已经达到新的稳态值，或者说过渡过程已经结束。这个范围一般定为稳态值的±5％（也有的规定为±2％）。按照这个规定，过渡时间就是从干扰开始作用之时起，直至被控变量进入新稳态值的±5％（或±2％）的范围内且不再越出时为止所经历的时间。过渡时间短，表示过渡过程进行得比较迅速，这时即使干扰频繁出现，系统也能适应，系统控制质量就高；反之，过渡时间太长，第一个干扰引起的过渡过程尚未结束，第二个干扰就已经出现，这样，几个干扰的影响叠加起来，就可能使系统满足不了生产的要求。

5）振荡周期 T 或频率 f

过渡过程同向两波峰（或波谷）之间的间隔时间叫振荡周期或工作周期，其倒数称为振荡频率。在衰减比相同的情况下，周期与过渡时间成正比，一般希望振荡周期短一些为好。

6）其他指标

还有一些次要的品质指标，如振荡次数，它是指在过渡过程内被控变量振荡的次数。所谓"理想过渡过程两个波"，就是指过渡过程振荡两次就能稳定下来，它在一般情况下，可认为是较为理想的过程。此时的衰减比约相当于 4∶1，图 2-21 所示的就是接近于 4∶1 的过渡过程曲线。上升时间也是一个品质指标，它是指干扰开始作用起至第一个波峰时所需要的时间，显然，上升时间以短一些为宜。

综上所述，过渡过程的品质指标主要有：最大偏差、衰减比、余差、过渡时间、振荡周期等。这些指标在不同的系统中各有其重要性，且相互之间既有矛盾，又有联系。因此，应根据具体情况分清主次，区别轻重，对那些对生产过程有决定性意义的主要品质指标应优先予以保证。

【例 2-2】 某换热器的温度调节系统在单位阶跃干扰作用下的过渡过程曲线如图 2-22 所示。试分别求出最大偏差、余差、衰减比、振荡周期和过渡时间（给定值为 200℃）。

解：最大偏差：$A=230-200=30℃$

余差 $C=205-200=5℃$

由图上可以看出，第一个波峰值 $B=230-205=25℃$，第二个波峰值 $B'=210-205=5℃$，故衰减比 $n=B∶B'=25∶5=5∶1=5$。

振荡周期为同向两波峰之间的时间间隔，故周期 $T=20-5=15$（min）

过渡时间与规定的被控变量的限制范围大小有关，假定被控变量进入额定值的±2％，就可以认为过渡过程已经结束，那么限制范围为 $205℃×(±2％)≈±4℃$，这时，可在新稳

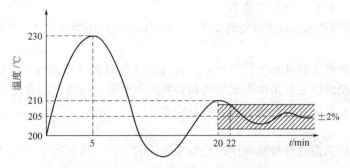

图 2-22　温度控制系统过渡过程曲线

态值（205℃）两侧以宽度为±4℃画一区域，图 2-22 中以画有阴影线的区域表示，只要被控变量进入这一区域且不再越出，过渡过程就可以认为已经结束。因此，从图上可以看出，过渡时间 $t_s=22\text{min}$。

动手做一做

　　某反应釜工艺规定的操作温度为（200±10）℃。考虑安全因素，控制过程中温度偏离一给定值最大不得超过 40℃。现设计的温度定值控制系统，在最大阶跃干扰作用下的过渡过程曲线如图 2-23 所示。试求最大偏差、衰减比和振荡周期、余差、过渡时间等过渡过程品质指标，并说明该控制系统是否满足题中的工艺要求。

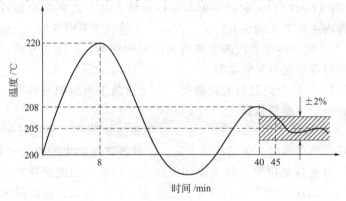

图 2-23　反应釜过渡过程曲线

分析：

由过渡过程曲线可知

最大偏差 $A=220-200=20$℃

衰减比 第一个波峰值 $B=220-205=15$℃

第二个波峰值 $B'=208-205=3$℃

衰减比 $n=15:3=5:1$

振荡周期 $T=40-8=32\text{min}$

余差 $C=205-200=5$℃

过渡时间为 45min。

由于最大偏差为 20℃，不超过 40℃，故满足题中关于最大偏差的工艺要求。

（4）对过程控制系统的基本要求

对自动控制系统的基本技术性能的要求，一般可以将其归纳为稳定性、快速性和准确性。

1）稳定性

稳定性是指系统受到外来干扰作用后，其动态过程的振荡倾向和系统恢复平衡的能力。线性自动控制系统的稳定性是由系统结构和参数所决定的，与外界因素无关。因此，保证控制系统的稳定性，是设计和操作人员的首要任务。

2）快速性

快速性是通过动态过程持续时间的长短来表征的。快速性表明了系统输出对输入响应的快慢程度。

3）准确性

当过渡过程结束后，被控变量达到的稳态值（即平衡状态）与设定值的一致程度。

稳定性、快速性和准确性往往是互相制约的。根据工作任务的不同有所侧重，并兼顾其他，以全面满足要求。

2.6　识读仪表工程图

2.6.1　管道与仪表流程图概述

化工生产过程及流程都是通过一些专用的流程图来描述。在化工行业通常应用的流程图有很多种，如工艺流程图、能量流程图、物料平衡图、工艺管道及控制流程图。

① 工艺流程图（PFD 图）　它以图形与表格相结合的方式来反映物料与能量衡算的结果。用于描述界区内主要工艺物料的种类、流向、流量、主要设备的特征数据等。

② 能量流程图　用于描述界区内主要消耗能源的种类、流向与流量，以满足热量平衡计算和生产组织与过程能耗分析的需要。

③ 物料平衡图　反映企业总的流程概况，为企业的生产组织与调度、过程的经济技术分析、以及项目初步设计提供依据。

④ 管道及仪表流程图（P&ID 图）　也常称为施工流程图。要保证生产过程的正常进行，产出合格成品，必须确定正确的控制方案。控制方案包括生产流程中各测量点的选择、控制系统的确定、有关自动报警及联锁保护系统的设计等。为此必须在工艺流程图（PFD图）上按其流程顺序标注出相应的测量点、控制点、控制系统、自动报警及联锁保护系统等。这张图称为管道及仪表流程图（简称 PID 图或 P&ID 图）。管道与仪表流程图，由物料流程、控制点和图例三部分组成。它是采用图示的方法将化工工艺装置的流程和所需要的全部设备、机器、管道、阀门、管件和仪表表示出来。

2.6.2　工艺管道及控制流程图

在工艺流程确定以后，工艺人员和自控设计人员应共同研究确定控制方案。控制方案的确定包括流程中各测量点的选择、控制系统的确定及有关自动信号、联锁保护系统的设计等。在控制方案确定以后，根据工艺设计给出的流程图，按其流程顺序标注出相应的测量点、控制点、控制系统及自动信号与联锁保护系统等，便成了工艺管道及控制流程图（PID）。由 PID 图可以清楚地了解生产的工艺流程与自控方案。

在绘制控制流程图时，图中所采用的图例符号要按有关的技术规定进行，可参见行业标准《HGT 20505-2000 _ 过程测量与控制仪表的功能标志及图形符号》。下面对其中一些常用的统一规定作简要介绍。

（1）图形符号

1）测量点（包括检测元件、取样点）

测量点是由工艺设备轮廓线或工艺管线引到仪表圆圈的连接线的起点，一般无特定的图形符号，如图 2-24 所示。

图 2-24　测量点的一般表示方法　　　　图 2-25　连接线的表示方法

2）连接线

仪表圆圈与过程测量点之间的连接引线、通用的仪表信号线和能源线的符号都是细实线。当有必要标出能源类别时，可采用相应的缩写标注在能源线符号之上。例如，AS-0.14 为 0.14MPa 空气源，ES-24DC 为 24V 直流电源。

连接线表示交叉及相接时，采用图 2-25 的形式。必要时也可用加箭头的方式表示信号的方向。在需要时，信号线也可按气信号、电信号、导压毛细管等不同的表示方式以示区别。如表 2-4 所示。

表 2-4　仪表连线符号表

序号	类　别	图形符号	备　注
1	仪表与工艺设备、管道上测量点的连接线或机械连动线	———— （细实线：下同）	
2	通用的仪表信号线		
3	连接线交叉		
4	连接线相接		
5	表示信号的方向	——————→	
6	气压信号线	—//——//——//—	短划线与细实线成 45°角，下同
7	电信号线	或　—///——///——///—	
8	导压毛细管	—×——×——×—	
9	液压信号线		
10	电磁、辐射、热、光、声波等信号线（有导向）		

序号	类　别	图形符号	备　注
11	电磁、辐射、热、光、声波等信号线（无导向）		
12	内部系统链（软件或数据链）		
13	机械链		
14	二进制电信号	或	
15	二进制气信号		

3）仪表（包括检测、显示、控制）的图形符号

仪表的图形符号是直径为 12mm（或 10mm）的细实线圆圈，对于不同的仪表安装位置的图形符号，如表 2-5 所示。

表 2-5　仪表安装位置的图形符号表示

序号	安装位置	图形符号	备注	序号	安装位置	图形符号	备注
1	就地安装仪表			3	就地仪表盘面安装仪表		
			嵌在管道中	4	集中仪表盘后安装仪表		
2	集中仪表盘面安装仪表			5	就地仪表盘后安装仪表		

对于同一检测点，但具有两个或两个以上的被测变量，且具有相同或不同功能的复式仪表时，可用两个相切的圆或分别用细实线圆与细虚线圆相切表示（测量点在图纸上距离较远或不在同一图纸上），如图 2-26 所示。

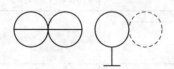
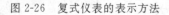

图 2-26　复式仪表的表示方法　　　　　　图 2-27　分散控制系统仪表图形符号

分散控制系统（又称集散控制系统）仪表图形符号是直径为 12mm（或 10mm）的细实线圆圈，外加与圆圈相切细实线方框，如图 2-27(a) 所示。作为分散控制系统的计算机功能图形符号，是对角线长为 12mm（或 10mm）的细实线六边形，如图 2-27(b) 所示。分散控制系统内部连接的可编程逻辑控制器功能图形符号如图 2-27(c) 所示，外四边形边长为

12mm（或 10mm）。其他仪表或功能图形符号见表 2-6。

表 2-6　仪表功能图形符号示例

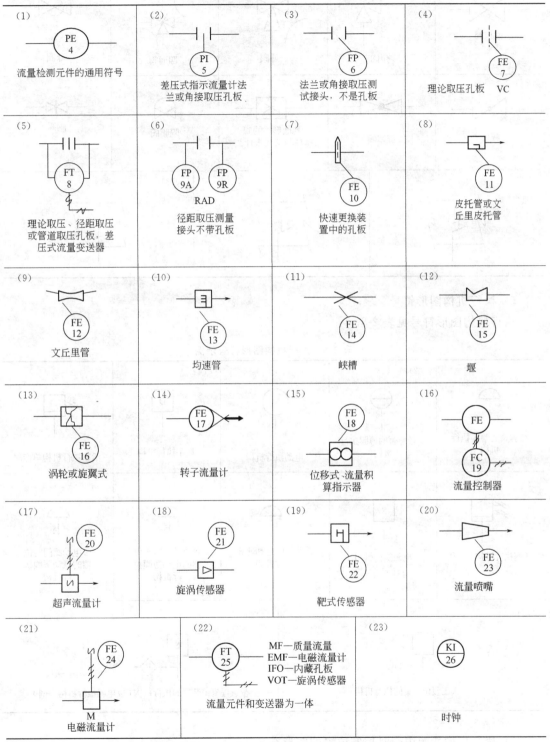

(1) PE 4 流量检测元件的通用符号	(2) PI 5 差压式指示流量计法兰或角接取压孔板	(3) FP 6 法兰或角接取压测试接头，不是孔板	(4) FE 7 VC 理论取压孔板
(5) FT 8 理论取压、径距取压或管道取压孔板，差压式流量变送器	(6) FP 9A FP 9R RAD 径距取压测量接头不带孔板	(7) FE 10 快速更换装置中的孔板	(8) FE 11 皮托管或文丘里皮托管
(9) FE 12 文丘里管	(10) FE 13 均速管	(11) FE 14 峡槽	(12) FE 15 堰
(13) FE 16 涡轮或旋翼式	(14) FE 17 转子流量计	(15) FE 18 位移式-流量积算指示器	(16) FE FC 19 流量控制器
(17) FE 20 超声流量计	(18) FE 21 旋涡传感器	(19) FE 22 靶式传感器	(20) FE 23 流量喷嘴
(21) FE 24 M 电磁流量计	(22) FT 25 MF—质量流量 EMF—电磁流量计 IFO—内藏孔板 VOT—旋涡传感器 流量元件和变送器为一体	(23) KI 26 时钟	

4）控制阀体图形符号，风门图形符号

控制阀体图形符号、风门图形符号见表 2-7。

表 2-7　控制阀体图形符号、风门图形符号示例

(1) 截止阀	(2) 角阀	(3) 三通阀	(4) 四通阀	(5) 球阀
(6) 蝶阀	(7) 旋塞阀	(8) 其他形式的阀（注明某代表什么型的阀）	(9) 隔膜阀	(10) 闸阀
(11)		(12)		(13)

5）执行机构图形符号

执行机构图形符号见表 2-8。

表 2-8　执行机构图形符号示例

(1) 带弹簧的薄膜执行机构	(2) 不带弹簧的薄膜执行机构	(3) 电动执行机构	(4) 数字执行机构	(5) 活塞执行机构单作用
(6) 活塞执行机构双作用	(7) 电磁执行机构	(8) 带手轮的电动薄膜执行机构	(9) 带电动阀门定位器的电动薄膜执行机构	(10) 带电动阀门定位器的气动薄膜执行机构
(11) 带人工复位装置的执行机构		(12) 带远程复位装置的执行机构（以电磁执行机构为例）		

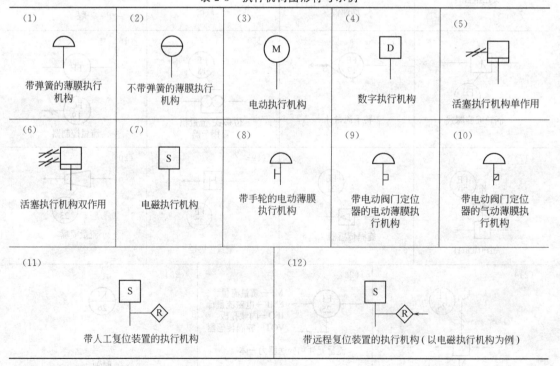

6）执行机构能源中断时控制位置的图形符号

执行机构能源中断时控制阀位置的图形符号，以带弹簧的薄膜执行机构控制阀为例，见表 2-9。

表 2-9　执行机构能源中断是控制位置的图形符号示例

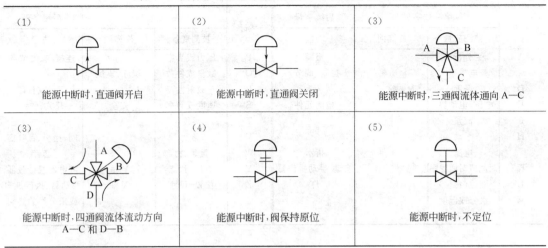

(1)	(2)	(3)
能源中断时，直通阀开启	能源中断时，直通阀关闭	能源中断时，三通阀流体通向 A—C
(3) 能源中断时，四通阀流体流动方向 A—C 和 D—B	(4) 能源中断时，阀保持原位	(5) 能源中断时，不定位

注：上述图形符号中，若不用箭头、横线表示，也可以在控制阀体下部标注下列缩写

FO——能源中断时，开启；

FC——能源中断时，关闭；

FL——能源中断时，保持原位；

FI——能源中断时，任意位置。

7）配管管线图例符号。

配管管线图例符号见表 2-10。

表 2-10　配管管线图例符号

序号	内容	图形符号	序号	内容	图形符号
1	单管向下		4	管束向上	
2	单管向上		5	管束向下分叉平走	
3	管束向下		6	管束向上分叉平走	

（2）字母代号

在控制流程图中，用来表示仪表的小圆圈的上半圆内，一般写有两位（或两位以上）字母，第一位字母表示被测变量，后续字母表示仪表的功能，常用被测变量和仪表功能的字母代号见表 2-11。

在某塔塔顶的压力控制系统中，PIC-107 的第一位字母 P 表示被测变量为压力，第二位字母 I 表示具有指示功能，第三位 C 表示具有控制功能。因此 PIC 就表示一台具有指示功能的压力控制器。

表 2-11　被测变量和仪表功能的字母代号

| 字母 | 第一位字母 | | 后续字母 | 字母 | 第一位字母 | | 后续字母 |
	被测变量	修饰词	功能		被测变量	修饰词	功能
A	分析		报警	P	压力或真空		连接点、测试点
C	电导率		控制(调节)	Q	数量或件数	积分、累积	
D	密度	差		R	放射性		记录或打印
E	电压(电动势)		检测元件	S	速度或频率	安全	开关、联锁
F	流量			T	温度		传送
H	手动			V	黏度		阀、挡板、百叶窗
I	电流		指示	W	重量、力		套管
K	时间或时间程序		自动-手动操作器	Y	事件、状态	Y 轴	继电器或计数器
L	液位(物位)		灯	Z	位置、尺寸	X 轴	驱动器、执行机构
M	水分或湿度						或未分类的终端
							执行器

注意之处

　　供选用的字母(例如表中 Y),指的是在个别设计中反复使用,而本表内未列入含意的字母,使用时字母含义需在具体工程的设计图例中作出规定,第一位字母是一种含义,而作为后继字母,则为另一种含义。

　　(3) 仪表位号

　　在检测、控制系统中,构成一个回路的每个仪表(或元件)都应有自己的仪表位号。仪表位号是由字母代号组合和阿拉伯数字编号两部分组成。字母代号的意义前面已经解释过。阿拉伯数字编号写在圆圈的下半部,其第一位数字表示工段号,后续数字(二位或三位数字)表示仪表序号。

　　通过对控制流程图的识读,可以知道其上每台仪表的测量点位置、被测变量、仪表功能、工段号、仪表序号、安装位置等。

2.6.3　技能训练——带控制点的工艺流程图识读

　　在现代过程控制中,计算机控制系统的应用十分广泛,本小节就是简化了的乙烯生产过程中脱乙烷塔的管道及控制流程图,熟悉典型工艺的控制方案。

　　图 2-28 所示是简化了的乙烯生产过程中脱乙烷塔的管道及控制流程图。从脱甲烷塔出来的釜液进入脱乙烷塔脱除乙烷。从脱乙烷塔塔顶出来的 C_2H_6、C_2H_4 等馏分经塔顶冷凝器冷凝后,部分作为回流,其余则去乙炔加氢反应器进行加氢反应。从脱乙烷塔塔底出来的釜液,一部分经再沸器后返回塔底,其余则去脱丙烷塔脱除丙烷。

　　以图 2-28 的脱乙烷塔控制流程图为例,来说明如何以字母代号的组合来表示被测变量和仪表功能的。塔顶的压力控制系统中的 PIC-207,其中第一位字母 P 表示被测变量为压力,第二位字母 I 表示具有指示功能,第三位字母 C 表示具有控制功能,因此,PIC 的组合就表示一台具有指示功能的压力控制器。该控制系统是通过改变气相采出量来维持塔压稳定的。同样,回流罐液位控制系统中的 LIC-201 是一台具有指示功能的液位控制器,它是通过改变进入冷凝器的冷剂量来维持回流罐中液位稳定的。

　　在塔的下部的温度控制系统中的 TRC-210 表示一台具有记录功能的温度控制器,它是通过改变进入再沸器的加热蒸汽量来维持塔底温度恒定的。当一台仪表同时具有指示、记录

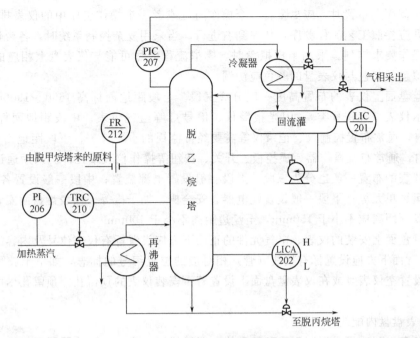

图 2-28　脱乙烷塔工艺管道及控制流程图

功能时，只需标注字母代号"R"，不标"I"，所以 TRC-210 可以同时具有指示、记录功能。同样，在进料管线上的 FR-212 可以表示同时具有指示、记录功能的流量仪表。

在塔底的液位控制系统中的 LICA-202 代表一台具有指示、报警功能的液位控制器，它是通过改变塔底采出量来维持塔釜液位稳定的。仪表圆圈外标有"H"、"L"字母，表示该仪表同时具有高、低限报警，在塔釜液位过高或过低时，会发出声、光报警信号。

图 2-28 中仪表的数字编号第一位都是 2，表示脱乙烷塔在乙烯生产中属于第二工段。通过控制流程图，可以看出其上每台仪表的测量点位置、被测变量、仪表功能、工段号、仪表序号、安装位置等。例如图 2-28 中的 PI-206 表示测量点在加热蒸汽管线上的蒸汽压力指示仪表，该仪表为就地安装，工段号为 2，仪表序号为 06。而 TRC-210 表示同一工段的一台温度记录控制仪，其温度的测量点在塔的下部，仪表安装在集中仪表盘面上。

2.6.4　仪表盘布置图识读

（1）模拟仪表盘

模拟仪表盘主要是用来安装显示、控制、操纵、运算、转换和辅助等类仪表，以及电源气源和接线端子排等装置，是模拟仪表控制室的核心设备。

1）仪表盘的选用

仪表盘结构形式和品种的选用，可根据工程设计的需要，选用标准仪表盘。大中型控制室内仪表盘宜采取框架式、通道式、超宽式仪表盘。盘前区可视具体要求设置独立操作台，台上安装需经常监视的显示、报警仪表或屏幕装置、按钮开关、调度电话、通信装置等。小型控制室内宜采用框架式仪表盘或操作台。环境较差时宜采用柜式仪表盘。如控制室内仪表盘面上安装的信号指示灯、按钮、开关等元器件数量较多，应选用附接操作台的各种仪表盘。含有粉尘、油雾、腐蚀性气体、潮气等环境恶劣的现场，宜采用具有外壳防护兼散热功能的封闭式仪表柜。环境良好的现场，应采用柜式、挂式或立式仪表盘。

2）仪表盘盘面布置

仪表在盘面上布置时，应尽量将一个操作岗位或者一个操作工序中的仪表排列在一起。仪表的排列应参照工艺流程顺序，从左到右进行。当采用复杂控制系统时，各台仪表应按照该系统的操作要求排列。采用半模拟盘时，模拟流程应尽可能与仪表盘上相应的仪表相对应。半模拟盘的基色与仪表盘的颜色应协调。

仪表盘盘面上仪表的布置高度一般分成三段。上段距地面标高 1650～1900mm 内，通常布置指示仪表（含积算类）、闪光报警仪、信号灯等监视仪表；中段距地面标高 1000～1650mm 内，通常布置控制仪、记录仪等需要经常监视的重要仪表；下段距地面标高 800～1000mm 内，通常布置操作器、遥控板、开关、按钮等操作仪表或元件。采用通道式仪表盘时，架装仪表的布置一般也分为三段。上段一般设置电源装置；中段一般设置各类给定器、设定器、运算单元等；下段一般设置配电器、安全栅、端子排等。仪表盘盘面安装的仪表外形边缘至盘顶距离应不小于 150mm，至盘边距离不小于 100mm。

仪表盘盘面上安装的仪表、电气元件的正面下方应设置标有仪表位号及内容说明的铭牌框（板）。背面下方应设置标有接线（管）相对应的位置编号的标志，如不干胶贴等。根据需要允许设置空仪表盘或在仪表盘盘面上设置若干安装仪表的预留孔。预留孔尽可能安装仪表盲盖。

3）仪表盘盘内配线和配管

仪表盘盘内配线可采用明配线和暗配线。明配线要挺直，暗配线要用汇线槽。仪表盘盘内配线数量较少时，可采用明配线的方式；配线数量较多时，宜采用汇线槽暗配线方式。仪表盘盘内信号线与电源线应分开敷设。信号线、接地线及电源线端子间应采用标记端子隔开。

仪表盘相互间有连接电线（缆）时，应通过两盘各自的接线端子或接插件连线。进出仪表盘的电线（缆），除热电偶补偿导线及特殊要求的电线（缆）外，均应通过接线端子连接。本安电路、本安关联电路的配线应与其他电路分开敷设。本安电路与非本安电路的连接端子应分开，其间距不小于 50mm。本安电路的导线颜色应为蓝色，本安电路的连接端子应有蓝色标记。

仪表盘盘内气动管一般采用紫铜管或带 PVC 护套的紫铜管，进出仪表盘必须采用穿板接头，穿板接头处应设置标有用途及位号的铭牌。

4）仪表盘的安装

控制室内的仪表盘一般安装在用槽钢制成的基座上，基座可用地脚螺栓固定，也可焊接在预埋钢板上。当采用屏式仪表盘时，盘后应用钢件支撑。

控制室外、户外仪表盘一般安装在槽钢基座或混凝土基础上，基座应高出地面 50～100mm。若在钢制平台上安装，可采用螺栓固定。仪表盘基座平台部位应采取加固措施。

（2）仪表盘正面布置图的内容

在仪表盘正面布置图中，应表示出仪表在仪表盘、操作台和框架上的正面布置位置，标注仪表盘号及型号、仪表位号及型号、电气设备的编号和数量、中心线与横坐标尺寸，并表示出仪表盘、操作台和框架的外形尺寸及颜色。

① 仪表盘正面布置图一般都是按 1:10 的比例进行绘制。当采用高密度排列的 II 型仪表时，可用 1:5 的比例绘制。每块仪表绘一张 2 号图。图中应绘出盘上安装的全部仪表、电气设备及其铭牌框，标注出定位尺寸，一般尺寸线应在盘外标注，必要时可在盘内标注。横向尺寸线应从每块盘的左边向右边或从中心线向两边标注；纵向尺寸线应自上而下标注。所有尺寸线均不封闭，并按照自上而下、从左到右的顺序编制设备表，此表应能满足订货

要求。

② 图中应标注出仪表盘号及型号、仪表位号及型号、电气设备的编号。盘上安装的仪表、电气设备及元件，在其图形内（或外）水平中心线上标注仪表位号或电气设备、元件的编号，中心线下标注仪表、电气设备及元件的型号。而在每块仪表盘的下部标出其编号和型号。

③ 为了便于表明仪表盘上安装的仪表、电气设备及元件的位号何用途，在它们的下方均应绘出铭牌框。大铭牌柜用细实线矩形线框表示，小铭牌框用一条短粗实线表示，可不按比例。

④ 线条表示方法。仪表盘、仪表、电气设备、元件的轮廓线用粗实线表示，标注尺寸的引线用细实线表示。

⑤ 仪表正面尺寸的标注应清楚醒目。仪表盘需装饰边时，应在图上绘出。

⑥ 仪表盘的颜色。应注明仪表盘颜色的色号。特别要求时，应附色版。仪表盘一般为绿色。

（3）仪表盘背面电气接线图识读

仪表盘背面电气接线图（端子图）表明盘（架）信号和接地端子排进、出线之间的连接关系。图中应标明连接仪表或电气设备的位号、去向端子号、电缆线的编号，并编制设备材料表（包括报警器的电铃等）。

仪表管线编号方法有很多，仪表盘（箱）内部仪表与仪表、仪表与接线端子（或穿板接头）的连接有三种方法，即直接连接法、相对呼应编号法和单元接线法。

1）直接连接法

直接连接法是根据设计意图，将有关端子（或接头）直接用一系列连线连接起来，直观、逼真地反映了端子与端子、接头与接头之间的相互连接关系。但是这种方法既复杂又累赘。当仪表端子（或接头）数量较多时，线条相互穿插、交织在一起，比较繁乱，寻找连线关系费时费力，读图时容易读错。因此，这种方法适合于仪表端子（或接头）数量较少，连接线路简单，安装不易产生混乱的场合。在仪表回路中有与热电偶配合的仪表盘背面电气接线图中，可采用这种方法。

2）相对呼应编号法

相对呼应编号法是根据设计意图，对每根管、线连头都进行编号，各端头都编上与本端头相对应的另一端所接仪表或接线端子或接头的接线点号。每个端子的编号以不超过8位为宜，当编号8位时，可采用加中间编号的方法。

在标注编号时，应按先去向号，后接线号的顺序填写。在去向号与接线号之间用半字线"-"隔开，即表示接线点的数字编号或字母代号应写在半字线的后面。

与直接连线法相比，相对呼应编号法虽然要对每个端头进行编号，但省去了对应端子之间的直接连线，从而使图面变得比较清晰、整齐而不混乱，便于安装。在仪表盘背面电气接线盒仪表盘背面气动管线连接中，采用的最普遍的方法。

技能训练与思考题

1. 试述温度测量仪表的种类有哪些？各使用在什么场合？
2. 什么是热电偶的热电特性？常用的热电偶有哪几种？
3. 所配用的补偿导线是什么？为什么要使用补偿导线？并说明使用补偿导线时要注意哪几点？

4. 用热电偶测温时，为什么要进行冷端温度补偿？其冷端温度补偿的方法有哪几种？

5. 试述热电偶温度计、热电阻温度计各包括哪些元件和仪表？输入、输出信号各是什么？

6. K 型热电偶测某设备的温度，测得的热电势为 20mV，冷端（室温）为 25℃，求设备的温度？如果改用 E 型热电偶来测温，在相同的条件下，E 型热电偶测得的热电势为多少？

7. 现用一支镍铬-铜镍热电偶测某换热器内的温度，其冷端温度为 30℃，显示仪表的机械零位在 0℃时，这时指示值为 400℃，则认为换热器内的温度为 430℃，对不对？为什么？正确值为多少？

8. 试述热电阻的测温原理。常用测温热电阻有哪几种？热电阻的分度号主要有几种？相应的 R_0 各为多少？

9. 用分度号为 Cu_{50}、百度电阻比 $W(100)=R_{100}/R_0=1.42$ 的铜热电阻测某一反应器内温度，当被测温度为 50℃时，该热电阻的阻值 R_{50} 为多少？若测某一环境温度时热电阻的阻值为 92Ω，该环境温度为多少？

10. 试述测温元件的安装和布线的要求。

11. 常见的温度检测仪表的故障有哪些？

12. 简述离子膜烧碱中一次盐水制备中化盐水为什么要预热到 55℃左右？

13. 技能训练——仪表选型应用训练

　　题 13 图为列管式换热器的温度控制方案。换热器采用蒸汽为加热介质，被加热介质的出口温度为 (350±5)℃，温度要求记录，并对上限报警，被加热介质无腐蚀性，采用电动Ⅲ型仪表，并组成本质安全防爆的控制系统。

　　任务要求：根据工艺条件和工艺数据，选择合适的仪表组成温度检测控制系统。

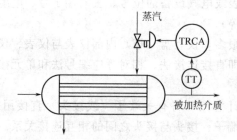

题 13 图　列管式换热器的温度控制

14. 自动控制系统主要由哪些环节组成？在自动控制系统中，测量变送装置、控制器、执行器各起什么作用？

15. 试分别说明什么是被控对象、被控变量、给定值、操纵变量、操纵介质？

16. 题 16 图所示为一反应器温度控制系统示意图。A、B 两种物料进入反应器进行反应，通过改变进入夹套的冷却水流量来控制反应器内的温度不变。试画出该温度控制系统的方块图，并指出该系统中的被控对象、被控变量、操纵变量及可能影响被控变量的干扰是什么？并说明该温度控制系统是一个具有负反馈的闭环系统。

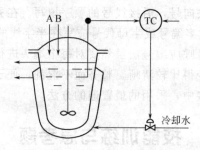

题 16 图　反应器温度控制系统

17. 何为阶跃干扰作用？为什么经常采用阶跃干扰作用作为系统的输入作用形式？

18. 什么是自动控制系统的过渡过程？它有哪几种基本形式？

19. 为什么生产上经常要求控制系统的过渡过程具有衰减振荡形式？

20. 题 20 图为某列管式蒸汽加热器控制流程图。试分别说明图中 PI—302、FRC—301、TRC—303 所代表的意义。

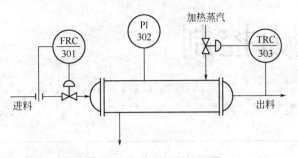

题 20 图　加热器控制流程图

3 / 压力控制

3.1 概述

压力是工业生产中的重要操作参数之一,压力的测量在生产中起着极其重要的作用。化工、炼油生产过程都是在一定的压力条件下进行的,像高压聚乙烯要在 150MPa 或者更高的压力下进行聚合;氨的合成要在 30MPa 的高压下进行;炼油厂的减压蒸馏则要在比大气压低很多的负压下进行。如果压力达不到要求,不仅产品的产量和质量不能满足要求,而且可能酿成严重事故。为了保证生产的正常运行,达到优质、高产、低消耗,必须对压力进行监控。

3.1.1 压力

(1) 压力

在化工生产中,压力是指介质垂直作用在单位面积上的力,可以用下式所示

$$P = \frac{F}{S} \tag{3-1}$$

式中 P——压力,Pa;

F——垂直作用力,N;

S——受力面积,m^2。

(2) 压力的单位

根据国际单位制规定,压力单位为帕斯卡(Pa),简称帕。1 帕斯卡等于 1 牛顿每平方米,用符号 N/m^2 表示。但帕所代表的压力较小,工程上常用千帕(kPa)和兆帕(MPa)表示。兆帕与帕的换算关系如下

$$1MPa = 10^6 Pa \quad (g=10) \tag{3-2}$$

为了使大家了解国际单位制中的压力单位(Pa 或 MPa)与过去的单位之间的关系,下

面给出几种单位之间的换算关系表（表 3-1）。

表 3-1　各种压力单位换算表

压力单位	牛顿/米²（帕斯卡）N/m^2(Pa)	公斤力/米²（kgf/m^2）	公斤力/厘米²（kgf/cm^2）	巴 bar	标准大气压 atm	毫米水柱 mmH_2O	毫米汞柱 mmHg	磅/英寸²（lb/in^2,psi）
牛顿/米²（帕斯卡）N/m^2(Pa)	1	0.1019	10.197×10^{-6}	1×10^{-5}	0.9869×10^{-5}	0.101972	7.50×10^{-3}	145.03×10^{-6}
公斤力/米²（kgf/m^2）	9.80665	1	1×10^{-4}	9.80×10^{-5}	9.6784×10^{-5}	1×10^{-8}	0.0735559	0.00142233
公斤力/厘米²（kgf/cm^2）	98.0665×10^3	1×10^4	1	0.980665	0.967841	10×10^3	735.559	14.2233
巴 bar	1×10^5	10197.2	1.01972	1	0.986923	10.1972×10^3	750.061	14.5038
标准大气压 atm	1.01325×10^5	10332.3	1.03323	1.01325	1	10.3323×10^3	760	14.6959
毫米水柱 mmH_2O	0.101972	1×10^{-8}	1×10^{-4}	9.806×10^{-5}	9.6784×10^{-5}	1	73.5×10^{-3}	1.4223×10^{-3}
毫米汞柱 mmHg	133.322	13.5951	0.00135951	0.00133322	0.00131579	13.5951	1	0.0193368
磅/英寸²（lb/in^2,psi）	6.89476×10^3	703.072	0.0703072	0.0689476	0.0680462	703.072	51.7151	1

目前，工业上也常用公斤力来做压力单位。

（3）压力的表示方法

① 大气压力　地球表面上空气柱重量所产生的压力。其值由地理位置及气象情况所决定。

② 绝对压力　绝对真空下的压力称为绝对零压，以绝对零压为基准的压力就是绝对压力。

③ 表压　以气压为基准的压力，所以，表压是绝对压力与大气压力之差。

④ 负压或真空度　当被测压力低于大气压时，表压为负值，其绝对值称为真空度。真空度是大气压力与绝对压力之差。负压绝对数值越大，绝对压力越小，真空度越高。如测炉膛和烟道气的压力均是负压。

⑤ 差压　两个相关压力之差。如静压式液位计和差压式流量计就是利用测量差压的大小来知道液位和流体流量的大小的。

它们之间的相互关系见图 3-1。

因为各种工艺设备和测量仪表通常都处于大气当中，本身就承受着大气压力。所以工程上常用表压或真空度来表示压力的大小。以后所提到的压力，除特殊说明外，一般压力检测仪表所指示的压力是表压或真空度。

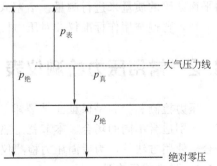

图 3-1　绝对压力、表压与真空度的关系

3.1.2　压力检测的方法

测量压力和真空度的仪表很多，按照其转换原理的不同，压力检测仪表常用的测压方法有四种，下面简单介绍。

（1）液柱测压法

根据流体静力学原理，将被测压力转换成液柱高度进行测量。如 U 形管压力计、单管压力计、斜管压力计等。如图 3-2 所示。这种压力计结构简单、使用方便。但其精度受工作液的毛细管作用、密度及视差等因素影响，测量范围较窄，只能进行就地指示，一般用来测量低压或真空度。一般用在实验室和工程实验上使用。

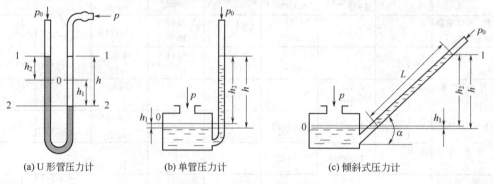

(a) U 形管压力计   (b) 单管压力计   (c) 倾斜式压力计

图 3-2　液柱式压力计

（2）弹性测压法

根据弹性元件受力变形的原理，将被测压力转换成弹性元件变形的位移进行测量。如弹簧管压力计、波纹管压力计及膜片式压力计等。这类压力表结构简单，价格低廉，工作可靠，使用方便，常用于精度要求不高，信号无须远传的场合，作为压力的就地检测和监视装置。

（3）电气测压法

通过机械或电气元件将被测压力信号转换成电信号（电压、电流、频率等）进行测量和传送。如电容式、电阻式、电感式、应变片式和霍尔片式等压力传感器和压力变送器。这类仪表结构简单，测量范围宽，静压误差小，精度高，调整使用方便，常用于测量快速变化、脉动压力及需远距离传送压力信号的场合。

（4）活塞式测压法

活塞式测压法就是根据液压机液体传送压力的原理，将被测压力转换成活塞面积上所加的平衡砝码的质量来进行测量。活塞式压力计的测量精度高，允许误差可以小到 $0.05\%\sim$ 0.02%，普遍被用作标准仪器对压力检测仪表进行检定。

3.2　常用压力检测仪表

压力检测和控制是保证工艺要求、设备安全经济运行的必要条件。压力检测仪表有很多，分别适合不同的场合。本节就是熟悉常用的压力检测仪表的工作原理、结构组成、使用场合、使用方法等，为后面压力检测仪表的选型做好准备。

3.2.1　弹性式压力计

弹性式压力计根据各种弹性元件在被测压力的作用下，产生弹性变形的原理来进行压力测量。这种仪表具有简单可靠、读数清晰、便宜耐用、测量范围广以及有足够的准确度等优点。若增加附加装置，如记录机构、电气变换装置、控制元件等，则可实现压力的记录、远传、信号报警、自动控制等。弹性式压力计可以用来测量几百帕到数千兆帕范围内的压力，因此是目前工业生产上应用最为广泛的一种测压仪表。

（1）常用弹性元件

　　弹性元件是一种简易可靠的压力敏感元件。弹性元件在弹性限度内受压后产生变形，变形的大小与被测压力成正比。它不仅是弹性式压力计的测压元件，也常用作气动单元组合仪表的基本组成元件。当测量范围不同时，所用的弹性元件也不一样，目前工业上常用的测压弹性元件主要有弹簧管、膜片和波纹管等，如图 3-3 所示。

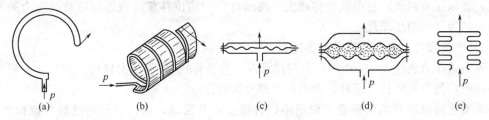

图 3-3　弹性元件示意图

　　1）单圈（多圈）弹簧管

　　单圈弹簧管是弯成 270°圆弧的空心金属管，其截面为扁圆形或椭圆形，弹簧管一端是开口，另一端是封闭，如图 3-3（a）所示。当通以被测压力后，弹簧管自由端会产生位移。这种单圈弹簧管自由端位移较小，因此能测量高达 1000MPa 的压力。为了增加自由端的位移，可以制成多圈弹簧管，如图 3-3（b）所示，可以测量中、低压和真空度。

　　2）膜片、膜盒

　　膜片是一种沿外缘固定的片状圆形薄板或薄膜，如图 3-3（c）所示。膜片按剖面形状分为平薄膜片和波纹膜片。波纹膜片是一种压有环状同心波纹的圆形薄膜，其波纹数量、形状、尺寸、分布情况与压力的测量范围及线性度有关。膜盒是将两张金属膜片沿边缘对焊起来，成一薄壁盒子，里面充以硅油，用来传递压力信号，如图 3-3（d）所示。

　　当膜片两边压力不等时，膜片就会发生形变，产生位移；当膜片位移很小时，它们具有良好的线性关系，这就是利用膜片进行压力检测的基本原理。膜片受压力作用产生的位移，可以直接带动传动机构指示。但是，由于膜片灵敏度低，指示精度不高，一般为 2.5 级。在更多的情况下，都是将膜片和其他转换元件结合在一起使用。例如，在力平衡式压力变送器中，膜片受压后的位移，通过杠杆和电磁反馈机构的放大和信号转换等处理，输出标准电信号；在电容式压力变送器中，将膜片与固定极板构成平行板电容器，当膜片受压产生位移时，测出电容量的变化就间接测得压力的大小；在光纤式压力变送器中，入射光纤的光束照射到膜片上产生反射光，反射光被接收光纤接收，其强度是光纤至膜片的距离的函数，当膜片受压位移后，接收到的光强度信号相应会发生变化，通过光电转换元件和有关电路的处理，就可以得到与被测压力对应的电信号。

　　3）波纹管

　　波纹管式弹性元件是一个周围为波纹状的薄壁金属筒体，如图 3-3（e）所示。这种弹性元件易于变形，而且位移很大，通常在其顶端安装传动机构，带动指针直接读数。波纹管灵敏度较高，适合于微压与低压的测量（一般不超过 1MPa）。但波纹管时滞较大，测量精度一般只能达到 1.5 级。

　　（2）弹簧管压力表

　　弹簧管压力表的测量范围极广，品种规格繁多。按其所使用的测压元件的不同，可分为单圈弹簧管压力表和多圈弹簧管压力表。按照用途的不同，除了普通的弹簧管压力表以外，还有耐腐蚀的弹簧管压力表、耐震弹簧管压力表、电接点压力表和测量特种气体的弹簧管压力表等。它们的外形和结构基本是相同的，只是所用的材料有所区别。

1）弹簧管测压原理

弹簧管一端封闭，可以自由移动，另一端固定在接头上。当通入被测压力后，由于椭圆形截面在压力的作用下将趋于圆形，弯成圆弧的弹簧管随之产生向外挺直的扩张变形，其自由端移动。当弹簧管由于自身刚度产生的反作用力与被测压力相平衡时，自由端位移一定。显然，被测压力越大，自由端位移越大，测出自由端的位移量，就能反映被测压力的大小，这就是弹簧管的测压原理。

2）弹簧管压力表的结构及动作过程

弹簧管压力表如图 3-4 所示，由测压元件（弹簧管）、传动放大机构（拉杆、扇形齿轮、中心齿轮）及指示机构（指针、面板）几部分构成。

弹簧管自由端 B 的位移量一般很小，直接显示有困难，所以必须通过放大机构才能指示出来。具体的放大过程如下：弹簧管自由端 B 的位移通过拉杆 2（见图 3-4）使扇形齿轮 3 作逆时针偏转，于是指针 5 通过同轴的中心齿轮 4 的带动而作顺时针偏转，在面板 6 的刻度标尺上显示出被测压力 p 的数值。由于弹簧管自由端的位移与被测压力之间具有正比关系，因此弹簧管压力表的刻度标尺是线性的。

游丝 7 用来克服因扇形齿轮和中心齿轮间的传动间隙而产生的仪表变差。改变调整螺钉 8 的位置（即改变机械传动的放大系数），可以实现压力表量程的调整。

3）电接点压力表

在生产过程中往往需要把压力控制在规定的范围内，如果超出了这个范围，就会破坏正常的工艺过程，甚至发生事故。在这种情况下可采用电接点压力表。将普通的弹簧管压力表稍作变化，便可成为电接点信号压力表，它能在压力偏离给定范围时，及时发出报警信号，提醒操作人员注意，并可通过中间继电器构成联锁回路实现压力的自动控制。

图 3-5 是电接点压力表的结构和工作原理示意图。压力表指针上带有动触点 2，表盘上另有两根可调节的指针，用来确定上、下限报警值，指针上分别带有静触点。当压力到达上

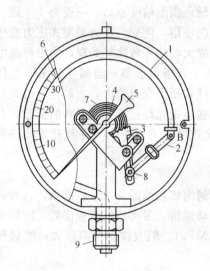

图 3-4　弹簧管压力表

1—弹簧管；2—拉杆；3—扇形齿轮；4—中心齿轮；5—指针；6—面板；7—游丝；8—调整螺钉；9—接头

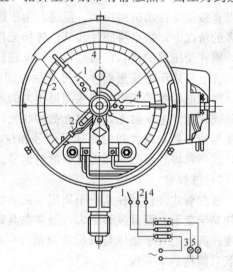

图 3-5　电接点压力表

1,4—静触点；2—动触点；3—绿灯；5—红灯

限给定值时，动触点和上限静触点 4 接触，红色信号灯 5 电路接通，实现上限报警；当压力低到下限给定值时，动触点与下限静触点 1 接触，绿色信号灯 4 亮，实现下限报警。1、4 的位置可根据需要灵活调节。

当电接点压力表的动触点和静触点相碰时，会产生火花或电弧。这在有爆炸介质的场合是十分危险的，为此需要采用防爆的电接点压力表，或加装接点式防爆安全栅。

3.2.2　电气式压力计

电气式压力计通过转换元件把压力转换成电信号输出，然后对电信号如频率、电压、电流等信号来进行测量的仪表，如霍尔式压力变送器、应变片式压力计、电阻式压力表等。这种压力计的测量范围较广，可以远距离传送信号，在工业生产中可以实现压力自动控制和报警，并可与工业控制机联用。

电气式压力计一般由压力传感器、测量电路和信号处理装置等部分所组成。如图 3-6 所示。常用的信号处理装置有指示仪、记录仪以及控制器、微处理机等。

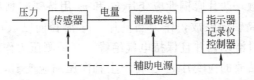

图 3-6　电气式压力计组成方框图

压力传感器能将被测压力检测出来，并转换成电信号输出（当输出的电信号被进一步转换为标准信号时，压力传感器又称为压力变送器）；测量线路对已转换好的电信号进行测量；然后由显示器、记录仪等完成相应的显示、记录功能。

目前应用较多的电气式压力计是应变片式、压阻式、霍尔式、电容式等压力计。

（1）应变片式压力传感器

应变片式压力传感器是利用导体或者半导体的“应变效应”来测量压力的电测式压力表。即通过应变片把压力转换成电阻值的变化，经桥式电路输出相应的毫伏信号，供显示仪表显示出被测压力的大小。

应变片式压力传感器是由弹性元件、应变片和测量电路组成。弹性元件用来感受被测压力的变化，并将被测压力的变化转换为弹性元件表面的应变。电阻应变片粘贴在弹性元件上，将弹性元件的表面应变转换为应变片电阻值的变化，然后通过测量电路将应变片电阻值的变化转换为便于输出测量的电量，从而实现被测压力的测量。因其有较高的固有频率，故具有较好的动态性能，适用于快变压力的测量。

1）应变片与应变效应

应变片式压力传感器的检测元件是应变片。它是由金属导体或半导体材料制成的电阻体，其电阻值随被测压力所产生的应变而变化。电阻应变片有金属应变片和半导体应变片两大类。

金属导体或者半导体在外力作用下发生机械变形时，其电阻值将相应地发生变化，这种现象称为应变效应。

用来产生应变效应的细导体称为“应变丝”。把应变丝粘贴在衬底上，组成的元件称为“应变片”，如图 3-7 所示。

应变片一般和弹性元件结合使用，将应变片粘贴在弹性元件上，当弹性元件受压形变时带动应变片也发生形变，使阻值发生变化，再通过电桥输出测量信号。由于应变片具有较大

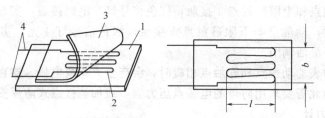

图 3-7　电阻应变片的基本结构
1—基底；2—敏感栅；3—覆盖层；4—引线

的电阻温度系数，其电阻值往往随环境温度而变化，因此常采用 2 个或 4 个静态性能完全相同的应变片，使它们处在同一电桥的不同桥臂上，实现温度的补偿。

2）应变片式压力传感器

图 3-8 是应变片式压力传感器的原理图。应变筒 1 的上端与外壳 2 固定在一起，下端与不锈钢密封膜 3 紧密接触，两片康铜性应变片 r_1 和 r_2 用特殊胶黏剂（缩醛胶等）贴紧在应变筒的外壁。r_2 沿应变筒轴向贴放，作为测量片；r_2 沿径向贴放，作为温度补偿片。应变片与筒体之间不发生相对滑动，并且保持电气绝缘。当被测压力作用于膜片而使应变筒作轴向受压变形时，沿轴间贴放的应变片 r_1 也将产生轴向压缩应变 ε_1，于是 r_1 的阻值变小；而沿径向贴放的应变 r_2 由于本身受到横向压缩将引起纵向拉伸应变 ε_2，于是 r_2 阻值变大。但是由于 ε_2 比 ε_1 要小，故实际上 r_1 的减少量将比 r_2 的增大量为大。

应变片 r_1 和 r_2 与两个固定电阻 r_3 和 r_4 组成桥式电路，如图 3-8（b）所示。由于 r_1 和 r_2 的阻值变化而使桥路失去平衡，从而获得不平衡电压 ΔU 作为传感器的输出信号，在桥路供给直流稳压电源最大为 10V 时，可得最大 ΔU 为 5mV 的输出。传感器的被测压力可达 25MPa。由于传感器的固有频率在 25000Hz 以上，故有较好的动态性能，适用于快速变化的压力测量。传感器的非线性及滞后误差小于额定压力的 1%。

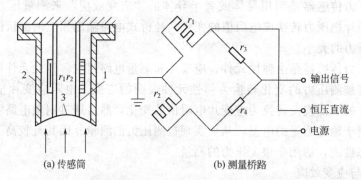

(a) 传感筒　　　　　　　　　　(b) 测量桥路

图 3-8　应变片压力传感器示意图
1—应变筒；2—外壳；3—密封膜片

利用电阻应变原理还可以制成位移传感器和加速度传感器。

（2）压阻式压力传感器

压阻式压力传感器的压力敏感元件是压阻元件，它是基于压阻效应工作的。固体受力后电阻率发生变化的现象称为压阻效应。压阻传感器的工作原理就是利用压阻效应和微电子技术制成的一种新型压力仪表。其压力敏感元件是在半导体材料的基片上利用集成电路工艺制成的扩散电阻，当受到被测压力的作用时，扩散电阻的阻值由于电阻率的变化而改变，扩散电阻一般要依附于弹性元件才能正常工作。用作压阻式传感器的基片材料主要为硅片和锗片，由于单晶硅材料纯度高、功耗小、滞后和蠕变极小、机械稳定性好，而且传感器的制造工艺和硅集成电路工艺有很好的兼容性，所以以扩散硅压阻传感器作为检测元件的压力检测仪表得到了广泛的应用。

扩散硅式压力传感器是根据单晶硅的压阻效应工作的，如图 3-9 所示。在一片很薄的单晶硅片上利用集成电路工艺扩散出四小片等值电阻，构成惠斯登测量桥路。当被测压力变化时，硅片产生应变，从而使电桥四个桥臂的电阻产生微小的应变，一对桥臂电阻变大，另一对变小，电桥失去平衡，其输出电压的大小与被测压力成正比。此信号经过精密的补偿和信号处理，转换成与输入压力信号成线性关系的标准电流信号输出。扩散硅式压力传感器可直接与二次仪表以及计算机控制系统连接，实现生产过程的自动检测和控制。可广泛应用于各种工业领域中的气体、液体的压力检测。

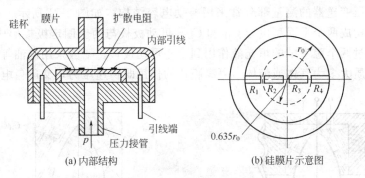

(a) 内部结构   (b) 硅膜片示意图

图 3-9　压阻式压力传感器结构示意图

扩散硅式压力传感器的测量精度高；测量范围宽，最小 $0\sim200Pa$，最大 $0\sim400MPa$；内部带有完善的温度补偿，工作可靠；零点输出小，长期稳定性好；体积小、重量轻、高阻抗、低功耗、抗干扰能力强；工作频率高、使用寿命长；具有可靠的机械保护和防爆保护，适于在各种恶劣的环境条件下工作，便于数字化显示。

（3）霍尔式压力计

霍尔式压力计是根据霍尔效应制成的，即利用霍尔元件将由压力所引起的弹性元件的位移转换成霍尔电势，从而实现压力的测量。

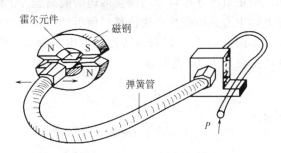

图 3-10　霍尔式压力计的结构示意图

霍尔式压力计的结构如图 3-10 所示，它是由单圈弹簧管的自由端安装在半导体霍尔元件上构成的。在霍尔元件片上的上下方向分别安装两对极性相反、呈靴形的磁钢，使霍尔元件片置于一个非均匀的磁场中，该磁场强度随单圈弹簧管的位移呈线性变化。在测量过程中，直流稳压电源给霍尔元件提供恒定的控制电流 I，当被测压力 P 进入弹簧管后，弹簧管的自由端与霍尔元件一起在线性非均匀的梯度磁场中移动，对应着不同的磁感应强度 B 时，便可以得到与弹簧管自由端位移成正比关系的霍尔电势，如前所述，弹簧管自由端位移与被

测压力成正比关系，因此只要测量出霍尔电势的大小，就可以得知被测压力 P 的大小。霍尔电势为

$$U_H = K_\chi \times x \propto p \tag{3-3}$$

式中　K_χ——为霍尔式压力传感器的输出系数；

　　　x——为弹簧管自由端的位移。

霍尔式压力传感器输出的霍尔电势，通过测量显示、记录装置和控制装置，便可实现压力的显示、记录和控制。

（4）电容式差压变送器

电容式差压变送器是将压力的变化转换成电容量的变化进行测量的。

电容式差压变送器由测量部分和转换放大电路组成。

电容式差压变送器的测量部分常采用差动电容结构，如图 3-11 所示。中心可动极板与两侧固定极板构成两个平面型电容 C_H 和 C_L。可动极板与两侧固定极板形成两个感压腔室，介质压力是通过两个腔室中的填充液作用到中心可动极板。一般采用硅油等理想液体作为填充液，被测介质大多为气体或液体。隔离膜片的作用既传递压力，又避免电容极损坏。

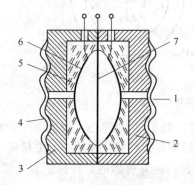

图 3-11　电容式差压传感器结构示意图
1,4—波纹隔离膜片；2,3—基座；5—玻璃层；
6—金属膜片；7—弹性测量膜片

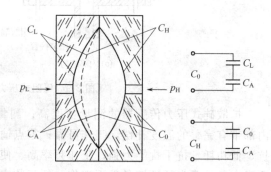

图 3-12　有差压时两侧电容的变化

当正负压力（差压）由正负压导压口加到膜盒两边的隔离膜片上时，通过腔室内硅油液体传递到中心测量膜片上，中心感压膜片产生位移，使可动极板和左右两个极板之间的间距不相对，形成差动电容，如图 3-12 所示。若不考虑边缘电场影响，该差动电容可看作平板电容。设中心测量膜片产生位移为 δ，则电容 C_H 减少，C_L 增加

$$C_H = \frac{\varepsilon A}{d+\delta} \tag{3-4}$$

$$C_L = \frac{\varepsilon A}{d-\delta} \tag{3-5}$$

式中　ε——介电常数；

　A——电极板面积；

　d——$\Delta p = 0$ 时，极板之间的距离。

则

$$C_H - C_L = \frac{\varepsilon A}{d+\delta} - \frac{\varepsilon A}{d-\delta} = \frac{2\varepsilon A\delta}{d^2 - \delta^2} \tag{3-6}$$

$$C_H + C_L = \frac{\varepsilon A}{d+\delta} + \frac{\varepsilon A}{d-\delta} = \frac{2\varepsilon Ad}{d^2 - \delta^2} \tag{3-7}$$

设差动电容的相对变化值为两电容之差与两电容之和的比值，则

$$\frac{C_H - C_L}{C_H + C_L} = \frac{\delta}{d} \propto \Delta p \tag{3-8}$$

式(3-8)表明，差动电容的相对变化值与被测压力成正比，与填充液的介电常数无关，从原理上消除了介电常数的变化给测量带来的误差。差动电容式压力变送器的电容-电流转换放大电路的作用是将式(3-7)中差动电容的相对变化值提取出来，并转化为 4～20mA DC 输出。

差动电容式压力变送器体积小、质量轻、零点和量程调整互不干扰，其性能较为优越，应用广泛。与力矩平衡式相比，电容式没有杠杆传动机构，因而尺寸紧凑，密封性与抗振性好，测量精度相应提高，可达 0.2 级。

3.2.3 智能型压力变送器

随着集成电路的广泛应用，其性能不断提高，成本大幅度降低，使得微处理器在各个领域中的应用都十分普遍。智能型压力变送器或差压变送器就是在普通压力或者差压传感器的基础上增加微处理器电路而形成的智能检测仪表。例如，用带有温度补偿的电容传感器与微处理器相结合，构成准确度为 0.1 级的压力变送器或差压变送器，其量程范围比为 100:1，时间常数在 0～36s 间可调，通过手持通信器，可对 1500m 以内的现场变送器进行工作参数的设定、量程调整以及变送器加入信息数据。

智能型变送器的特点是可以进行远程通信。利用手持通信器，可对现场变送器进行参数的选择和标定，其准确度高，使用与维护方便。通过编制各种程序，使变送器具有自修正、自补偿、自诊断及错误方式告警等多种功能，因而提高了变送器的准确度，简化了调整、校准与维护过程，使变送器与计算机、控制系统直接对话。

下面以美国霍尼韦尔（Honeywell）公司的 ST4000 系列智能压力变送器和罗斯蒙特（Rosemount）的 4051C 和 1151S 系列及日本横河的 EJA 系列为例对其工作原理简单介绍。

(1) ST4000 系列智能压力变送器

智能式变送器的核心是微处理器，利用微处理器的运算和存储能力，可以对传感器的测量数据进行计算、存储和数据处理，包括对测量信号的调理（如滤波、放大、A/D 转换等）、数据显示、自动校正和自动补偿等；还可以通过反馈回路对传感器进行调节，以使采集数据达到最佳。由于微处理器具有各种软、硬件功能，因而可以完成传统变送器难以完成的工作。智能式变送器降低了传感器的制造难度，极大地提高了传感器的性能。

ST4000 系列智能变送器具有优良的性能和出色的稳定性。它能测量气体、液体和蒸汽的流量、压力和液位。对于被测量的差压输出 4～20mA 模拟信号和数字信号。其工作原理框图如图 3-13 所示。

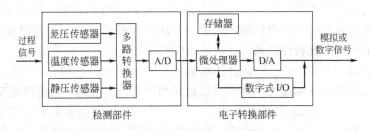

图 3-13　ST4000 系列变送器工作原理框图

ST400 系列变送器由检测部件和电子转换部件两大部分组成。其检测部件为高级扩散

硅传感器,当被测过程压力或差压作用在隔离膜片上时,通过封入液传到膜盒内的传感器硅片上,使其应力发生变化,因而其电阻值也跟着变化。通过电桥产生与压力成正比的电压,再经 A/D 转换器转换成数字信号后送电子转换部件中的微处理器。在传感器的芯片上,还有两个辅助传感元件:一个是温度传感元件,用于检测表体温度;另一个是压力传感元件,用于检测过程静压。温度和静压的模拟值也被转换成数字信号,并送至转换部件中的微处理器。微处理器对以上信号进行转换和补偿运算后,输出相应的 4~20mA 模拟量信号或数字量信号。

变送器在制作过程中,所有的传感器经受了整个工作范围内的压力和温度循环测试,测试数据由生产线上的计算机采集,经微处理器处理后,获得相应的修正系数,传感器的压力特性、温度特性和静压特性分别存放在电子转换部件的存储器中,从而保证变送器在运行过程中能精确地进行信号修正,保证了仪表的优良性能。

存储器还存储所有的组态,包括设定变送器的工作参数、测量范围、线性或开方输出、阻尼时间、工程单位选择等,还可向变送器输入信息性数据,以便对变送器进行识别与物理描述。存储器为非易失性的,即使断电,所存储的数据仍能保持完好,以随时实现智能通信。

ST4000 采用 DE 和 HART 通信协议,它可以和手持终端或对应过程控制系统在控制室、变送器现场或在同一控制回路的任何地方进行双向通信,具有自诊断、远程设定零点和量程等功能。

ST4000 的手持通信器带有键盘和液晶显示器。它可以接在现场变送器的信号端子上,就地设定或检测,也可以在远离现场的控制室中,接在某个变送器的信号线上进行远程设定及检测。手持通信器可以进行组态、变更测量范围、校准变送器及自诊断。

由于智能型变送器具有长期稳定的工作能力和良好的总体性能,每五年才需校验一次,可远离有危险生产现场,所以具有广阔的应用前景。

(2) 罗斯蒙特的 1151S 智能变送器

罗斯蒙特的 1151S 智能变送器是在 1151 模拟变送器的基础上开发出来的,它的膜盒和模拟式的相同,也是电容式 δ 室传感器,但其电子部件不同。1151 模拟变送器采用的模拟电子线路,输出 4~20mA 模拟信号,1151S 智能变送器是以微处理器为核心部件的专用集成电路,并加了 A/D 和 D/A 转换电路,整个变送器的电子部件仅由一块板组成,既可输出4~20mA 模拟信号,又能在其上面叠加数字信号,可以和手持终端或其他支持 HART 通信协议的设备进行数字通信,实现远程设定零点和量程。1151S 智能变送器基本精度为 ±0.1%,最大测量范围为模拟式的 2 倍,量程比为 1:15,各项技术性能都比 1151 模拟变送器有所提高。

罗斯蒙特的 4051C 与罗斯蒙特的 1151S 的传感器都是电容式的,但膜盒部件有所不同。4051C 将电容室移到了电子罩的颈部,远离过程法兰和被测介质,不与过程热源直接接触,仪表的温度性能的抗干扰特性提高。4051C 的检测部件增加了测温传感器,用于补偿环境温度变化引起的影响。4051C 的检测部件还增加了传感器存储器,用于存储膜盒制造过程中,在整个工作范围内的温度和压力循环测试信息和相应的修正系数,从而保证变送器运行中能精确地进行信号修正。提高了仪表的精度,增加了零部件间的互换性,缩短了维修过程。4051C 的整机性能较 1151S 有较大提高,4051C 属于高性能智能变送器,而 1151S 属于低性能经济型智能变送器。

(3) EJA 智能变送器

日本横河公司 EJA 智能变送器的敏感元件为硅谐振式传感器。如图 3-14 所示。它是一种微型构件，体积小、功耗低、响应快，便于和信号部分集成。在一个单晶硅芯片表面的中心和边缘采用微电子加工技术制作两个形状、尺寸、材质完全一致的 H 形状的谐振梁，谐振梁在自激振荡回路中作高频振荡。当硅片受到压力作用，单晶硅片的上下表面受到的压力不等时，将产生形变，导致中心谐振梁因压缩力而频率减小，边缘谐振因受拉伸力而频率增加。两频率之差直接送到 CPU 进行数据处理，然后经 D/A 转换成 4～20mA 模拟信号和数字信号。利用测量两个谐振频率之差，即可得到被测压力或差压。

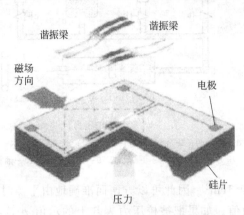

图 3-14　硅谐振式传感器原理图

硅谐振传感器中的硅梁、硅膜片、空腔被封在微型真空中，既不与充灌液接触，又在振动时不受空气阻力的影响，所以仪表性能稳定。

由于智能型压力变送器有好的总体性能及长期稳定的工作能力，所以每 5 年才需要校验一次。智能型压力变送器与手持通信器结合使用，可远离生产现场，尤其是危险或者不易到达的地方，给变送器的运行和维护带来了极大的方便。

目前我国企业广泛采用的智能型变送器大多是既有数字输出信号，又有模拟输出信号的混合式智能变送器，通常又称为 Smart 变送器。它与全数字式现场总线智能变送器相比，在仪表结构与实际功能上是有区别的。

3.2.4　活塞式压力计

活塞式压力计是一种精度很高的标准器，常用于校验标准压力表及普通压力表。其结构如图 3-15 所示，它由压力发生部分和压力测量部分组成。

压力发生部分——螺旋压力发生器 4，通过手轮 7 旋转丝杠 8，推动工作活塞 9 挤压工作液，经工作液传压给测量活塞 1。工作液一般采用洁净的变压器油或蓖麻油等。

压力测量部分——测量活塞 1 上端的托盘上放有砝码 2，活塞 1 插入在活塞柱 3 内，下端承受螺旋压力发生器 4 向左挤压工作液 5 所产生的压力 p 的作用。当活塞 1 下端面因压力 p 作用所产生向上顶的力与活塞 1 本身和托盘以及砝码 2 的重量相等时，活塞 1 将被顶起而稳定在活塞柱 3 内的任一平衡位置上。这时的力平衡关系为

$$pA = W + W_0 \tag{3-9}$$

$$p = \frac{1}{A}(W + W_0) \tag{3-10}$$

式中　A——测量活塞 1 的截面积；

　W、W_0——砝码和测量活塞（包括托盘）的重量；

　p——被测压力。

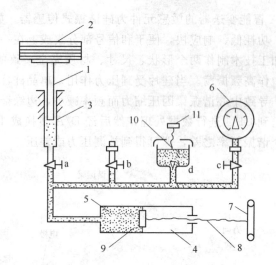

图 3-15　活塞式压力计

a,b,c—切断阀；d—进油阀；1—测量活塞；2—砝码；3—活塞柱；4—螺旋压力发生器；
5—工作液；6—压力表；7—手轮；8—丝杠；9—工作活塞；10—油杯；11—进油阀

一般取 $A=1cm^2$ 或 $0.1cm^2$。因此可以方便而准确地由平衡时所加的砝码和活塞本身的
质量得到被测压力 p 的数值。如果把被校压力表 6 上的示值 p'，与这一准确的压力 p 相比
较，便可知道被校压力表的误差大小。也可以在 b 阀上部接入标准压力表，由压力发生器改
变工作液压力，比较被校表和标准表上的示值进行校验。此时，a 阀应关闭。

3.3　压力表的选用、安装及故障判断

正确地选用和安装压力表是保证压力检测仪表在生产过程中发挥应有作用的重要环节。
下面就是熟悉压力检测仪表选用的原则；掌握压力检测仪表的安装要求；了解压力检测仪表
故障判断的方法。

3.3.1　压力计的选用

压力表的选用应根据工艺生产过程对压力测量的要求，结合其他各方面的情况，加以全
面的考虑和具体的分析，一般应该考虑以下几个方面的问题。

（1）仪表类型的确定

仪表类型的选用必须满足工艺生产的要求。如是否需要远传变送、自动记录或报警；是
否进行多点测量；被测介质的物理化学性质是否对测量仪表提出特殊要求；现场环境条件对
仪表类型是否有特殊要求等。总之，根据工艺要求来确定仪表类型是保证仪表正常工作及安
全生产的重要前提。

如测氨气压力时，应选用氨用表，普通压力表的弹簧管大多采用铜合金，高压时用碳
钢，而氨用表的弹簧管采用碳钢材料，不能用铜合金，否则易受腐蚀而损坏。而测氧气压力
时，所用仪表与普通压力表在结构和材质上完全相同，只是严禁沾有油脂，否则会引起爆
炸。氧气压力表在校验时，不能像普通压力表那样采用变压器油作为工作介质，必须采用油
水隔离装置，如发现校验设备或工具有油污，必须用四氯化碳清洗干净，待分析合格后再行
使用。

（2）仪表量程的确定

仪表量程根据最大被测压力的大小确定。

测量压力时，为延长仪表的使用寿命，避免弹性元件因受力过大而损坏，压力表的上限值应高于工艺生产中可能的最大压力值，为保证测量值的准确度，所测压力值不能太接近仪表的下限值。根据化工自控设计技术规定：在测量一般稳定压力时，正常操作压力应介于仪表量程的1/3～2/3；测量脉动压力时，正常操作压力应介于仪表量程的1/3～1/2；测量高压时，正常操作压力应介于仪表量程的1/3～3/5。按此要求算出仪表量程后，实取稍大的相邻系列值。

所选压力表的量程范围数值应与国家标准规定的数值相一致。

我国常用压力表量程范围：0.1、0.16、0.25、0.4、0.6、1、1.6、2.5、4、6、10、16、25、40、60（MPa）。

（3）仪表精度等级的确定

仪表精度是根据工艺生产上所允许的最大测量误差来确定的，即由控制指标和仪表量程决定。一般来说，所选用的仪表越精密，其测量结果越精确、可靠，但相应的价格也越贵，维护量越大。因此，在满足工艺要求的前提下，应尽可能选用精度较低、价廉耐用的仪表。

一般测量用压力表、膜盒压力表和膜片压力表，应选用1.0级、1.5级或2.5级。精密测量用压力表，应选用0.4级、0.25级或0.16级。

【例3-1】 某汽水分离器的最高工作压力为1.0～1.1MPa，要求测量值的绝对误差小于0.06MPa，试确定用于测量该分离器内压力的弹簧管压力表的量程和精度。

解： 依压力波动范围，按稳定压力考虑，该仪表的量程应为

$$1.1 \div \frac{2}{3} = 1.65(\text{MPa})$$

根据仪表产品量程的系列值，应选用0～2.5MPa的弹簧管压力表。

依对测量误差要求，所选压力表的允许误差应小于

$$\frac{\pm 0.06}{2.5 - 0} \times 100\% = \pm 2.4\%$$

应选用1.5级的仪表。

即选用0～2.5MPa，1.5级的普通弹簧管压力表测量分离器内的压力。

【例3-2】 有一压力容器在正常工作时压力范围为0.4～0.6MPa，要求使用弹簧管压力表进行检测，并使测量误差不大于被测压力的4%，试确定该表的量程和精度等级。

解： 由题意可知，被测对象的压力比较稳定，设弹簧管压力表的量程为A，则根据最大、最小工作压力与量程关系，有

$$A > 0.6 \div \frac{2}{3} = 0.9(\text{MPa}), A < 0.4 \div \frac{1}{3} = 1.2(\text{MPa})$$

根据仪表的量程系列，可选用量程范围为0～1.0MPa的弹簧管压力表。

根据题意，被测压力的允许最大绝对误差为

$$\Delta_{\max} = 0.4 \times 4\% = 0.016\text{MPa}$$

这就要求所选仪表的相对百分误差为

$$\delta_{\max} = \frac{0.016}{1.0 - 0} \times 100\% = 1.6\%$$

按照仪表的精度等级，可选择1.5级的压力表。

3.3.2　技能训练——压力表的选择

① 某合成氨厂合成塔压力控制指标为14MPa，要求误差不超过0.4MPa，试选用一台

就地指示的压力表（给出型号、测量范围、精度等级）。

② 某台往复式压缩机的出口压力范围为 25～28MPa，测量误差不得大于 1MPa。工艺上要求就地观察，并能高低限报警，试正确选用一台压力表，指出型号、精度与测量范围。

3.3.3　压力表的安装

压力检测系统是由取压口、导压管、压力表及一些附件组成，各个部件安装正确与否，直接影响到测量的准确性和压力计的使用寿命。

（1）取压口的选择

取压口是被测对象引取压力信号的开口。选择取压口的原则是要使选取的取压口能反映被测压力的真实情况，具体选择原则如下。

① 要选在被测介质流束稳定的直管段部分，不要选在管路拐弯、分叉、死角或其他易形成漩涡的地方。

② 测流动介质的压力时，应使取压点与流动方向垂直，取压管内端面与生产设备连接处的内壁应保持平齐，不应有凸出物或毛刺。

③ 测量液体压力时，取压点应在管道水平中心线以下 0～45°夹角内，使导压管内不积存气体；测量气体压力时，取压点应在管道水平中心线以上 45°～90°夹角内，使导压管内不积存液体；测量蒸汽压力时，取压点应在管道水平中心线以上 0～45°夹角内，使导压管内不积存液体。

（2）导压管铺设

① 导压管粗细要合适，内径为 6～10mm，长度不超过 50m，以减少压力指示的迟缓。如超过 50m，应选用能远距离传送的压力计。

② 导压管水平安装时应保证有 1∶10～1∶20 的倾斜度，以便于排出其中积存的液体或气体。

③ 当被测介质易冷凝或冻结时，必须加保温或伴热管线。

④ 取压口到压力计之间应装有切断阀，以备检修压力计时使用。切断阀应装在靠近取压口的地方。

（3）压力计的安装

① 压力计应装在易于观察和检修的地方。

② 压力计的安装地点要避免振动和高温影响。

③ 测量蒸汽压力时，应加装冷凝弯或冷凝圈，以防止高温蒸汽直接与测量元件接触，防止弹性元件受介质温度的影响而改变性能，如图 3-16（a）所示；测量腐蚀性介质的压力时，应加装带插管的隔离罐，图 3-16(b) 所示分别介绍了被测介质密度 ρ_2 大于和小于隔离液密度 ρ_1 的两种情况；测量黏稠性介质的压力时，应加装隔离器，以防介质堵塞弹簧管。

总之，针对被测介质的不同性质（高温、低温、腐蚀、脏污、结晶、沉淀、黏稠等），应采取相应的防热、防腐、防冻、

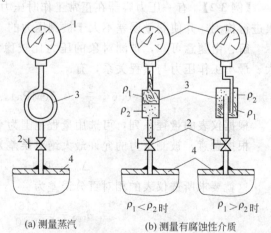

（a）测量蒸汽　　　（b）测量有腐蚀性介质

图 3-16　压力计安装示意图
1—压力计；2—切断阀门；
3—凝液管；4—取压容器

防堵等措施。

④ 压力表连接处应加装适当垫片。被测介质低于 80℃ 及 2MPa 时，可用橡胶垫片；低于 450℃ 及 5MPa 时，可用石棉或铅垫片；温度和压力更高时，可用退火紫铜垫片。测氧气压力时，禁用浸油垫片及有机化合物垫片；测乙炔压力时，禁用铜垫片，否则会引起爆炸。

⑤ 当被测压力较小，压力计与取压口不在同一高度时，由此高度差引起的测量误差应进行修正。

⑥ 为安全起见，测量高压的仪表除选用表壳有通气孔的外，安装时表壳应向墙壁或无人通过之处，以防发生意外。

3.3.4　实践应用——压力检测故障判断

化工生产过程中，压力检测仪表的故障可能有很多种情况，下面通过实例简单介绍一下常见故障及故障处理方法。

【案例 1】　故障现象——压力变送器的导压管中有油污堵死的故障。故障处理方法——用铁丝、打压、拆管清洗或换管的方法疏通。

【案例 2】　故障现象——因工艺原因导致蒸汽变送器导压管积液。故障处理方法——排放积液。

具体操作步骤如下。

① 向工艺人操作员索要工作联系单，并认真填写。

② 和工艺操作人员确认是否有调节回路，若有调节回路将调节器切换到手动。

③ 找工艺操作员关闭一次阀。

④ 打开排污阀进行排放，排放后关闭。

⑤ 找工艺人员打开一次阀，冷却一段时间后，使导压管内充满液体。

【案例 3】　故障现象——压力变送器用于测量蒸汽压力时，停伴热后指示偏高的故障。故障处理方法——停伴热后导压管中的冷凝液增多，所以指示偏高，应待冷凝液高度稳定时进行零点迁移修正偏差。

【案例 4】　故障现象——差压变送器示值偏高或示值偏低。故障处理方法——应检查低压侧或高压侧是否泄漏，并做相应处理。

 思考

　　某一化工容器压力指示不正常，偏高或偏低，或指示为零或不变化，原因是什么？应如何处理？

3.4　工业应用案例——脱氯塔的压力控制

某化工厂要对离子膜烧碱生产过程中的脱氯塔内的压力进行控制。为了保证经电解后的淡盐水能够循环利用，电解后的淡盐水要进行脱氯处理。脱氯塔就是对进入脱氯塔内的淡盐水通过物理方法进行脱氯。为保证脱氯的效果，需要对脱氯塔的操作压力进行控制。首先，要掌握电解后脱氯工艺及压力控制要求；其次，结合所学知识把压力按照工艺要求进行控制。首先来了解一下脱氯工艺流程和工艺控制要求。

3.4.1　离子膜烧碱生产中真空脱氯工艺介绍

精制饱和盐水进入电解槽后进行电解，盐水中只有部分 NaCl 分解，其余的成为较低浓度的盐水（200g/L 左右）称为淡盐水，淡盐水温度为 85℃，含游离氯 700～800mg/L。从电解槽溢流而出的淡盐水通过控制阀加酸调节 pH 进入阳极液接收罐后，再由淡盐水泵分成两部分送出：一部分与精盐水混合后送往电解槽，进行循环使用；另一部分送往真空脱氯塔进行脱氯处理。脱氯后的淡盐水就可以去送到一次盐水制备工序循环使用。从淡盐水脱除的氯气送往电解槽生产的湿氯气总管，再送到氯气处理工序。

由于电解所产生的淡盐水同时有 Cl_2（溶解氯）、$NaClO$（水化反应）、ClO^-（离解反应）和 H^+ 存在，它们之间存在如下的化学平衡

$$Cl_2 + H_2O \longrightarrow HClO + HCl$$
$$HClO \longrightarrow H^+ + ClO^-$$

脱氯就是破坏上述平衡关系，使反应向着生成 Cl_2 的方向进行。要把生成的氯气从溶液中析出，除溶液酸度与温度外，还要不停地降低液体表面氯气的分压，才能达到脱除淡盐水中游离氯的目的。在实践生产运行过程中，维持淡盐水溶液的温度在 85℃ 左右，加足够量的盐酸，使之 pH 值为 1.2 左右，使淡盐水中不断地产生氯气气泡，为增加气液气、液两相接触面，加快气相流速，使液相中的溶解氯不断地向气相转移，气体不断逸出。要实现上述操作方式，就要对进入真空脱氯器内的淡盐水进行喷淋雾化，并增大脱氯器内的真空度，以降低游离氯气在淡盐水中的溶解度，连续地进行上述操作，就能把淡盐水中的绝大部分游离氯除掉。由于氯气在淡盐水中的溶解度在相同的条件下，随着温度的升高而降低，所以应该保持一定的温度，利于脱氯。这种方法是利用破坏化学平衡和相平衡的方法去除游离氯的，并不能完全脱除淡盐水中的游离氯，仍剩余少量的游离氯，一般在 10～30mg/L。

从脱氯塔下来的脱氯淡盐水，盐水中含有一定量的游离氯。在送出界区前，需要添加 32％的氢氧化钠溶液，使盐水的 pH 值达到 9～11，然后再通过添加 10％的亚硫酸钠（Na_2SO_3）溶液，从而彻底除去淡盐水中残留的游离氯。

其化学反应如下

$$Cl_2 + H_2O == HClO + HCl$$
$$HClO + NaOH == NaClO + H_2O$$
$$NaClO + Na_2SO_3 == Na_2SO_4 + NaCl$$

淡盐水脱氯生产工艺流程示意图如图 3-17 所示，在这个生产过程中，酸化后淡盐水由泵输送到脱氯塔，由水力喷射泵保持脱氯塔的真空度稳定，并通过再生氯回流到脱氯塔内，进行真空度调节。在脱氯塔气体出口处装有再生氯气冷却器，用于冷却氯气和气体蒸汽，实现气雾分离操作，气相（基本为 Cl_2）排放到氯气总管，冷凝下来的氯水去氯水贮槽，由氯水泵送到脱氯塔或离子膜阳极液贮罐，再进行脱氯。整个生产过程中，要想很好地脱氯，就要对脱氯塔进行减压，保持脱氯塔的稳定真空度，以降低氯气的溶解度。

3.4.2 脱氯塔的工艺条件控制要求

在实际生产中，要想能正常生产，必须保证脱氯塔内保持一定的真空度。其生产工艺控制条件要求如表 3-2 所示。也就是脱氯塔中的压力控制数值要求在 −55kPa 左右。

表 3-2 淡盐水脱氯系统工艺生产条件一览表

设备名称	工艺条件名称	单位	控制范围	计量仪表
脱氯塔	压力	kPa	≤−55	压力表
	液位	％	30～80	液位计

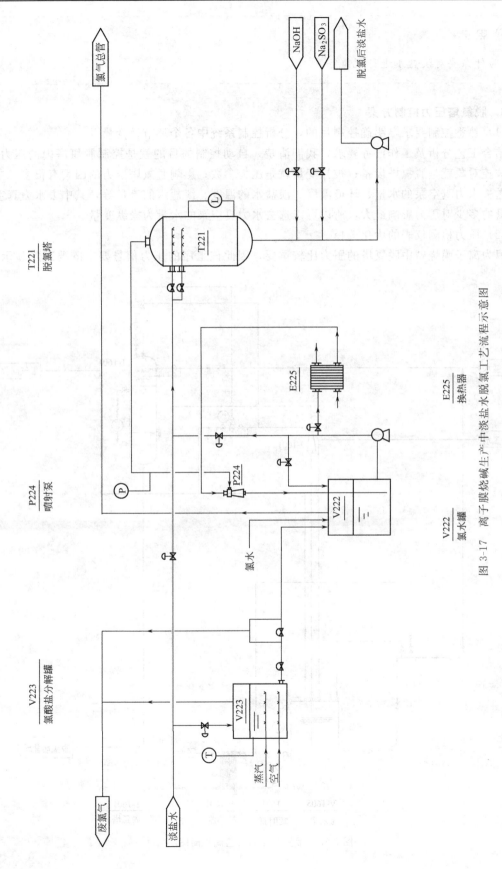

图 3-17 离子膜烧碱生产中浓盐水脱氯工艺流程示意图

思考

为什么要对淡盐水进行脱氯？

3.4.3　脱氯塔压力控制方案

（1）熟悉控制要求，明确控制目的，分析控制系统中各个环节及变量

结合工艺分析及工作任务要求，我们清楚，自动控制的目的就是控制脱氯塔内的压力，所以被控对象就是脱氯塔设备；被控变量就是压力参数；影响脱氯塔压力的因素有很多，主要有送去水力真空泵的水量、环境温度、淡盐水的温度、淡盐水的流量等，其中去水力真空泵水量的多少对压力影响最大，所以可以选去水力真空泵的水量为操纵变量。

（2）压力检测仪表的优化选择

因为离子膜烧碱中脱氯塔的压力比较重要，因此该工序的压力信号要求既要现场显示，

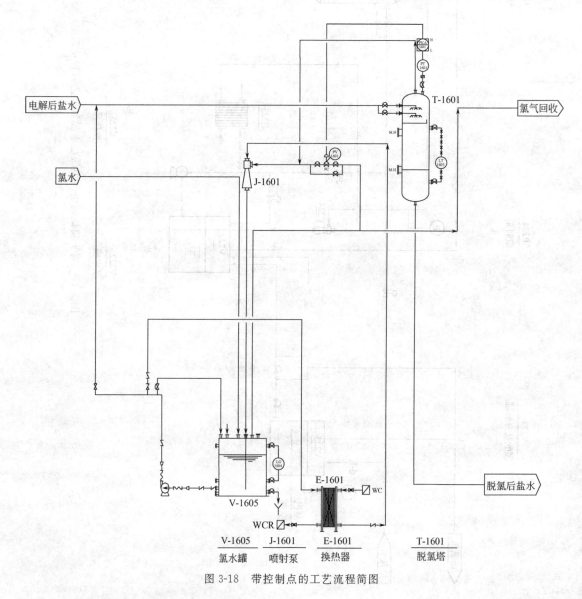

图 3-18　带控制点的工艺流程简图

又要有远传功能，把信号传到控制室进行计算机控制。因此，压力检测仪表，一要选择具有耐腐蚀的弹簧管压力表，在生产现场进行就地显示，其安装位置应在单相泵之后，电动调节阀之前；二要用具有远传功能的压力变送器进行信号的远传，此时可以选择扩散硅压力变送器。

（3）控制方案的形成

离子膜烧碱中脱氯塔应在一定的真空度下工作，以有利于淡盐水中氯气析出，该压力应保持一定的数值，并应足够稳定，一般为 55kPa。经分析后，可以在脱氯塔的顶部设置一单回路压力调节系统，压力信号从塔顶取出，通过压力变送器把信号传给 PID 调节器，PID 调节器进行一定规律的运算，发出控制指令，调节脱氯盐水泵的出口阀门，控制去水力真空泵的水量达到适中，使脱氯塔内的真空度达到 55kPa，满足脱氯的真空需要。带控制点的工艺流程图如图 3-18 所示。

3.5 认识执行器

在控制系统中，控制作用的实现是通过执行器去完成，完全可以说执行器就是用来代替人的操作的，是工业自动化的"手脚"。因此，执行器的作用也是很重要的，执行器的选择更是至关重要，关系到生产的安全性。本节要掌握执行器的基本知识，了解执行器的种类及工作原理，熟悉执行器的选型方法，能对简单控制系统中的执行器进行选型。

3.5.1 执行器的概念解读

（1）执行器在自动控制系统中的作用

执行器是自动控制系统中的一个重要组成部分。它的作用是接收控制器送来的控制信号，并转换成位移或角度，以改变操纵介质的流量，从而实现对被控变量的控制，完成工艺控制要求。执行器安装在生产现场，代替了人的操作，人们常形象地称之为实现自动化的"手脚"。执行器直接与介质接触，通常在高温、高压、高黏度、强腐蚀、易结晶、易燃易爆、剧毒等场合下工作，如果选用不当，将直接影响过程控制系统的控制质量。

（2）执行器的构成

过程控制中，使用最多的执行器是调节阀，因此，执行器一般又称为控制阀或调节阀。执行器由执行机构和控制机构（阀）两部分组成。执行机构是执行器的推动装置，它根据输入控制信号的大小产生相应的推力 F（或力矩 M）以改变直线位移 l（或角位移 θ），推动控制机构动作，所以它是将控制信号的大小转换为阀杆位移的装置。控制机构是执行器的控制部分，它直接与操纵介质接触，控制流体的流量。所以它是将阀杆的位移转换为流过阀的流量的装置。

（3）执行器的分类

执行器按其使用的能源可分为电动、气动和液动三种。它们都是通过改变阀芯与阀座之间的流通面积来控制过程中介质的流量的。

电动执行器是以电源作为能源来工作的，能源取用方便、信号传输速度快、适于远距离传输、便于集中控制等优点，但结构比较复杂、防火防爆性能不好，在化工生产装置的使用上受到一定限制。

气动执行器有气动薄膜式和活塞式两种，都以压缩空气为能源，具有结构简单、工作可靠、价格便宜、维护方便、防火防爆等优点，因而在工业生产过程中获得广泛的使用。即使是采用电动仪表或计算机控制，只要经过电-气转换器或电-气阀门定位器将电信号转换为0.02～0.1MPa的标准气压信号，仍然可用气动执行器。由于化工生产过程多具有高温、高压、易燃、易爆等特点，因此许多场合对防爆有较为严格的要求，所以，化工生产中气动薄膜控制阀还是得到极为广泛的应用。

液动执行器主要是利用液压的原理推动执行机构。它的推力大，适用于负荷较大的场合，但由于其辅助设备大而笨重，化工生产中较少使用，主要用于制造业。

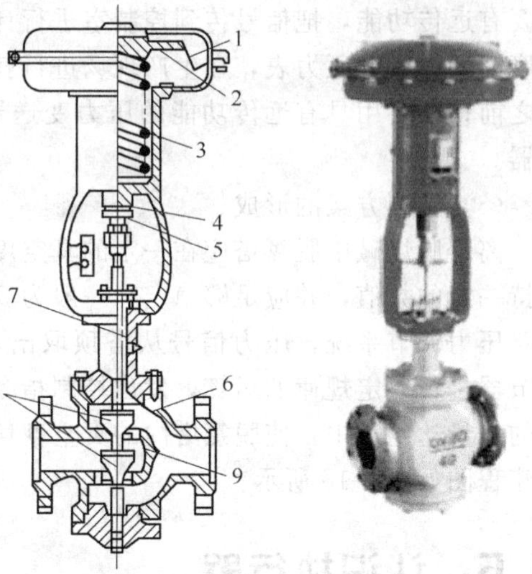

3.5.2 气动薄膜控制阀

（1）气动薄膜控制阀的结构和工作方式

气动薄膜控制阀由气动执行机构和调节机构两部分组成，其结构如图3-19所示。图中，上部为气动执行机构，下部为调节机构。

图 3-19　气动薄膜执行器结构示意图
1—弹性膜片；2—圆盘；3—平衡弹簧；
4—控制螺母；5—推杆；6—阀体；
7—填料函；8—阀芯；9—阀座

1）气动执行机构

执行机构是执行器的推动装置，根据控制器输出信号的大小，执行器产生相应的推力，推动控制机构动作。气动执行机构主要由弹性膜片1，圆盘2，平衡弹簧3，控制螺母4和推杆5构成。当膜片上方引入了控制器（转换器）送来的气压信号时，在膜片上形成了一个下压的推力使膜片和推杆下移，同时压缩平衡弹簧，平衡弹簧于是产生一个向上的平衡力，当二力平衡时，推杆稳定在一个位置上。引入到输入薄膜气室的气压信号越大，推杆的位移量就越大，控制阀所对应的开度改变量也就越多。这种信号压力增加时推杆向下移动的执行机构叫正作用执行机构。

如果压力信号通过弹性膜片下方进入气室，压力信号增大时推杆向上移动，这叫反作用执行机构。

2）调节机构

调节机构即调节阀，主要由阀芯8、阀座9和阀体6等组成。调节阀通过阀杆上部与执行机构相连，下部与阀芯相连。在执行机构的推力作用下，当阀杆移动时，控制机构中的阀芯产生位移，改变阀芯与阀座间的流通面积，从而改变被控介质的流量，以克服干扰对系统的影响，达到控制目的。

调节阀的阀芯与阀杆间用销钉连接，根据需要，阀芯可以正装或反装。推杆下移时阀门关小的叫正装的阀芯，推杆下移时阀门开大的叫反装的阀芯。所以气动执行机构和控制机构可得四种组合方式，如图3-20所示。

由于在生产中各种工艺介质的温度是不同的，所以控制机构采用不同的上阀盖进行散热，上阀盖的形式不同，适应的场所也不相同，普通型的可以在−20～200℃范围内正常工作；加散热片的可以工作在200℃以上；长颈型的可工作在−20℃以下。另外，对于剧毒介质或极易挥发的介质，为防止泄漏，可采用波纹管调节阀，其在上阀盖内加有波纹管密封。

3）工作方式

由图3-20所示可知，气动薄膜控制阀的四种组合方式从工作效果上来看只有气开和气

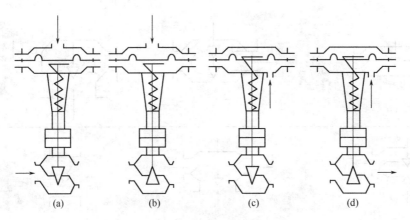

图 3-20 控制阀作用形式示意图

关两种工作方式。

① 气开式 如图 3-20(b)、(c) 所示，当输入气压小于 20kPa 时为关闭状态，当输入气压增大时，阀门是开大的，当气压信号达到 100kPa 时，阀门全开，所以叫气开阀。定义为正作用方向的执行器。

② 气关式 如图 3-20(a)、(d) 所示，当输入气压小于 20kPa 时为全开状态，当输入气压信号增大时，阀门是关小的，当气压信号达到 100kPa 时，阀门全关，所以叫气关阀。定义为反作用方向的执行器。气开式和气关式阀门的结构大体相同，只是气压信号的输入位置和阀芯的方向不同。在使用中，大口径的阀门一般都是正作用，通过改变阀芯的安装方向来获得气开式或气关式的特性。小口径阀门可通过改变输入气压的方向来获得气开或气关特性。

控制阀之所以制成上述两种形式，主要是考虑在不同工艺条件下的安全生产，即在事故状态下，通过阀门的全开或全关来尽量避免人员伤害和设备的损坏。例如，控制进入加热炉的燃料油的控制阀，为了保证炉管不被烧坏，一般选用气开阀，一旦供气中断（事故状态，控制信号也中断），阀就处于关闭状态，停止烧料的供应，从而达到安全的目的。而一般的蒸汽锅炉的供水阀则选气关阀，一旦供气中断，阀处在全开位置，保证供水，不至于"干锅"而烧坏锅炉，或因水位太低，水猛烈汽化而爆炸。可是，如果锅炉本身安全问题不大，而要求供汽不能带液，否则危险更大时，这时应当考虑首要安全因素而选气开阀。

（2）调节阀的类型

调节阀的结构型式很多，常用的调节阀主要有以下几种。

① 直通单座阀 这种阀的阀体内只有一个阀芯与阀座，如图 3-21(a) 所示。其特点是结构简单、泄漏量小，易于保证阀门关闭，甚至关死。但是在阀门通径大或压差大的时候，流体对阀芯上下作用的推力不平衡，这种不平衡力会影响阀芯的移动。因此这种阀一般应用在小口径、低压差的场合。

② 直通双座阀 阀体内有两个阀芯和阀座，如图 3-21(b) 所示。这是最常用的一种类型。由于流体流过阀体时，作用在上、下两个阀芯上的推力方向相反而大小近于相等，可以互相抵消，所以不平衡力小，动作比较灵便，口径也可以做得较大。但是，由于加工的限制，上下两个阀芯阀座不易保证同时密闭，因此泄漏量较大。此外，对于含有固体颗粒的介质，长时间会在直通阀阀体内形成沉积，影响阀的正常工作。

③ 角形阀 角形阀的两个接管呈直角形，一般为底进侧出，如图 3-21(c) 所示。这种

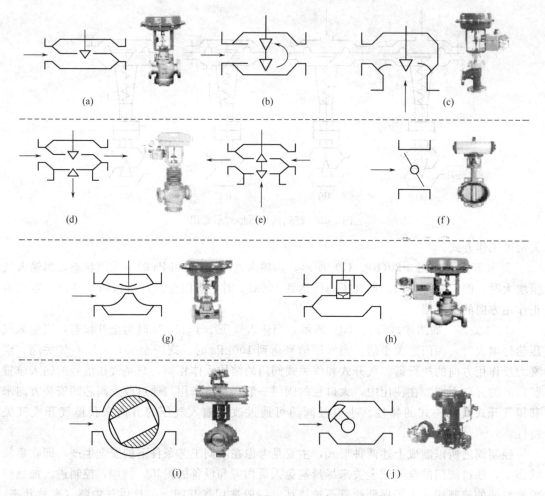

图 3-21　控制阀体主要类型示意图

阀的流路简单、阻力较小，适用于现场管道要求直角连接，介质为高黏度、高压差和含有少量悬浮物和固体颗粒的场合。

④ 三通阀　三通阀共有三个出入口与工艺管道相连接。其流通方式有分流式 ［图 3-21(d)］ 和合流式 ［图 3-21(e)］ 两种。这种阀适用于配比控制与旁路控制。

⑤ 蝶阀　如图 3-21(f) 所示，气压信号通过杠杆带动挡板轴使挡板偏转，改变流通面积，以改变流量。蝶阀具有结构简单、重量轻、价格便宜、流阻极小的优点，但泄漏量大，适用于大口径、大流量、低压差的场合，也可以用于含少量纤维或悬浮颗粒介质的场所。

⑥ 隔膜阀　隔膜阀采用耐腐蚀衬里的阀体和隔膜，如图 3-21(g) 所示。隔膜阀结构简单、流阻小，由阀芯使隔膜上下动作，改变它与阀体间的流通面积而控制流过的流体的流量。由于介质用隔膜与外界隔离，故无填料，介质不会泄漏。这种阀耐腐蚀性强，适用于强酸、强碱、强腐蚀性介质的控制，也能用于高黏度及悬浮颗粒状介质的场所以及真空场合。

⑦ 笼式阀　又名套筒阀，它的阀体与一般的直通单座阀相似，如图 3-21(h)。在阀体内有一个圆柱形套筒。套筒壁上有一个或几个不同形状的孔，利用套筒作导向上下移动，由于这种移动改变了笼子的节流面积，就形成了各种特性并实现流量的控制。笼式阀的可调比大、振动小、不平衡力小、结构简单、套筒互换性好，更换不同的套筒即可得到不同的流量

特性，阀内部件所受汽蚀小、噪声小，是一种性能优良的阀，特别适用于压差较大及要求降低噪声场合，但不适用高温、高黏度及含有固体颗粒的流体。

⑧ 球阀　球阀的阀芯与阀体都呈球形体，转动阀芯使之与阀体处于不同的相对位置时，就具有不同的流通面积，以达到流量控制的目的，如图 3-21(i) 所示。

⑨ 凸轮挠曲阀　又名偏心旋转阀。它的阀芯呈扇形球面，与挠曲臂及轴套一起铸成，固定在转动轴上，如图 3-21(j) 所示。凸轮挠曲阀的挠曲臂在压力作用下能产生挠曲变形，使阀芯球面与阀座密封圈紧密接触，密封性好。同时，它的重量轻、体积小、安装方便，适用于高黏度或带有悬浮物的介质场所。

综上可得：对于阀前后压差小，要求泄漏量小的系统可用直通单座阀；对于前后压差大，允许较大泄漏量的场合可用直通双座阀；对于介质黏度高，含悬浮物或压力较高的地方用角型阀；对于系统要求低噪声场合选用笼式阀；而介质腐蚀性强的情况下可用隔膜阀；对低压大流量大口径管道可用蝶阀等。一般情况下优先选用直通单座阀、直通双座阀和笼式阀。

（3）调节阀的流量特性

调节阀的流量特性就是调节阀的开度与流过阀的流量之间的关系。具体地说，是调节阀的相对开度与流过阀的相对流量之比。

$$\frac{Q}{Q_{\max}} = f\left(\frac{l}{L}\right) \tag{3-11}$$

式中　$\dfrac{Q}{Q_{\max}}$——阀门在某一开度下流量 Q 与阀门全开时的最大流量 $Q_{\max}$ 之比，即相对流量；

l/L——阀门在某一开度下阀杆的行程 l 与阀门全开行程 L 之比，即相对开度。

一般说来，改变阀门的开度就可以改变流过阀门的流量。但流量的大小还与阀前后的压力差有关，因此，流量特性就有理想流量特性与工作流量特性之分。前者是指阀前后压差保持恒定时，调节阀的相对开度与相对流量之间的关系，它只与阀本身的结构有关，制造厂标明的流量特性都是理想流量特性；后者是指在实际压差情况下的关系。因为随着调节阀开度的改变，实际工艺管道中流体流量的变化会引起与调节阀串联的工艺管道、阀门、设备的压力损失的相应变化，所以，调节阀前、后的压差也要改变，这样，调节阀的工作流量特性与理想流量特性就不一样。这种实际工作条件下的流量特性称为调节阀的工作流量特性。故它不仅取决于阀的结构，还取决于与调节阀连接的工艺管道的具体安装情况。

1）控制阀的理想流量特性

在不考虑控制阀前后压差变化时得到的流量特性称为理想流量特性。它取决于阀芯的形状（图 3-22），不同的阀芯曲面可得到不同的流量特性，它是一个调节阀固有的特性。

在目前常用的调节阀中，主要有直线、对数（等百分比）、抛物线及快开等几种理想流量特性。

① 快开特性，这种流量特性在开度较小时就有较大流量，随开度的增大，流量很快就达到最大，即图 3-23 中曲线 1，故称为快开特性。快开特性的阀芯形式是平板形的，适用于迅速启闭的切断阀或双位控制系统。

② 直线特性，其流量与阀芯位移成直线关系，即单位位移变化所引起的流量变化是常数，如图 3-23 中曲线 2 所示。

③ 对数特性，其流量与阀芯位移成对数关系，由于这种阀的阀芯移动所引起的流量变

化与该点原有流量成正比，即引起的流量变化的百分比是相等的，所以也称为是等百分比流量特性，如图 3-23 中曲线 4 所示。曲线斜率即放大系数随行程的增大而增大。在同样的行程变化值下，流量小时，流量变化小，控制平稳缓和；流量大时，流量变化大，控制灵敏有效。

④ 抛物线特性，抛物线流量特性是指控制阀的相对流量 Q/Q_{max} 与相对开度 l/L 之间成抛物线关系，如图 3-23 中曲线 3 所示，它介于直线及对数曲线之间。

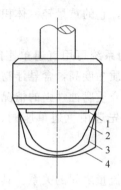

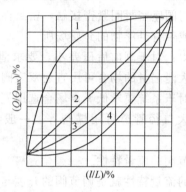

图 3-22　不同流量特性的阀芯形状
1—快开；2—直线；
3—抛物线；4—等百分比

图 3-23　理想流量特性
1—快开；2—直线；
3—抛物线；4—等百分比

2）控制阀的工作流量特性

在实际生产中，控制阀前后压差总是变化的，这时的流量特性称为工作流量特性。

① 串联管道的工作流量特性　以图 3-24 所示串联系统为例来讨论，系统总压差 Δp 等于管路系统（除控制阀外的全部设备和管道的各局部阻力之和）的压差 Δp_2 与控制阀的压差 Δp_1 之和（图 3-24）。以 s 表示控制阀全开时阀上压差与系统总压差（即系统中最大流量时动力损失总和）之比（阻力比或分压比）。

$$s=\frac{控制阀全开时阀上的压差\ \Delta p_{1min}}{系统总压差（即系统中最大流量时动力损失总和）\Delta p}$$

以 Q_{max} 表示管道阻力等于零时控制阀的全开流量，此时阀上压差为系统总压差。于是可得串联管道以 Q_{max} 作参比值的工作流量特性，如图 3-25 所示。

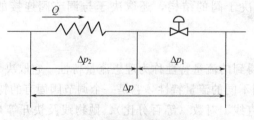

图 3-24　串联管道的情形

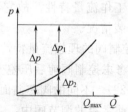

图 3-25　管道串联时
控制阀差压变化情况

图中 $s=1$ 时，管道阻力损失为零，系统总压差全降在阀上，工作流量特性与理想流量特性一致，故工作流量特性即为理想流量特性。随着 s 值的减小，如图 3-26（a）中，理想流量特性是直线特性的阀，工作流量特性渐渐趋近于快开特性；如图 3-26（b）中，理想流量特性是对数流量特性渐渐接近于直线特性。

在现场使用中，如控制阀选得过大或生产在低负荷状态，控制阀将工作在小开度。有

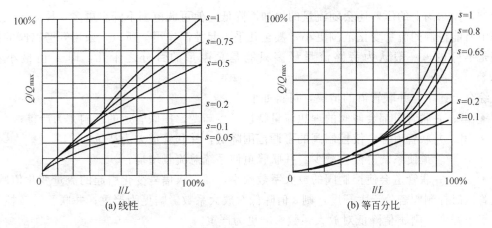

图 3-26　管道串联时控制阀的工作流量特性

时，为了使控制阀有一定的开度而把工艺阀门关小些以增加管道阻力，使流过控制阀的流量降低，这样，s 值下降，使流量特性畸变，控制质量恶化。

②　并联管道的工作流量特性　控制阀一般都装有旁路，以便手动操作和维护。当生产量提高或控制阀选小了时，只好将旁路阀打开一些，此时控制阀的理想流量特性就改变成为工作流量特性。

图 3-27 表示并联管道时的情况。显然这时管路的总流量 Q 是控制阀流量 Q_1 与旁路流量 Q_2 之和，即 $Q = Q_1 + Q_2$。

若以 x 代表并联管道时控制阀全开时的流量 Q_{1max} 与总管最大流量 Q_{max} 之比（分流比），可以得到在压差 Δp 为一定，而 x 为不同数值时的工作流量特性，如图 3-28 所示。图中纵坐标流量以总管最大流量 Q_{max} 为参比值。

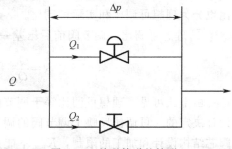

图 3-27　并联管道的情形

由图 3-28 可见，当 $x = 1$ 时，即旁路阀关闭、$Q_2 = 0$ 时，控制阀的工作流量特性与它的理想流量特性相同。随着 x 值的减小，即旁路阀逐渐打开，虽然阀本身的流量特性变化不大，但可调范围大大降低了。控制阀关死，即 $l/L = 0$ 时，流量 Q_{min} 比控制阀本身的 Q_{1min} 大得多。同时，在实际使用中总存在着串联管道阻力

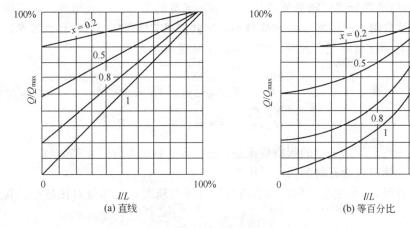

图 3-28　并联管道时控制阀的工作流量特性

的影响，控制阀上的压差还会随流量的增加而降低，使可调范围下降得更多，控制阀在工作过程中所能控制的流量变化范围更小，甚至几乎不起控制作用。所以，采用开旁路阀的控制方案是不好的，一般认为旁路流量最多只能是总流量的百分之十几，即 x 值最小不低于 0.8。

综合上述串、并联管道的情况，可得如下结论：

- 串、并联管道都会使阀的理想流量特性发生畸变，串联管道的影响尤为严重；
- 串、并联管道都会使控制阀的可调范围降低，并联管道尤为严重；
- 串联管道使系统总流量减少，并联管道使系统总流量增加；
- 串、并联管道会使控制阀的放大系数减小，即输入信号变化引起的流量变化值减少。

串联管道时控制阀若处于大开度，则 s 值降低对放大系数影响更为严重；并联管道时控制阀若处于小开度，则 x 值降低对放大系数影响更为严重。

3）调节阀的可调比

调节阀的可调比 R 是指调节阀所能控制的最大流量 Q_{max} 与最小流量 Q_{min} 之比，即 $R = \dfrac{Q_{max}}{Q_{min}}$。可调比也称为可调范围，它反映了调节阀的调节能力。需注意的是，Q_{min} 是调节阀所能控制的最小流量，与调节阀全关时的泄漏量是不同的。一般 Q_{min} 为最大流量的 2%～4%，而泄漏量仅为最大流量的 0.1%～0.01%。

类似于调节阀的流量特性，调节阀前后压差的变化，也会引起可调比变化，因此，可调比也分为理想可调比和实际可调比。

① 理想可调比　调节阀前后压差一定时的可调比称为理想可调比，以 R 表示，即

$$R = \frac{Q_{max}}{Q_{min}} = \frac{K_{max} \sqrt{\Delta p/\rho}}{K_{min} \sqrt{\Delta p/\rho}} = \frac{K_{max}}{K_{min}} \tag{3-12}$$

由上式可见，理想可调比等于调节阀的最大流量系数与最小流量系数之比，它是由结构设计决定的。可调比反映了调节阀的调节能力的大小，因此希望可调比大一些为好，但由于阀芯结构设计和加工的限制，K_{min} 不能太小，因此，理想可调比一般不会太大，目前，中国调节阀的理想可调比主要有 30 和 50 两种。

② 实际可调比　调节阀在实际使用时，串联管路系统中管路部分的阻力变化，将使调节阀前后压差发生变化，从而使调节阀的可调比也发生相应的变化，这时的可调比称实际可调比，以 R_r 表示。

图 3-24 所示的串联管道，随着流量 Q 的增加，管道的阻力损失也增加。若系统的总压差 Δp 不变，则调节阀上的压差 Δp_1 相应减小，这就使调节阀所能通过的最大流量减小，从而调节阀的实际可调比将降低。此时，调节阀的实际可调比为

$$R_r = \frac{Q_{max}}{Q_{min}} = \frac{K_{max} \sqrt{\Delta p_{1min}/\rho}}{K_{min} \sqrt{\Delta p_{1max}/\rho}}$$

$$= R \sqrt{\frac{\Delta p_{1min}}{\Delta p_{1max}}} \approx R \sqrt{\frac{\Delta p_{1min}}{\Delta p}} = R \sqrt{s} \tag{3-13}$$

式中　Δp_{1max}——调节阀全关时的阀前后压差，它约等于管道系统的压差 Δp；

Δp_{1min}——调节阀全开时的阀前后压差。

式（3-13）表明，s 值越小，即串联管道的阻力损失越大，实际可调比越小。其变化情况如图 3-29 所示。

（4）调节阀的口径

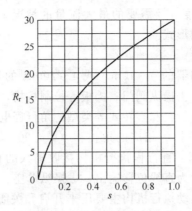

图 3-29 串联管道时的可调比

在控制系统中，为保证工艺操作的正常进行，必须根据工艺要求，准确计算阀门的流通能力，合理选择控制阀的尺寸。如果控制阀的口径选择得过大，将使阀门经常工作在小开度位置，造成控制质量不好。如果控制阀的口径选择得过小，会使流经控制阀的介质达不到所需要的最大流量，就难以保证生产的正常进行。

根据流体力学，对于不可压缩的流体，在通过控制阀时产生的压力损失 Δp 与流体速度 v 之间有

$$\Delta p = \xi \rho \frac{v^2}{2} \tag{3-14}$$

式中　v——流体的平均流速；

　　　ρ——流体密度；

　　　ξ——调节阀的阻力系数，与阀门的结构和开度有关。

因流体的平均流速 v 等于流体的体积流量 Q 除以控制阀连接管的截面积 A，即 $v = Q/A$，代入上式整理，得

$$Q = \frac{A}{\sqrt{\xi}} \sqrt{\frac{2\Delta p}{\rho}} \tag{3-15}$$

若面积 A 的单位取 cm^2，压差 Δp 的单位取 kPa，密度 ρ 的单位取 kg/m^3，流量的单位取 m^3/h，则

$$Q = 3600 \times \frac{1}{\sqrt{\xi}} \frac{A}{10^4} \sqrt{2 \times 10^3 \frac{\Delta p}{\rho}}$$

$$= 16.1 \frac{A}{\sqrt{\xi}} \sqrt{\frac{\Delta p}{\rho}} \tag{3-16}$$

由上式可知，通过控制阀的流体流量除与阀两端的压差及流体种类有关外，还与阀的口径及阀芯阀座的形状等因素有关。为说明控制阀的结构参数，工程上将阀门前后压差为 $100kPa$，流体密度为 $1000kg/m^3$ 的条件下，阀门全开时每小时能通过的流体体积（m^3）称为该阀门的流通力 C。

根据流通能力 C 的上述定义，由式（3-15）可知

$$C = 5.09 \frac{A}{\sqrt{\xi}} \tag{3-17}$$

在控制手册上，对不同口径和不同结构形式的阀门分别给出了流通能力 C 的数值，可供用户选择。

在已知差压 Δp、液体密度 ρ 及需要的最大流量的情况下，确定调节阀的流通能力 C，就可以选择阀门的口径及结构形式。

3.5.3 电动执行器

电动执行器接收来自控制器的 $0\sim10mA$ 或 $4\sim20mA$ 的直流电流信号，并将其转换成相应的角位移或直行程位移，去操纵阀门、挡板等控制机构，以实现自动控制。

电动执行器有角行程、直行程和多转式等类型。角行程电动执行机构以电动机为动力元件，将输入的直流电流信号转换为相应的角位移（$0°\sim90°$），这种执行机构适用于操纵蝶阀、挡板之类的旋转式控制阀。直行程执行机构接收输入的直流电流信号后，使电动机转动，然后经减速器减速并转换为直线位移输出，去操纵单座、双座、三通等各种控制阀和其他直线式控制机构。多转式电动执行机构主要用来开启和关闭闸阀、截止阀等多转式阀门，由于它的电机功率比较大，最大的有几十千瓦，一般多用作就地操作和遥控。

几种类型的电动执行机构在电气原理上基本上是相同的，只是减速器不一样。以下简单介绍一下角行程的电动执行机构。

角行程电动执行机构主要由伺服放大器、伺服电动机、减速器、位置发送器和操纵器组成，如图 3-30 所示。其工作过程大致如下：伺服放大器将由控制器来的输入信号与阀门的位置反馈信号进行比较，当输入信号与位置反馈信号差值为零时，放大器无输出，电机不转；如有信号输入，且与反馈信号比较产生偏差，使放大器有足够的输出功率，驱动伺服电动机，经减速后使减速器的输出轴转动，直到与输出轴相连的位置发送器的输出电流与输入信号相等为止。此时输出轴就稳定在与该输入信号相对应的转角位置上，实现了输入电流信号与输出转角的转换。

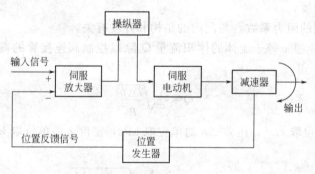

图 3-30　角行程执行机构的组成示意图

电动执行机构不仅可与控制器配合实现自动控制，还可通过操纵器实现控制系统的自动控制和手动控制的相互切换。当操纵器的切换开关置于手动操作位置时，由正、反操作按钮直接控制电机的电源，以实现执行机构输出轴的正转或反转，进行遥控手动操作。

3.5.4 电-气转换器及电-气阀门定位器

在实际控制系统中，电与气两种信号常是混合使用的，这样可以取长补短。因而有各种电-气转换器及气-电转换器把电信号（$0\sim10mA$ DC 或 $4\sim20mA$ DC）与气信号（$0.02\sim0.1MPa$）进行转换。电-气转换器可以把电动变送器来的电信号变为气信号，送到气动控制器或气动显示仪表；也可把电动控制器的输出信号变为气信号去驱动气动控制阀，此时常用电-气阀门定位器，它具有电-气转换器和气动阀门定位器两种作用。

（1）电-气转换器

电-气转换器的结构原理如图 3-31 所示，它按力矩平衡原理工作。当 $0\sim10mA$（或 $4\sim$

20mA）直流电流信号通入置于恒定磁场里的测量线圈 7 中时，所产生的磁通与磁钢 8 在空气隙中的磁通相互作用而产生一个向上的电磁力（即测量力）。由于线圈固定在杠杆 6 上，使杠杆绕十字弹簧片 4 偏转，于是装在杠杆另一端的挡板 1 靠近喷嘴，使其背压升高，经过气动放大器 10 功率放大后，一方面输出，一方面反馈到正、负两个波纹管，建立起与测量力矩相平衡的反馈力矩。于是输出信号（0.02～0.1MPa）就与线圈电流成一一对应的关系。

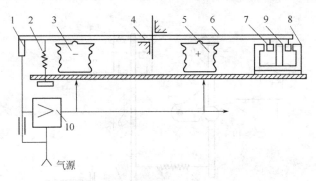

图 3-31　电-气转换器原理结构图

1—喷嘴挡板；2—调零弹簧；3—负反馈波纹管；4—十字弹簧；
5—正反馈波纹管；6—杠杆；7—测量线圈；8—磁钢；9—铁芯；10—放大器

由于负反馈力矩比线圈产生的测量力矩大得多，因而设置了正反馈波纹管，负反馈力矩减去正反馈力矩后的差就是反馈力矩。调零弹簧 2 用来调节输出气压的初始值。如果输出气压变化的范围不对，可调永久磁钢的分磁螺钉。

（2）电-气阀门定位器

阀门定位器是气动调节阀的辅助装置，与气动执行机构配套使用。阀门定位器将来自调节器的控制信号，成比例地转换成气压信号输出至执行机构，使阀杆产生位移，其位移量通过机械机构反馈到阀门定位器，当位移反馈信号与输入的控制信号相平衡时，阀杆停止动作，调节阀的开度与控制信号相对应。由此可见，阀门定位器与气动执行机构构成一个负反馈系统，因此采用阀门定位器可以提高执行机构的线性度，实现准确定位，并且可以改变执行机构的特性，从而可以改变整个执行器的特性。按结构形式，阀门定位器可以分为电-气阀门定位器、气动阀门定位器和智能式阀门定位器。

电-气阀门定位器一方面具有电－气转换器的作用，可用电动控制器输出的 0～10mA DC 或 4～20mA DC 信号去操纵气动执行机构；另一方面还具有气动阀门定位器的作用，可以使阀门位置按控制器送来的信号准确定位（即输入信号与阀门位置呈一一对应关系）。同时，改变图 3-32 中反馈凸轮 5 的形状或安装位置，还可以改变控制阀的流量特性和实现正、反作用（即输出信号可以随输入信号的增加而增加，也可以随输入信号的增加而减少）。

配薄膜执行机构的电-气阀门定位器的动作原理如图 3-33 所示，它是按力矩平衡原理工作的。当信号电流通入力矩马达 1 的线圈时，它与永久磁钢作用后，对主杠杆 2 产生一个力矩，于是挡板靠近喷嘴，经放大器放大后，送入薄膜气室使杠杆向下移动，并带动反馈杆 9 绕其支点 4 转动，连在同一轴上的反馈凸轮 5 也作逆时针方向转动，通过滚轮使副杠杆 6 绕其支点偏转，拉伸反馈弹簧 11。当反馈弹簧对主杠杆的拉力与力矩马达作用在主杠杆上的力两者力矩平衡时，仪表达到平衡状态，此时，一定的信号电流就对应于一定的阀门位置。

（3）智能式阀门定位器

　　智能式阀门定位器有只接收 4～20mA 直流电流信号的，也有既接收 4～20mA 的模拟信号、又接收数字信号的，即 HART 通信的阀门定位器；还有只进行数字信号传输的现场总线阀门定位器。

　　智能式阀门定位器的硬件电路由信号调理部分、微处理机、电气转换控制部分和阀位检测反馈装置等部分构成，如图 3-33 所示。

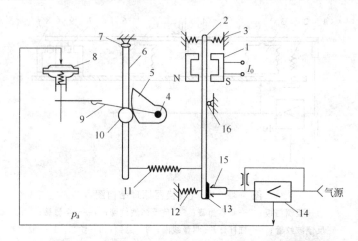

图 3-32　电—气阀门定位器

1—力矩马达；2—主杠杆；3—平衡弹簧；4—反馈凸轮支点；5—反馈凸轮；6—副杠杆；

7—副杠杆支点；8—薄膜执行机构；9—反馈杆；10—滚轮；11—反馈弹簧

12—调零弹簧；13—挡板；14—气动放大器；15—喷嘴；16—主杠杆支点

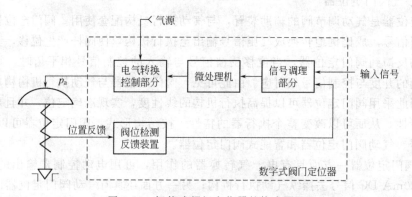

图 3-33　智能式阀门定位器的构成原理

　　信号调理部分将输入信号和阀位反馈信号转换为微处理机所能接收的数字信号后送入微处理机；微处理机将这两个数字信号按照预先设定的特性关系进行比较，判断阀门开度是否与输入信号相对应，并输出控制电信号至电气转换控制部分；电气转换控制部分将这一信号转换为气压信号送至气动执行机构，推动调节机构动作；阀位检测反馈装置检测执行机构的阀杆位移并将其转换为电信号反馈到阀门定位器的信号调理部分。

　　智能式阀门定位器通常都有液晶显示器和手动操作按钮，显示器用于显示阀门定位器的各种状态信息，按钮用于输入组态数据和手动操作。

　　智能式阀门定位器以微处理器为核心，同时采用了各种新技术和新工艺，因此其具有许多模拟式阀门定位器所难以实现或无法实现的优点。

　　① 定位精度和可靠性高　智能式阀门定位器机械可动部件少，输入信号和阀位反馈信

号的比较是直接的数字比较,不易受环境影响,工作稳定性好,不存在机械误差造成的死区影响,因此具有更高的定位精度和可靠性。

② 流量特性修改方便 智能式阀门定位器一般都包含有常用的直线、等百分比和快开特性功能模块,可以通过按钮或上位机、手持式数据设定器直接设定。

③ 零点、量程调整简单 零点调整与量程调整互不影响,因此调整过程简单快捷。许多品种的智能式阀门定位器具有自动调整功能,不但可以自动进行零点与量程的调整,而且能自动识别所配装的执行机构规格,如气室容积、作用形式、行程范围、阻尼系数等,并自动进行调整,从而使调节阀处于最佳工作状态。

④ 具有诊断和监测功能 除一般的自诊断功能之外,智能式阀门定位器能输出与调节阀实际动作相对应的反馈信号,可用于远距离监控调节阀的工作状态。

接收数字信号的智能式阀门定位器,具有双向通信能力,可以就地或远距离地利用上位机或手持式操作器进行阀门定位器的组态、调试、诊断。

3.5.5 控制阀的选择

执行器的选用是否得当,将直接影响自动控制系统的控制质量、安全性和可靠性,因此,必须根据工况特点、生产工艺及控制系统的要求等多方面的因素,综合考虑,正确选用。执行器的选择,主要是从三方面考虑:执行器的结构形式、调节阀的流量特性和调节阀的口径。

(1) 执行器结构形式的选择

1) 执行机构的选择

如前所述,执行机构包括气动、电动和液动三大类,而液动执行机构使用甚少,同时气动执行机构中使用最广的是气动薄膜执行机构,因此执行机构的选择主要是指对气动薄膜执行机构和电动执行机构的选择,两种执行机构特性的比较如表 3-3 所示。

表 3-3 气动薄膜式执行机构和电动执行机构的比较

序 号	比较项目	气动薄膜执行机构	电动执行机构
1	可靠性	高(简单、可靠)	较低
2	驱动能源	需另设气源装置	简单、方便
3	价格	低	高
4	输出力	小	大
5	刚度	小	大
6	防爆性能	好	差
7	工作环境温度范围	大($-40\sim+80$℃)	小($-10\sim+55$℃)

气动和电动执行机构各有其特点,并且都包括有各种不同的规格品种。选择时,可以根据实际使用要求,结合表 3-3 综合考虑确定选用哪一种执行机构。

控制阀的结构形式主要根据工艺条件,如温度、压力及介质的物理、化学特性(如腐蚀性、黏度等)来选择。例如,强腐蚀介质可采用隔膜阀、高温介质可选用带翅形散热片的结构形式。

2) 气开式与气关式的选择

在采用气动执行机构时,还必须确定整个气动调节阀的作用方式。

气动执行器有气开式与气关式两种型式。有压力控制信号时阀关、无控制信号压力时阀开的为气关式。反之,为气开式。由于执行机构有正、反作用,控制阀(具有双导向阀芯的)也有正、反作用。因此气动执行器的气关或气开即由此组合而成。如图 3-34 和表 3-4 所示。

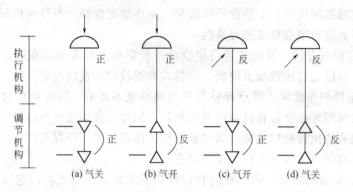

图 3-34　组合方式图

表 3-4　组合方式表

序号	执行机构	控制阀	气动执行器	序号	执行机构	控制阀	气动执行器
(a)	正	正	气关(反)	(c)	反	正	气开(正)
(b)	正	反	气开(正)	(d)	反	反	气关(反)

　　气开、气关的选择主要从工艺生产安全要求出发。考虑原则是：信号压力中断时，应保证设备和操作人员的安全。如果阀处于打开位置时危害性小，则应选用气关式，以便气源系统发生故障、气源中断时，阀门能自动打开，保证安全。反之阀处于关闭时危害性小，则应选用气开阀。例如，加热炉的燃料气或燃料油应采用气开式控制阀，即当信号中断时应切断进炉燃料，以免炉温过高造成事故。又如控制进入设备易燃气体的控制阀，应选用气开式，以防爆炸，若介质为易结晶物料，则选用气关式，以防堵塞。

　　3）调节机构的选择

　　调节机构的选择主要依据如下：

　　① 流体性质　如流体种类、黏度、毒性、腐蚀性、是否含悬浮颗粒等；

　　② 工艺条件　如温度、压力、流量、压差、泄漏量等；

　　③ 过程控制要求　控制系统精度、可调比、噪声等。

　　电动执行器在遇到停电时，阀门将不再动作，既具有保位功能，因此必须带有手轮操作机构，而气动执行机构在停气时，阀门将运行至全开或全关位置，因此系统要求保位时，须另加控制机构或手轮机构。

　　根据以上各点进行综合考虑，并参照各种调节机构的特点及其适用场合，同时兼顾经济性来选择满足工艺要求的调节机构。在执行器的结构型式选择时，还必须考虑调节机构的材质、公称压力等级和上阀盖的形式等问题，这些方面的选择可以参考有关资料。

　　(2) 调节阀流量特性的选择

　　控制阀的结构型式确定以后，还需确定控制阀的流量特性（即阀芯的形状）。一般是先按控制系统的特点来选择阀的希望流量特性，然后再考虑工艺配管情况来选择相应的理想流量特性。使控制阀安装在具体的管道系统中，畸变后的工作流量特性能满足控制系统对它的要求。目前使用比较多的是等百分比流量特性。

　　生产过程中常用的调节阀的理想流量特性主要有直线、等百分比、快开三种，其中快开特性一般应用于双位控制和程序控制。因此，流量特性的选择实际上是指如何选择直线特性和等百分比特性。

　　调节阀流量特性的选择可以通过理论计算，但其过程相当复杂，且实用上也无此必要。

因此，目前对调节阀流量特性多采用经验准则或根据控制系统的特点进行选择。可以从以下几方面考虑。

1）考虑系统的控制品质

一个理想的控制系统，希望其总的放大系数在系统的整个操作范围内保持不变。但在实际生产过程中，操作条件的改变、负荷变化等原因都会造成控制对象特性改变，因此控制系统总的放大系数将随着外部条件的变化而变化。适当地选择调节阀的特性，以调节阀的放大系数的变化来补偿控制对象放大系数的变化，可使控制系统总的放大系数保持不变或近似不变，从而达到较好的控制效果。例如，控制对象的放大系数随着负荷的增加而减小时，如果选用具有等百分比流量特性的调节阀，它的放大系数随负荷增加而增大，那么，就可使控制系统的总放大系数保持不变，近似为线性。

2）考虑工艺管道情况

在实际使用中，调节阀总是和工艺管道、设备连在一起的。如前所述，调节阀在串联管道时的工作流量特性与 s 值的大小有关，即与工艺配管情况有关。因此，在选择其特性时，还必须考虑工艺配管情况。具体作法是先根据系统的特点选择所需要的工作流量特性，再按照表 3-5 考虑工艺配管情况确定相应的理想流量特性。

表 3-5　工艺配管情况与流量特性关系

配管情况	$s=0.6\sim1$		$s=0.3\sim0.6$	
阀的工作特性	直线	等百分比	直线	等百分比
阀的理想特性	直线	等百分比	等百分比	等百分比

从表 3-5 可以看出，当 $s=0.6\sim1$ 时，所选理想特性与工作特性一致；当 $s=0.3\sim0.6$ 时，若要求工作特性是直线的，则理想特性应选等百分比的，这是因为理想特性为等百分比特性的调节阀，当 $s=0.3\sim0.6$ 时，经畸变后其工作特性已近似为直线特性了。当 $s<0.3$ 时，直线特性已严重畸变为快开特性，不利于控制；等百分比理想特性也已严重偏离理想特性，接近于直线特性，虽然仍能控制，但控制范围已大大减小。因此一般不希望 s 小于 0.3。

目前，已有低 s 值调节阀，即压降比调节阀，它利用特殊的阀芯轮廓曲线或套筒窗口形状，使调节阀在 $s=0.1$ 时，其工作流量特性仍然为直线特性或等百分比特性。

3）考虑负荷变化情况

直线特性调节阀在小开度时流量相对变化值大，控制过于灵敏，易引起振荡，且阀芯、阀座也易受到破坏，因此在 s 值小、负荷变化大的场合，不宜采用。等百分比特性调节阀的放大系数随调节阀行程增加而增大，流量相对变化值是恒定不变的，因此它对负荷变化有较强的适应性。

（3）控制阀口径的选择

控制阀口径直接决定了控制介质流过它的能力，控制阀选择得合适与否将会直接影响控制效果。从控制角度看，控制阀控制选择过大，不仅会浪费设备投资，而且会使控制阀将经常处于小开度下工作，阀的特性将会发生畸变，阀的性能较差，容易使控制系统变得不稳定。反过来，控制阀的口径选择得过小，会使流经控制阀的介质达不到所需要的最大流量，不适应生产发展的需要，一旦需要增加负荷时，控制阀原有的口径太小不够用了，因而使控制效果变差，此时若企图通过开大旁路阀来弥补介质流量的不足，则会使阀的流量特性产生畸变。从控制角度看，控制阀的口径选择时应留有一定的余量，以适应生产的需要。

控制阀口径大小，通过计算控制阀流通能力的大小来决定。控制阀口径的选择实质上就是根据特定的工艺条件（即给定的介质流量、阀前后的压差以及介质的物性参数等）进行流量系数 C 值的计算，然后按控制阀生产厂家的产品目录，选出相应的控制阀口径，使得通过控制阀的流量满足工艺要求的最大流量且留有一定的余量，但余量不宜过大。

3.5.6　气动执行器的安装和维护

气动执行器的正确安装和维护，是保证它能发挥应有效用的重要一环。对气动执行器的安装和维护，一般应注意下列几个问题。

① 为便于维护检修，气动执行器应安装在靠近地面或楼板的地方。当装有阀门定位器或手轮机构时，更应保证观察、调整和操作的方便。手轮机构的作用是：在开停车或事故情况下，可以用它来直接人工操作控制阀，而不用气压驱动。

② 气动执行器应安装在环境温度不高于 $+60℃$ 和不低于 $-40℃$ 的地方，并应远离振动较大的设备。为了避免膜片受热老化，控制阀的上膜盖与载热管道或设备之间的距离应大于 200mm。

③ 阀的公称通径与管道公称通径不同时，两者之间应加一段异径管。

④ 气动执行器应该是正立垂直安装于水平管道上。特殊情况下需要水平或倾斜安装时，除小口径阀外，一般应加支撑。即使正立垂直安装，当阀的自重较大和有振动场合时，也应加支撑。

⑤ 通过控制阀的流体方向在阀体上有箭头标明，不能装反，正如孔板不能反装一样。

⑥ 控制阀前后一般要各装一只切断阀，以便修理时拆下控制阀。考虑到控制阀发生故障或维修时，不影响工艺生产的继续进行，一般应装旁路阀，如图 3-35 所示。

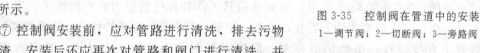

图 3-35　控制阀在管道中的安装
1—调节阀；2—切断阀；3—旁路阀

⑦ 控制阀安装前，应对管路进行清洗，排去污物和焊渣。安装后还应再次对管路和阀门进行清洗，并检查阀门与管道连接处的密封性能。当初次通入介质时，应使阀门处于全开位置以免杂质卡住。

⑧ 在日常使用中，要对控制阀经常维护和定期检修。应注意填料的密封情况和阀杆上下移动的情况是否良好，气路接头及膜片有否漏气等。检修时重点检查部位有阀体内壁、阀座、阀芯、膜片及密封圈、密封填料等。

技能训练与思考题

1. 什么叫压力？表压力、绝对压力、负压力（真空度）之间有何关系？
2. 为什么一般工业上的压力计做成测表压或真空度，而不做成测绝对压力的型式？
3. 测压仪表有哪几类？各基于什么原理？
4. 弹簧管压力计的测压原理是什么？试述弹簧管压力计的主要组成及测压过程。
5. 应变式压力传感器和压阻式传感器的工作原理和特点各是什么？
6. 电容式压力传感器的工作原理是什么？有何特点？
7. 某压力表的测量范围为 $0\sim1MPa$，精度等级为 1.0 级，试问此压力表允许的最大绝对误差是多少？若用标准压力计来校验该压力表，在校验点为 0.5MPa 时，标准压力计上读数为 0.508MPa，试问被校压力表在这一点是否符合 1 级精度，为什么？

8. 如果某反应器最大压力为 0.8MPa，允许最大绝对误差为 0.01MPa。现用一台测量范围为 0～1.6MPa，精度为 1.0 级的压力表来进行测量，问能否符合工艺上的误差要求？若采用一台测量范围为 0～1.0MPa，精度为 1.0 级的压力表，问能符合误差要求吗？试说明其理由。

9. 某台空压机的缓冲器，其工作压力范围为 1.1～1.6MPa，工艺要求就地观察罐内压力，并要求测量结果的误差不得大于罐内压力的 ±5%，试选择一台合适的压力计（类型、测量范围、精度等级），并说明其理由。

10. 现有一台测量范围为 0～1.6MPa，精度为 1.5 级的普通弹簧管压力表，校验后，其结果如下表：

被校表读数/MPa	0.0	0.4	0.8	1.2	1.6
标准表上行程读数/MPa	0.000	0.385	0.790	1.210	1.595
标准表下行程读数/MPa	0.000	0.405	0.810	1.215	1.595

试问这台表合格否？它能否用于某空气贮罐的压力测量（该贮罐工作压力为 0.8～1.0MPa，测量的绝对误差不允许大于 0.05MPa）？

11. 压力计安装要注意什么问题？

12. 执行器在控制系统中起什么作用？

13. 控制阀的结构主要有哪些类型？它们各适用于什么场合？

14. 试分别说明什么叫控制阀的流量特性和理想流量特性？常用的控制阀理想流量特性有哪些？

15. 什么叫控制阀的工作流量特性？

16. 什么叫控制阀的可调范围？在串、并联管道中可调范围为什么会变化？

17. 什么叫气动执行器的气开式与气关式？其选择原则是什么？

18. 电动执行器有哪几种类型？各使用在什么场合？

19. 电动执行器的反馈信号是如何得到的？试简述差动变压器将位移转换为电信号的基本原理。

20. 试述电-气转换器的用途与工作原理。

21. 电-气阀门定位器有什么用途？

22. 试述电-气阀门定位器的基本原理与工作过程。

23. 执行器的选择主要考虑哪些因素？

24. 控制阀的口径怎么选择？

25. 气动执行器的安装与日常维护要注意什么？

4 / 液位控制

【能力目标】

- 会使用液位检测仪表
- 了解离子膜生产中精制盐水液位控制方案
- 会使用控制仪表
- 能完成控制系统的构成
- 学会查阅资料

【知识目标】

- 掌握液位测量的原理方法及分类
- 掌握常用的液位检测仪表
- 掌握物位检测仪表的选择
- 掌握离子膜生产中精制盐液位控制方案的形成
- 掌握自动控制仪表的有关知识

4.1 物位检测

在许多生产过程中,物位都需要进行检测和控制,以保证生产正常连续运行,确保产品质量。如锅炉内的水位,油罐、水塔和各种储液罐的液位,粮仓、煤粉仓、水泥库和化学原料库中的料位以及高温条件下连续生产中的铝水、钢水或铁水的液位等。下面就来介绍如何对物位进行检测和控制。

4.1.1 概述

(1) 物位

物位统指设备和容器中液体或固体物料的表面位置。物位包括以下三个方面,开口容器或密封容器中介质液面(液位)、两种液体介质的分界面(界面)和固体粉状或颗粒物在容器中堆积的高度(料位)。测量液位、界位或料位的仪表称为物位测量仪表又称物位计,进而又分:液位计、料位计和界面计。这些仪表由于其测量的对象不同,且应用的工况亦不同,因此其原理、结构和使用方法亦不相同。在石油、化工生产中一般以液位测量为主。下面仅对常用的测量方法及典型仪表进行介绍。

(2) 物位检测的意义

物位测量在现代工业生产自动化中具有重要的地位。物位测量的目的在于要正确的测知容器或设备中存储物质的容量或质量。这不仅是物料消耗或产量计量的参数,也是保证连续生产和设备安全的重要参数。随着现代化工业设备规模的扩大和集中管理,特别是计算机投入运行以后,物位的测量和远传就更显得重要了。

通过物位的测量,可以正确获知容器设备中所储原料、半成品或产品的体积或重量,以保证连续供应生产中各个环节所需要的物料,并进行经济核算;通过物位测量,监视或控制容器内的介质物位是否在规定的工艺要求范围内，或对它的上、下限位置进行报警，以保证生产过程的正常进行，保证产品的产量和质量，保证生产安全。所以，一般测量物位有两种目的，一种是对物位测量的绝对值要求非常准确，借以确定容器或储存库中的原料、辅料、半成品或成品的数量；另一种是对物位测量的相对值要求非常准确，要迅速正确反映某一特定水准面上的物料的相对变化，用以连续控制生产工艺过程，即利用物位仪表进行监视和控制。

4.1.2　物位检测的方法

工业生产中对物位仪表的要求多种多样，主要的有精度、量程、经济和安全可靠等方面。其中最重要的是检测的安全可靠。物位测量仪表种类繁多，随着生产的发展，还会出现新的检测方法和检测仪表。按其工作原理大致可分为接触式和非接触式两大类。

（1）接触式仪表

接触式物位仪表主要有直读式、差压式、浮力式、电磁式（包括电容式、电阻式、电感式、磁性）等物位仪表。

① 直读式物位仪表　它根据流体的连通性原理来测量液位。采用在设备容器侧壁开窗口或旁通管方式，直接显示物位的高度。这种方法最简单也最常见，方法可靠、准确，但只能就地指示，主要用于液位检测和压力较低的场合。这类仪表主要是玻璃管液位计、玻璃板液位计等。

② 静压式物位仪表　基于流体静力学原理，容器内的液面高度与液柱质量形成的静压力成比例关系，当被测介质密度不变时，通过测量参考点的压力可测量液位。基于这种方法的液位检测仪表有压力式、吹气式和差压式等。

③ 浮力式物位仪表　利用浮子高度随液位变化而改变或液体对浸没于液体中的浮筒（或称沉筒）的浮力随液位高度而变化的原理工作。这类液位检测仪表有浮子式、浮筒式和翻转式等。

④ 机械接触式　通过测量物位探头与物料面接触时的机械力实现物位的测量。主要有重锤式、音叉式和旋翼式等。

⑤ 电磁式物位仪表　它是将电气式物位敏感元件置于被测介质中，当物位发生变化时，其电气参数如电阻、电容、磁场等会发生相应的改变，通过检测电量的变化就可以测量物位。这种方法既可以测量液位也可以测量料位。主要有电阻式、电容式和磁致收缩式等物位检测仪表。

（2）非接触式仪表

非接触式物位仪表主要有核辐射式、声波式、光学式等物位仪表。

① 核辐射式物位仪表　利用核辐射透过物料时，其强度随物质层的厚度而变化的原理而工作的，目前应用较多的是γ射线。

② 声波式物位仪表　利用超声波在介质中的传播速度以及在不同相界面之间的发射特性来检测物位的大小。由于物位的变化引起声阻抗的变化、声波的遮断和声波反射距离的不同，测出这些变化就可测知物位。所以，声波式物位仪表根据它的工作原理可以分为声波遮断式、反射式和阻尼式。

③ 光学式物位仪表　利用物位对光波的遮断和反射原理工作，它利用的光源可以有普通白炽灯或激光等。

想一想

你了解物位仪表吗？平时见过物位仪表吗？

4.2 常用物位检测仪表

物位检测和控制是保证工艺正常生产、设备安全经济运行的必要条件。物位检测仪表有很多，分别适合不同的场合。本节就是熟悉常用的物位检测仪表的工作原理、结构组成、使用场合、使用方法等，为工艺生产过程中物位的检测控制做好准备。

4.2.1 差压式液位变送器

利用差压或者压力变送器可以很方便地测量液位，且能输出标准的电流或气压信号，凡是能够测量差压的仪表都可以用于密闭或敞口容器液位的测量，应用最多的是电容式差压变送器。

（1）工作原理

差压式液位计是利用容器内的液位改变时，由液柱产生的静压也相应变化的原理工作的，如图 4-1 所示。

对密闭贮槽或反应罐，设底部压力为 p，液位高度为 H，将差压变送器的一端接液相，差压变送器的一端接气相。设容器上部空间为干燥气体，其压力为 p_0，则有

$$p_1 = p_0 + H\rho g \tag{4-1}$$

$$p_2 = p_0 \tag{4-2}$$

由此可得

$$\Delta p = p_1 - p_2 = H\rho g \tag{4-3}$$

式中　ρ——介质密度；

　　　g——重力加速度；

　　　H——液位高度；

p_1、p_2——差压变送器的正、负压室的压力。

通常，被测介质的密度是已知的，差压变送器测得的压差 Δp 与液位高度 H 成正比。这样就把测量液位高度转换成测量差压的问题了。

当被测容器敞口时，气相压力为大气压，只需差压变送器的负压室通大气即可。如不需要远传信号，也可以在容器底部安装压力表，如图 4-2 所示，根据压力 p 与液位 H 成比例的关系，可以直接在压力表上按液位进行刻度。

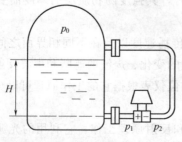
图 4-1　差压液位变送器原理图

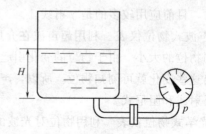
图 4-2　压力表式液位计

（2）零点迁移问题

利用差压变送器测量液位时，由于安装位置的不同，一般情况下均会存在零点迁移问题。

1）无迁移

使用差压变送器或差压计测量液位时，如图4-3（a）所示，差压变送器的正压室取压口正好与容器的最低液面处于同一水平位置。作用在变送器正、负压室的差压与液位高度的关系为

$$\Delta p = H \rho g \tag{4-4}$$

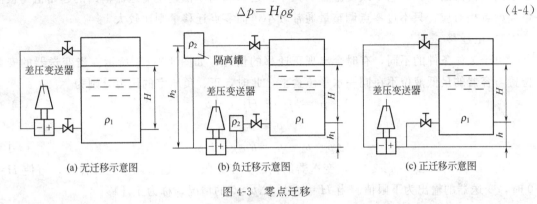

(a) 无迁移示意图   (b) 负迁移示意图   (c) 正迁移示意图

图4-3 零点迁移

当被测液位 $H = 0$ 时，$\Delta p = 0$，此时作用在变送器正、负压室的压力相等，变送器的输出为下限值，以 DDZ-III 型差压式变送器为例，即变送器的输出为 4mA；当 $H = H_{max}$ 时，变送器的输出为上限值 20mA。这种情况即为无迁移。

在实际应用中，常常由于差压变送器安装位置等原因，在被测液位 h 为零时，输入差压不为零，导致对应的差压变送器的输出不为 4mA；而在高度 h 在最高液位时，对应的差压变送器的输出也不为 20mA。为了确保被测液位和变送器输出间的对应关系，进而通过显示仪表如实的反映液位高度，则必须对差压变送器作出一些技术处理，即进行零点迁移。所谓零点迁移，就是当 $h = 0$ 时，把差压变送器的输出零点所对应的输入差压由零迁移到某一不为零的数值。零点迁移有正迁移和负迁移两种情况。下面分别简单介绍。

2）负迁移

在生产中有时为防止贮槽内液体和气体进入变送器的取压室而造成管线堵塞或腐蚀，以及保持负压室的液柱高度恒定，在变送器正、负压室与取压点间分别装有隔离罐，并充以隔离液。如图4-3（b）所示。若被测介质密度为 ρ_1，隔离液密度为 ρ_2，则正、负压室的压力分别为

$$p_1 = h_1 \rho_2 g + H \rho_1 g + p_0 \tag{4-5}$$
$$p_2 = h_2 \rho_2 g + p_0 \tag{4-6}$$

正、负压室的压差为

$$\Delta p = p_1 - p_2 = -(h_2 - h_1) \rho_2 g + H \rho_1 g \tag{4-7}$$

当被测液位 $H = 0$ 时，$\Delta p = (h_1 - h_2) \rho_2 g < 0$，将式（4-7）与式（4-4）相比较，就知道这时压差减少了 $(h_2 - h_1) \rho_2 g$ 这一项，也就是说，当 $H = 0$ 时，$\Delta p = (h_2 - h_1) \rho_2 g$，对比无迁移情况，相当于在负压室多了一项压力，其固定数值为 $-(h_2 - h_1) \rho_2 g$。假定采用的是 DDZ-III 型差压变送器，其输出范围为 $4 \sim 20$mA 的电流信号。在无迁移时，$H = 0$，$p = 0$，这时变送器的输出 $I_0 = 4$mA；$H = H_{max}$；$p = \Delta p_{max}$，这时变送器的输出 $I_0 = 20$mA。但是有迁移时，根据式（4-6）可知，由于有固定差压的存在，当 $H = 0$ 时，变送器的输入

小于 0，其输出必定小于 4mA；当 $H = H_{max}$ 时，变送器的输入小于 p_{max}，其输出必定小于 20mA。

对于上式（4-6），为了迁移掉一 $(h_2 - h_1) \rho_2 g$ 的影响，我们只需要调节仪表上的迁移弹簧，设法抵消固定压差 $(h_2 - h_1) \rho_2 g$ 的作用，使得当 $H = 0$ 时，虽然 $\Delta p = - (h_2 - h_1) \rho_2 g$，但变送器的输出仍然回到 4mA；而当 $H = H_{max}$ 时，变送器的输出能为 20mA。

这里迁移弹簧的作用，其实质是改变了变送器的零点，改变了测量范围的上、下限，相当于测量范围的平移，它不改变量程的大小。迁移和调零都是使变送器输出的起始值与被测量起始点相对应，只不过零点调整量通常较小，而零点迁移量则比较大。

3）正迁移

由于工作条件的不同，有时会出现正迁移的情况，如图 4-3(c) 所示。当变送器的安装位置与容器的最低液位不在同一水平位置上，此时，正、负压室的压力分别为

$$p_1 = h \rho_2 g + H \rho_1 g + p_0 \tag{4-8}$$

$$p_2 = p_0 \tag{4-9}$$

$$\Delta p = p_1 - p_2 = h \rho_2 g + H \rho_1 g \tag{4-10}$$

当 $H = 0$ 时，$\Delta p = h \rho_1 g > 0$，变送器的输出大于下限值，通过调整迁移弹簧，可使 $H = 0$ 时，变送器的输出为下限值。当 $H = 0$ 时，$\Delta p > 0$ 的情况，称为正迁移。

（3）用法兰式差压变送器测量液位

在化工生产中，经常会遇到具有腐蚀性或含有杂质、结晶颗粒及高黏度、易凝固液体的液位测量，如果使用普通的差压变送器会出现引压管线被腐蚀或堵塞的情况，此时，就需要使用法兰式差压变送器。变送器的法兰直接与容器上的法兰相连，材质与设备材质一致，测量膜片对物料的抗腐蚀特性应满足要求。如图 4-4 所示。作为敏感元件的测量头 1（金属膜盒），经毛细管 2 与变送器 3 的测量室相通。在膜盒、毛细管和测量室所组成的封闭系统内充有硅油，作为传压介质，并使被测介质不进入毛细管与变送器，以免堵塞。法兰式差压变送器的测量部分及气动转换部分的动作原理与普通差压变送器相同。

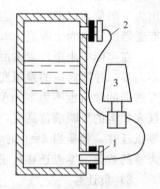

图 4-4　法兰式差压变送器测量液位示意图
1—法兰式测量头；
2—毛细管；3—变送器

法兰式差压变送器按其结构形式可分为单法兰和双法兰两种。容器与变送器间只需一个法兰将管路接通的称为单法兰差压变送器，而对于上端和大气隔绝的闭口容器，因上部空间与大气压力多半不等，必须采用两个法兰分别将液相和气相压力引至差压变送器，见图 4-4 所示，这就是双法兰差压变送器。法兰按构造的不同又分为插入式法兰、平法兰、单法兰、双法兰等，其结构如图 4-5 所示。

在差压变送器的规格中，一般都注有是否带迁移装置。如差压变送器型号后缀 "A" 表示带正迁移；后缀 "B" 则表示带负迁移。一台差压变送器只能带有一种迁移形式，所以使用者必须根据现场条件和要求正确选择。

4.2.2　浮力式液位计

浮力式液位检测分为恒浮力式检测与变浮力式检测。恒浮力式检测的基本原理是通过测

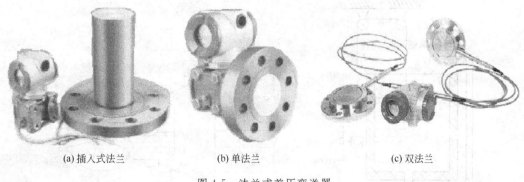

(a) 插入式法兰　　　　　　(b) 单法兰　　　　　　(c) 双法兰

图 4-5　法兰式差压变送器

量漂浮于被测液面上的浮子（也称浮标）随液面变化而产生的位移。变浮力式检测是利用沉浸在被测液体中的浮筒（也称沉筒）所受的浮力与液面位置的关系检测液位。

（1）浮子式液位计

浮子式液位计是一种恒浮力式液位计。作为检测元件的浮子漂浮在液面上，浮子随着液面高低的变化而上下移动，所受到的浮力大小保持一定，检测浮子所在的位置可知液面的高低。浮子的形状常见的有圆盘形、圆柱形和球形等。

如图 4-6 所示，浮子通过滑轮和绳带与平衡重锤连接，浮子所受重力和浮力的合力与平衡重锤相平衡，从而保证浮子处于平衡状态而漂在液面上。如果用 F 表示浮力，W 表示浮子受到的重力，G 表示平衡重锤的重量，则上述平衡关系的数学式可表示为

$$W-F=G \tag{4-11}$$

当液位上升时，浮子所受的浮力 F 增加，则 $F-W<G$，使得原有平衡关系被破坏，浮子向上移动。但是浮子向上移动的同时，浮力 F 又下降，$W-F$ 又增加，直至 $W-F$ 又重新等于 G，浮子停留在新的液位上，反之亦然。因此实现了浮子对液位的跟踪。由于式中 W 和 G 可以是常数，因此浮子停留在任何高度的液面上时，F 值不变，故称为恒浮力法。这种方法的实质是通过浮子把液位的变化转换成机械位移（线位移或者角位移）的变化。上面所讲只是一种转换方式，在实际应用中，还有各种各样的结构形式来实现液位与位移的转换，也可以通过机械传动机构带动指针对液位进行就地显示。还可以通过电或气的转换器把机械位移转换为电的或者气信号进行远传显示。

如果把浮子换成浮球，测量从容器内移到容器外，浮球用杠杆直接连接浮球，可直接显示罐内液位的变化，如图 4-7 所示。这种液位传感器适合测量温度较高、黏度较大的液体介质，但量程范围较窄。

浮子式液位计简单、直观，缺点是由于滑轮与轴承间存在着机械摩擦，以及绳索（钢丝、钢带）长度热胀冷缩的变化等因素，影响了测量准确度。

（2）沉筒式液位计

沉筒式液位计是典型的变浮力液位计。沉筒式液位计的基本原理是利用悬挂在容器中的沉筒，由于被浸没的高度不同，以致所受的浮力不同来测量液位高度。只要测出浮筒所受浮力变化的大小，便可以知道液位的高低。如图 4-8 所示，将一横截面积为 A，质量为 m 的空心金属圆筒（浮筒）悬挂在弹簧上，弹簧的下端固定，当浮筒的重力与弹簧力达到平衡时，则有

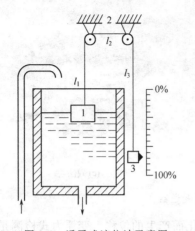 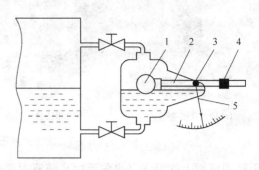

图 4-6　浮子式液位计示意图　　　　　　图 4-7　外浮球式液位传感器

1—浮子；2—滑轮组；3—平衡重锤　　　　1—浮球；2—杠杆；3—转轴；4—平衡重锤；5—指针

$$mg = Cx_0 \tag{4-12}$$

式中　C——弹簧的刚度；

　　　x_0——弹簧由于浮筒重力产生的位移。

当液位高度为 H 时，浮筒受到液体的浮力作用而向上移动，设浮筒实际浸没在液体中的长度为 h，浮筒移动的距离即弹簧的位移变化量为 Δx，即 $H = h + \Delta x$。当浮筒受到的浮力与弹簧力和浮筒的重力相平衡时，有

$$mg - Ah\rho g = C(x_0 - \Delta x) \tag{4-13}$$

式中，ρ 为浸没浮筒的液体密度。

将式（4-12）代入上式并整理得

$$Ah\rho g = C\Delta x \tag{4-14}$$

一般情况下，$h \gg \Delta x$，$H = h$，所以，从而被测液位可表示为

$$H = \frac{C}{A\rho g}\Delta x \tag{4-15}$$

由上式可知，当液位变化时，浮筒产生的位移变化量 Δx 与液位高度 H 成正比关系。变浮力式液位计实际

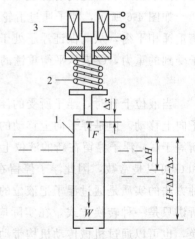

图 4-8　沉筒式液位计原理图

1—浮筒；2—弹簧；3—差动变压器

上是将液位转换成浮筒的位移。如在浮筒的连杆上安装铁芯，可随浮筒一起上下移动，通过差动变压器使输出电压与位移成正比关系。

沉筒式液位计适应性能好，对黏度较高的介质、高压介质及温度较高的敞口或密闭容器的液位都能测量。液位信号可远传，用于显示、报警和自动控制。

沉筒式变送器的种类很多，但检测元件均为沉筒。沉筒式变送器能测量的最高压力达31.4MPa 的容器的液位。沉筒的长度就是仪表的量程，一般为 300～2000mm。

4.2.3　电容式物位计

电容式物位计由电容液位传感器和测量电路组成。被测介质的物位通过电容传感器转换成相应的电容量，利用测量电路测得电容的变化量，即可间接求出被测介质物位的变化。电容式物位计适用于导电或非导电液位及粉末物料的料位测量，也可以测量界面。

（1）测量原理

在柱形电容器的极板之间，充以不同高度介质时，电容量的大小也有所不同。因此，可通过测量电容量的变化来检测液位、料位和两种不同液体的分界面。

图 4-9(a) 是由两个同轴圆筒极板组成的电容器，在两圆筒间充以介电系数为 ε 的介质时，则两圆筒间的电容量表达式为

$$C = \frac{2\pi\varepsilon L}{\ln\dfrac{D}{d}} \tag{4-16}$$

式中　L——两极板相互遮盖部分的长度；
　　d，D——圆筒形内电极的外径和外电极的内径；
　　　　ε——中间介质的介电常数。

所以，当 D 和 d 一定时，电容量 C 的大小与极板的长度 L 和介质的介电常数 ε 的乘积成比例。这样，将电容传感器（探头）插入被测物料中，电极浸入物料中的深度随物位高低变化，必然引起其电容量的变化，从而可检测出物位。

（2）液位检测

对非导电介质液位测量的电容式液位传感器原理如图 4-9(b) 所示。它由柱形内电极和一个与它相绝缘的同

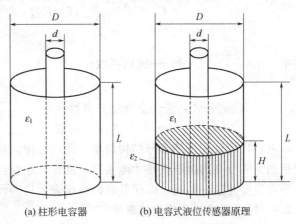

(a) 柱形电容器　　　(b) 电容式液位传感器原理

图 4-9　柱形电容器测物位原理图

轴金属套筒做的外电极所组成，外电极上开很多小孔，使介质能流进电极之间，内外电极均用绝缘套绝缘。

当被测液位 $H=0$ 时，电容器的电容量（零点电容）为

$$C_0 = \frac{2\pi\varepsilon_1 L}{\ln\dfrac{D}{d}} \tag{4-17}$$

式中　ε_1——空气介电常数；
　　D，d——圆筒形内电极的外径和外电极的内径。

当液位上升为 H 时，电容器可视为两部分电容的并联组合，即

$$C = \frac{2\pi\varepsilon_2 H}{\ln\dfrac{D}{d}} + \frac{2\pi\varepsilon_1(L-H)}{\ln\dfrac{D}{d}} \tag{4-18}$$

式中　ε_2——被测介质的介电常数。

电容量的变化 ΔC 为

$$\Delta C = C - C_0 = \frac{2\pi(\varepsilon_2 - \varepsilon_1)}{\ln\dfrac{D}{d}} H = KH \tag{4-19}$$

式中　K——比例系数，$K = \dfrac{2\pi(\varepsilon_2 - \varepsilon_1)}{\ln\dfrac{D}{d}}$。

由此可见电容量的变化 ΔC 与高度 H 成线性关系。式（4-19）中的 K 为比例系数。K 中包含（$\varepsilon_2 - \varepsilon_1$），也就是说，这个方法是利用被测介质的介电系数 ε_2 与空气介电系数 ε_1 不

等的原理工作的。$(\varepsilon_2 - \varepsilon_1)$ 值越大，仪表越灵敏。D/d 实际上与电容器两极间的距离有关，D 与 d 越接近，即两极间距离越小，仪表灵敏度越高。

上述电容式液位计在结构上稍加改变以后，也可以用来测量导电介质的液位。

（3）料位检测

用电容法还可以测量固体块状颗粒体及粉料的料位。由于固体间磨损较大，容易滞留，所以一般不用双电极式电极。可用电极棒及金属容器壁组成电容器的两电极来测量非导电固体料位。如图 4-10 所示。它的电容量变化与料位高度 H 的关系为

$$C_x = \frac{2\pi(\varepsilon - \varepsilon_0)}{\ln\dfrac{D}{d}} H = KH \qquad (4\text{-}20)$$

式中　$K = \dfrac{2\pi(\varepsilon - \varepsilon_0)}{\ln\dfrac{D}{d}}$——比例系数；

　　　　ε_0——空气电介常数；

　　　　ε——物料的电介常数。

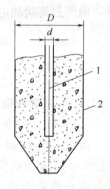

图 4-10　料位检测
1—金属棒内电极；
2—金属容器壁外电极

电容物位计的传感部分结构简单、使用方便。但由于电容变化量不大，要精确测量，就需借助于较复杂的电子线路才能实现。此外，还应注意介质浓度、温度变化时，其介电系数也要发生变化这一情况，以便及时调整仪表，达到预想的测量目的。

4.2.4　核辐射式物位检测仪表

放射性同位素的辐射线射入一定厚度的介质时，射线与介质相互作用，射线能量部分被介质吸收，部分透过介质。射线的透射强度随着通过介质层厚度的增加而减弱。入射强度为 I_0 的放射源，随介质厚度增加其透射强度呈指数规律衰减，其衰减规律为

$$I = I_0 e^{-\mu H} \qquad (4\text{-}21)$$

式中　μ——介质对射线的吸收系数；

　　　　H——介质层的厚度；

　　　　I——穿过介质后的射线强度；

　　　　I_0——入射射线强度。

不同介质吸收射线的能力是不一样的。一般来说，固体吸收能力最强，液体次之，气体则最弱。如图 4-11 所示，当放射源已经选定，被测介质不变时，则 I_0 与 μ 都是常数，根据式（4-21），只要测出通过介质后的射线强度 I，介质的厚度 H 也就知道了。介质层的厚度，在这里指的是液位或料位高度，这就是射线检测物位法。

核辐射射线检测属非接触测量，具有一系列独特的优点：适用于高温、高压容器、强腐蚀、剧毒、有爆炸性、黏滞性、易结晶或沸腾状态介质的物位测量；还可以测高温融熔金属的液位；由于核辐射射线的特性不受温度、压力、电磁场等因素的影响，所以可在高温、烟雾、尘埃、强光及强电磁场等环境下工作。当然，射线对人体有害，应注意安全防护措施。

4.2.5　超声波式物位仪表

超声波在气体、液体和固体中传播，具有一定的传播速度。超声波在介质中传播时会被吸收而衰减，在气体中传播的衰减最

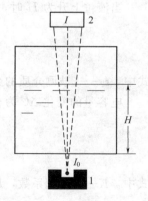

图 4-11　核辐射
物位计示意图
1—射线源；2—接收器

大，在固体中传播的衰减最小。超声波在穿过两种不同介质的分界面时会产生反射和折射，对于声阻抗差别较大的界面，几乎为全反射。从发射超声波至接收发射回来的信号的时间间隔与分界面位置有关，超声波式物位仪表正是利用超声波的这一特点进行物位测量的。

超声波发射器和接收器既可以安装在容器底部，也可以安装在容器的顶部，发射的超声波在相界面被发射，并由接收器接收，测出超声波从发射导接收的时间间隔，就可以测量物位的高低。

超声波式物位仪表按照传声介质不同，可分为固介式、气介式和液介式三种，见图 4-12；按探头的工作方式可分为自发自收单探头方式和收发分开的双探头方式。相互组合可以得到六种超声波物位仪表。在实际测量中，有时液面会有气泡、悬浮物、波浪或液体出现沸腾，引起反射混乱，产生测量误差，因此在复杂情况下宜采用固介式液位计。

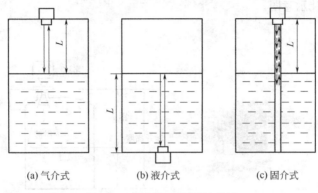

(a) 气介式　　　　　　　(b) 液介式　　　　　　　(c) 固介式

图 4-12　单探头超声波液位计

图 4-12(a) 为单探头超声波液位计，它使用一个换能器，由控制电路控制，分时交替作发射器与接收器。

设超声波到液面的距离为 L，波的传播速度为 c，传播时间间隔为 Δt，则

$$L = \frac{1}{2}c\Delta t \tag{4-22}$$

L 是与液位有关的量，故测出 L 便可知液位，L 的测量一般是用接收到的信号触发门电路对振荡器的脉冲进行计数来实现。

想通过测量超声波传播时间来确定物位，声速 c 必须恒定。实际上声速随介质及其温度变化而变化，为了准确地测量物位，对于一定的介质，必须对声速进行校正。对于液介式的声速，校正的方法有校正具校正声速法、固定标记校正声速法和温度校正声速法。对于气介式的声速校正一般采用温度校正法，即采用温度传感器测量出仓或罐的温度，根据声速与温度之间的关系计算出当时的声速，再根据式（4-22）求出料位。

超声波液位计测量液位时与介质不接触，无可动部件，传播速度比较稳定，对光线、介质黏度、湿度、介电常数、电导率和热导率等不敏感，因此可以测量有毒、腐蚀性或高黏度等特殊场合的液位。超声波物位计既可以连续测量和定点测量物位，也可以方便地提供遥测或遥控信号，还能够测量高速运动或有倾斜晃动的液体液位，如置于汽车、飞机、轮船中的液位。但其结构复杂，价格昂贵，测量时对温度比较敏感，温度的变化会引起声速的变化，因此为了保证超声波物位计的测量精度，应进行温度补偿。

4.2.6　雷达物位计

在化工生产过程中，存在着各种大型存储容器或过程容器，存放着大量的液体、浆料和

固体。如原油、煤焦油贮罐、原煤、粉煤仓位、焦炭料位、浆料贮罐、固体颗粒等。而许多大型液体贮罐中，存储着易凝结、悬浊液、黏稠及具有腐蚀性的液体，这类液位和料位的测量适合采用雷达物位计。

雷达物位计是非接触式连续测量的脉冲型物位计，无位移，无传动部件，不受温度、压力、蒸汽、气雾和粉尘的限制，适用于高黏度、有腐蚀性介质的物位测量；同时雷达物位计没有测量盲区，液位测量误差仅为 0.1～1.0mm，分辨率达 1～20mm。既可用于工业测量，也可用于计量。

雷达物位计采用高频振荡器作为微波发生器，发生器产生的微波用波导管引到辐射天线，并向下射出。当微波遇到障碍物，例如液面时，部分被吸收，部分被反射回来。通过测量发射波与液位反射波之间某种参数关系来实现大型贮罐中液位的测量。图 4-13（c）所示为智能型雷达物位计示意图。

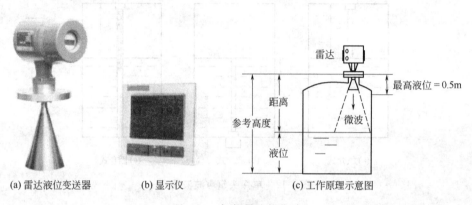

(a) 雷达液位变送器　　　(b) 显示仪　　　　(c) 工作原理示意图

图 4-13　智能雷达物位计

目前有两大类雷达物位计。一类是发射频率固定不变，通过测量发射波和反射波的运行时间，并经过智能化信号处理器，测出被测物位的高度。雷达物位计的运行时间与物位的关系为

$$t = \frac{2d}{c} \tag{4-23}$$

式中　c——电磁波传播速度，$c = 300000 \text{km/s}$；

　　　d——被测介质液位与探头之间的距离，单位为 m；

　　　t——探头从发射电磁波至接收到反射电磁波的时间，单位为 s。

另一类是测量发射波与反射波的频率差，并将这个频率差转换为与被测液位成比例的电信号。这种物位计的发射频率不是一个固定值，而是等幅可调的。

智能雷达物位计的最大测量距离可达 70m，安装简便，牢固耐用，免维护；内置自校验和自诊断功能；采用 HART 或 Profibus-PA 通信协议，在现场可用本安型的红外手持编程器或 HART 手操器对仪表设定参数，也可通过软件实现远程组态设定和编程，适用于防爆场合。

4.2.7　重锤物位计

重锤探测法原理示意图如图 4-14 所示。重锤连在

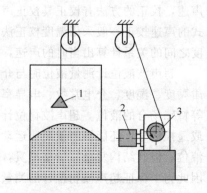

图 4-14　重锤探测式料位计
1—重锤；2—伺服电机；3—鼓轮

与电机相连的鼓轮上，电机发讯使重锤在执行机构控制下动作，从预先定好的原点处靠自重开始下降，通过计数或逻辑控制记录重锤下降的位置；当重锤碰到物料时，产生失重信号，控制执行机构停转——反转，使电机带动重锤迅速返回原点位置。

重锤式料位计可测量饲料、化学品、塑料颗粒、水泥、石块、PVC 粉末、骨料、煤、石灰石、研磨塑料、砂子、粉末、谷物等。

4.3　物位仪表的使用

正确地选用和安装物位检测表是保证物位检测仪表在生产过程中发挥应有作用的重要环节。本节内容就是熟悉物位检测仪表选用的原则；掌握物位检测仪表的安装要求；了解物位检测仪表故障判断的方法。

4.3.1　物位仪表的选用

物位检测仪表种类繁多、性能各异，又各有所长、各有所短。因此，应全面综合被测对象的特点、工艺测量要求和性价比进行合理选用。对大多数工艺对象的液面和界面测量，选用差压式仪表、沉筒式仪表或浮子式仪表便可满足要求。如不满足时，可选用雷达式、电容式、电阻式、核辐射式等物位检测仪表。

物位仪表选型主要是从实用和经济两方面考虑。根据被测介质的物理性能（温度、压力、黏度、颗粒、粉尘）、化学性能（易燃、易爆、易腐蚀）和具体的工作条件（敞口、密闭、振动）及应用要求、测量参数（计量、控制、检测，液位、料位、界位）等选择。可参阅《HGT 20507—2000 自动化仪表选型设计规定》。

（1）仪表类型的选用

根据被测对象的特点，例如是检测液位、还是检测料位或界位；是检测密闭容器中的物位还是敞口容器中的物位；是否需要克服液体的泡沫所造成的假液位的影响；以及接触介质的压力、温度、黏度、腐蚀性、稳定性如何；是否含有固体颗粒、脏污、结焦及黏附等；考虑工艺测量的要求，例如是现场指示，还是远传显示；是连续检测，还是定点检测；及仪表的安装场所，包括仪表的安装高度及仪表使用环境的防爆等级、干扰程度等选用仪表类型。

（2）按应用要求选择

测量液位的仪表有：玻璃管（板）式、浮力式（浮子、浮筒、浮球）、静压式（压力、差压）、电磁式（电容、电阻、电感、磁致伸缩、磁性）、超声波式、核辐射式、激光式、矩阵涡流式等。

测量料位的仪表有：重锤探测式、音叉式、超声波式、激光式、核辐射式等。

测量界面的仪表有：浮力式、差压式、超声波式等。

（3）按准确度要求选择

目前，在物位计量中，计量准确度要求较高时，多采用高准确度物位仪表，如磁致伸缩液位计、雷达液位计、矩阵涡流液位计等，可参阅《石油化工仪表控制系统选用手册》。

（4）按工作条件选择

一般工作条件下，可选择一般物位计，如差压式、浮力式等；较差工作条件下，可选择电容式、矩阵涡流式、射频导纳式；恶劣工作条件下，可选择核辐射式物位计。

（5）按测量范围选择

2m 以下：高温（450℃以下）黏性介质—内浮球式；一般介质—外浮筒式或差压式。

2m 以上：一般介质—差压式、雷达式、矩阵涡流式、磁性液位计；特殊介质—法兰差压式、核辐射式。

在实际生产中，涉及物位测量的场合很多，其中测量条件的好坏对仪表的测量准确度有很大影响。不同的仪表适应性不同。物位仪表没有通用的产品，每类产品都有其适应范围和选用场所，也各有局限性。同时，测量方法也在发展中，新的物位测量仪表层出不穷。一定要认真把握住选型要点，选准、选好。

4.3.2　实践应用——物位检测故障处理

下面通过实际生产中的碰到的问题来介绍一下物位检测仪表的故障处理。

（1）锅炉汽包液位指示不准

① 工艺过程：锅炉汽包液位指示，采用差压变送器检测液位，同时在汽包另一侧安装玻璃板液位计。

② 故障现象：开车时，差压变送器输出比玻璃板液位计指示高很多。

③ 分析与判断：采用差压变送器检测密闭容器液位时，导压管内充满冷凝液，用100%负迁移将负压室内多于正压管内的液柱迁移掉，使差压变送器的正负压力差 $\Delta P = \rho h$，h 为液位高度，ρ 为水的密度。差压变送器的量程就是 ρH，H 为汽包上下取压阀门之间的距离。调校时，水的密度取锅炉正常生产时沸腾状态的值，$\rho = 0.76$。锅炉刚开车时，锅炉内温度、压力没有达到设计值，此时水的密度 $\rho = 0.98$，虽然 h 不变，但 ρh 的值增大，$\Delta p = \rho h$，差压变送器的压差增大，变送器输出增加。玻璃板液位计只和 h 有关，所以它指示正常，从而出现差压变送器指示液位高度大于玻璃板液位计高度。

④ 处理方法：这种情况是暂时现象，过一段时间锅炉达到正常运行时，两表指示就能达到一致，所以不必加以处理。但要和工艺操作人员解释清楚。在这里，要注意一点，由于仪表人员解释不清楚这个现象产生的原因，而工艺操作人员又坚持要两表指示一致，为了达到一致，仪表人员将差压变送器零位下调，直至两表指示一致。待锅炉运行一段时间后，要记住将变送器的零位调回来，否则，就会出现差压变送器的测量值指示偏低。

（2）合成氨铜塔液位波动大（时高时低），指示不稳

① 工艺过程：由一台核液位计与控制室控制系统组成铜塔液位调节系统。

② 故障现象：在生产过程中，铜塔液位指示不稳，时高时低，导致调节系统失调，影响了工艺的正常操作。

③ 分析与判断：铜塔液位控制系统是保证铜塔液位控制在有效范围，如果液位高于控制范围高限，将引起压缩机带液，液位低于控制范围低限，那么高压气体进入低压系统，后果将不堪设想。工艺要求该液位调节系统必须灵、准、稳，如果铜塔液位不稳，则不能达到系统正常控制的目的。根据故障判断思路进行检查，首先把调节系统打在手动位置进行手动调节，看液位是否能稳定下来，从而来判断到底是液位计故障，还是调节器或调节阀故障。通过手动调节，液位逐渐稳定，没有再出现波动。这说明核液位计及调节阀没有问题，液位出现波动是由于调节系统的 PID 参数设置不当所引起的。

④ 处理方法：把调节系统打在手动位置进行调节，待工艺状况及液位指示稳定后，对调节系统的 PID 参数重新整定，然后，把调节系统恢复到自动控制，通过观察记录曲线看 PID 参数的设置是否合理。通过对调节系统 PID 参数的整定，该问题得到解决。

4.4　工业应用案例——精制盐水罐液位控制

离子膜烧碱生产中的二次盐水精制过程中的去离子精盐水罐液位是重要的一个工艺控制

指标。要想控制好，首先要掌握工艺条件的要求；其次，掌握液位参数的检测方法和常用的液位检测仪表，进而把液位按照工艺要求进行控制。下面先来了解一下工艺流程和盐水液位控制要求。

4.4.1　二次盐水精制的工艺流程简介

粗盐经化盐工段制成饱和一次精制盐水，一次精制盐水再进入螯合树脂塔内进行二次盐水精制。盐水二次精制工序包括三套螯合树脂塔吸附单元、去离子精制盐水罐及其附属设备。其生产工艺设备流程示意框图如图 4-15 所示。

图 4-15　二次盐水精制的工艺装备流程示意图

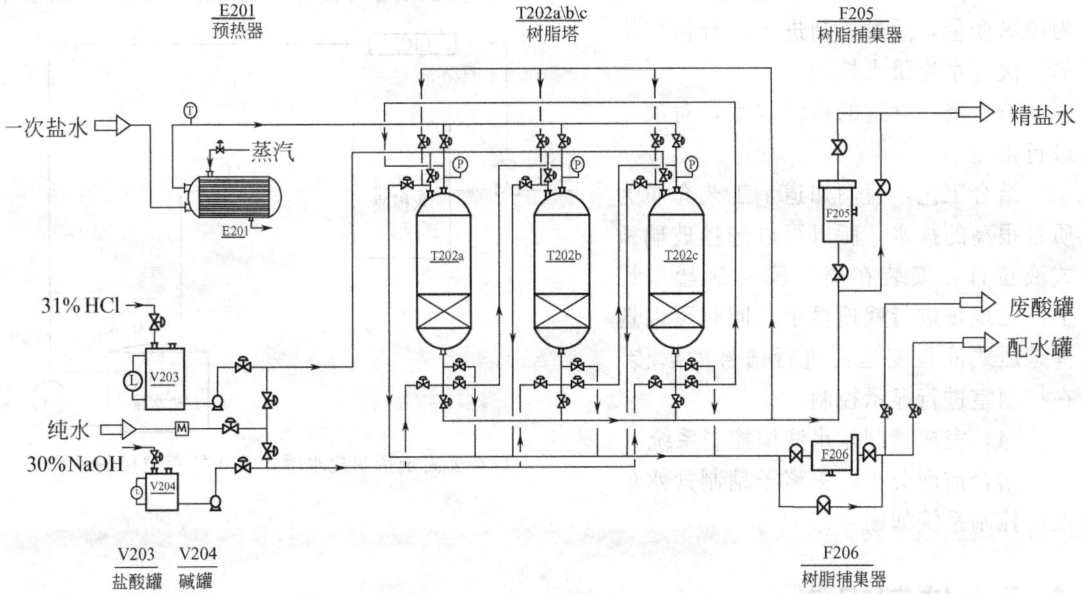

图 4-16　二次盐水精制工艺流程示意图

二次盐水精制工艺流程图如图 4-16 所示。从盐水车间送来的饱和盐水被送往盐水换热器，经加热后送往由三塔组成的螯合树脂吸附单元，以除去一次精制盐水中所含的微量钙镁离子，以满足离子膜电解槽对精制盐水质量指标的要求。通常情况下，三塔中有两塔串联运行，一塔离线再生。整个螯合树脂塔吸附单元全部由 PLC 自动控制完成。在设计能力下，每隔 1 个周期失去吸附能力的螯合树脂在 PLC 控制器的控制下自动用盐酸、烧碱溶液进行再生处理。再生时，是由泵送来 31% HCl 与纯水在盐酸喷射器作用下自动配制成 4% 的稀盐酸溶液，然后送到螯合树脂塔中用于酸再生。而来自电解槽的 32% NaOH 溶液通过用碱液喷射器与纯水混合成 5% 的烧碱，然后送到螯合树脂塔中用于碱再生。在装置运行中所破碎的树脂用树脂捕集器进行捕集回收。

从螯合树脂吸附单元出来的合格二次精制去离子盐水被送往去离子精制盐水罐，然后用泵送入离子膜电解槽的阳极室内，供电解使用。

4.4.2　精制盐水的工艺控制要求

去离子精盐水罐目的是为了储存精制好的二次盐水，是为了给电解工序提供原料的。所以，对去离子精盐水罐液位进行检测控制，是为了连续供应电解工序所需的物料，保证生产连续稳定运行的。

根据工艺需要，为了生产能稳定进行，去离子精盐水罐的液位不能太低，如果太低说明原料太少，这样就不能满足后续工艺生产的要求；去离子精盐水罐的液位也不能太高，一旦高了，控制不好容易溢出，造成浪费。因此，液位控制要求适中，一般液位要求恒定，控制在 50% 左右。

4.4.3　精制盐水的液位控制系统的构成

（1）分析工艺中影响精制盐水的液位变化的因素有哪些

结合工艺，我们知道影响精制盐水的液位变化的因素主要有进入螯合树脂塔的一次盐水流量、进入电解槽的精制盐水流量以及外界的干扰因素。

（2）选择合适的操纵变量

经过分析，要想控制精制盐水的液位，一般可以选用进入螯合树脂塔的一次盐水流量作为操纵变量，通过控制进入螯合树脂塔的一次盐水流量来控制。

（3）选择合适的检测仪表，对液位进行检测

结合工艺，我们知道，工艺介质为质量很高的盐水，所以可以选择玻璃板式液位计，安装在离子膜一侧盐水罐上，在现场进行就地显示，同时可以选择差压式液位变送器进行信号的远传，在控制室进行显示控制。

（4）完成精制盐水液位控制系统

结合前面分析，去离子精制盐水的液位控制系统如图 4-17 所示。

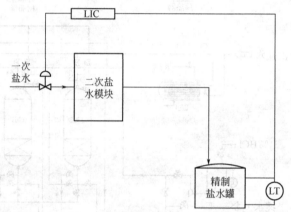

图 4-17　去离子精制盐水罐内盐水的液位控制系统

4.5　控制规律

通过前面知识的学习，我们认识了离子膜烧碱生产中精制盐水的液位控制系统，构成控制系统的核心是控制器。控制器在控制系统中的作用是至关重要的，控制器是起到调节作用的部件。自动控制仪表中控制规律的选择至关重要。

不同的控制规律适用于不同的生产要求，必须根据生产要求来选用适当的规律。如果选用不当，不但不能起到好的作用，反而会使控制过程恶化，甚至造成事故。要选择合适的控制规律，首先必须掌握常用的几种控制规律的特点与使用条件，然后根据过渡过程品质指标的要求，结合具体对象的特性，做出正确的选择。

4.5.1　概述

在讨论控制器的结构与工作原理之前，首先对控制器的控制规律及其对过渡过程的影响进行研究。控制器的形式多种多样，有气动或电动的，有模糊的有智能的，但从控制规律角度来看，基本控制规律只有几种，它们都是人们长期生产实践中的经验总结。

研究控制器的控制规律时是把控制器和系统断开的，即只在开环时单独研究控制器本身的特性。所谓控制规律是指控制器的输出信号与输入信号之间的关系。

控制器的输入信号是经比较机构后的偏差信号 e，它是给定值信号 x 与变送器送来的测量值信号 z 之差。在分析自动化系统时，偏差采用 $e=x-z$，但在单独分析控制仪表时，习惯上采用测量值减去给定值作为偏差，即 $e=z-x$。控制器的输出信号就是控制器送往执行器（常用气动执行器）的信号 p。

因此，控制器的控制规律就是指 p 和 e 之间的函数关系，即

$$p=f(e)=f(z-x) \tag{4-24}$$

在研究控制器的控制规律时，经常是假定控制器的输入信号 e 是一个阶跃信号，然后来研究控制器的输出信号 p 随时间的变化规律。

控制器的基本控制规律有位式控制（其中以双位控制比较常用），比例控制（P），积分控制（I），微分控制（D），常用的控制规律有比例控制（P），比例积分控制（PI），比例微分控制（PD）和比例积分微分控制（PID）。其中 PID 控制规律的应用率占到了 85% 以上，PID 控制规律是长期生产实践的经验总结，是对具有熟练操作技巧的工人经验的模仿。

各种控制规律是为了适应不同的生产要求而设定的，因此，必须根据生产的要求来选择不同的控制规律。选择合适的控制器的控制规律，能使控制器与工业对象实现很好的配合，使构成的控制系统满足工艺上对控制质量指标的要求。如选用不当，不仅不能起到好的控制作用，反而会使控制过程恶化，甚至造成事故。因此，了解控制器的基本功能及其适用范围，结合生产过程以及控制系统中各个环节的特性，正确设定控制器的参数和工作状态，才能达到工艺生产对控制系统控制指标的各种要求。

4.5.2　位式控制

位式控制中的双位控制是自动控制系统中最简单也很实用的一种控制规律。

双位控制的动作规律是当测量大于给定值时，控制器的输出为最大（或最小），而当测量值小于给定值时，则输出为最小（或最大），即控制器只有两个输出值，相应的控制机构只有开和关两个极限位置，因此又称开关控制。

理想的双位控制特性如图 4-18 所示。其输出 p 与输入偏差 e 之间的关系为：

$$p=\begin{cases} p_{max} & e>0（或\ e<0）时 \\ p_{min} & e<0（或\ e>0）时 \end{cases} \tag{4-25}$$

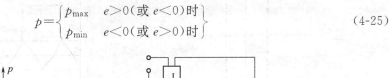

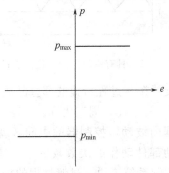

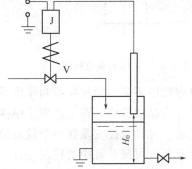

图 4-18　理想双位控制特性　　　　　　图 4-19　双位控制示例

图 4-19 是一个采用双位控制的液位控制系统，它利用电极式液位计来控制贮槽的液位，槽内装有一根电极作为测量液位的装置，电极的一端与继电器 J 的线圈相接，另一端调整在液位给定值的位置，导电的流体由电磁阀 V 的管线进入贮槽，经下部出料管流出。贮槽外壳接地，当液位低于给定值 H_0 时，流体未接触电极，继电器断路，此时电磁阀 V 全开，

流体流入贮槽使液位上升，当液位上升至稍大于给定值时，流体与电极接触，于是继电器接通，从而使电磁阀全关，流体不再进入贮槽。但槽内流体仍在继续往外排出，液位将要下降。当液位下降至稍小于给定值时，流体与电极脱离，于是电磁阀 V 又开启，如此反复循环，而液位被维持在给定值上下很小一个范围内波动。因此，控制机构的动作非常频繁，这样会使系统中的运动部件（例如继电器、电磁阀等）因动作频繁而损坏，因此实际应用的双位控制器具有一个中间区。

偏差在中间区内时，控制机构不动作。当被控变量的测量值上升到高于给定值某一数值（即偏差大于某一数值）后，控制器的输出变为最大 p_{max}，控制机构处于开（或关）的位置；当被控变量的测量值下降到低于给定值某一数值（即偏差小于某一数值）后，控制器的输出变为最小 p_{min}，控制机构才处于关（或开）的位置。所以实际的双位控制器的控制规律如图 4-20 所示。将上例中的测量装置及继电器线路稍加改变（如采用延时继电器），便可成为一个具有中间区的双位控制器。由于设置了中间区，当偏差在中间区内变化时，控制机构不会动作，因此可以使控制机构开关的频繁程度大为降低，延长了控制器中运动部件的使用寿命。

具有中间区的双位控制过程如图 4-21 所示，当液位 y 低于下限值 y_L 时，电磁阀是开的，流体流入贮槽，由于流入量大于流出量，故液位上升。当升至上限值 y_H 时，阀关闭，流体停止流入，由于此时流体只出不入，故液位下降。直到液位值下降至下限值 y_L 时，电磁阀重新开启，液位又开始上升。图 4-21 中上面的曲线表示控制机构阀位与时间的关系，下面的曲线是被控制变量（液位）在中间区内随时间变化的曲线，是一个等幅振荡过程。这种特性也称为"滞回特性"。

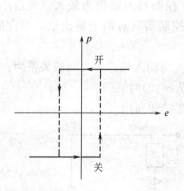
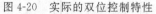
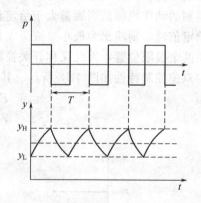

图 4-20　实际的双位控制特性　　　　图 4-21　具有中间区的双位控制过程

双位控制过程中不采用对连续控制作用下的衰减振荡过程所提的那些品质指标，一般采用振幅与周期作为品质指标，在上述例子中振幅为 $y_H - y_L$，周期为 T。

如果工艺生产允许被控变量在一个较宽的范围内波动，控制器的中间区就可以宽一些，这样振荡周期较长，可使系统中的控制元件、可动部件动作的次数减少，于是减少了磨损，也就减少了维修工作量，有利于生产。对同一个控制系统来说，过渡过程的振幅和周期是有矛盾的，若要求振幅小，则周期必然短；若要求周期长，则振幅必然大。合理选择中间区可以使两者得到兼顾。使用过程中尽量使振幅在允许的范围内大一些，使周期延长。

双位控制器的特点是结构简单、成本较低、易于实现，因而应用很普遍。在工业生产中，如对控制质量要求不高，且允许进行位式控制时，可使用双位调节器构成双位控制系统。如空气压缩机贮罐的压力控制，恒温炉、电烘箱、管式加热炉的温度控制等常采用双位控制系统。

除了双位控制外，还有三位（即具有一个中间位置）或更多位的控制，包括双位在内，这一类统称为位式控制，它们的工作原理基本上一样。

4.5.3　比例控制（P）

在双位控制系统中，被控变量不可避免地会产生持续的等幅振荡过程，这是由于双位控制器只有两个特定的输出值，相应的控制阀也只有两个极限位置，势必在一个极限位置时，流入对象的物料量（能量）大于由对象流出的物料量（能量），因此被控变量上升；而在另一个极限位置时，情况正好相反，被控变量下降，如此反复，被控变量势必产生等幅振荡。

为了避免这种情况，应该使控制阀的开度（即控制器的输出值）与被控变量的偏差成比例，根据偏差大小，控制阀可以处于不同的位置，这样就有可能获得与对象负荷相适应的操纵变量，从而使被控变量趋于稳定，达到平衡状态。

（1）比例控制规律（P）

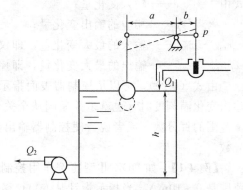

图 4-22　简单的比例控制系统示意图

如图 4-22 所示的液位控制系统，当液位高于给定值时，控制阀就关小，液位越高，阀关得越小；若液位低于给定值，控制阀就开大，液位越低，阀开得越大。它相当于把位式控制的位数增加到无穷多位，于是变成了连续控制系统。图 4-22 中，浮球是测量元件，杠杆就是一个最简单的控制器。

图 4-22 中，若杠杆在液位改变前的位置用实线表示，改变后的位置用虚线表示，根据相似三角形原理。有

$$\frac{a}{b}=\frac{e}{p} \tag{4-26}$$

即

$$p=\frac{b}{a}\cdot e \tag{4-27}$$

式中　e——杠杆左端的位移，即液位的变化量；

　　　　p——杠杆右端的位移，即阀杆的位移量；

　　a，b——分别为杠杆支点与两端的距离。

由此可见，在该控制系统中，阀门开度的改变量与被控变量（液位）的偏差值成比例，这就是比例控制规律。

对于具有比例控制规律的控制器（称为比例控制器），其输出信号 p 与输入信号（指偏差，当给定值不变时，偏差就是被控变量测量值的变化量）e 之间成比例关系，即

$$p=K_P e \tag{4-28}$$

式中　K_P——是一个可调的放大倍数（比例增益）。

对照式（4-27），可知图 4-22 所示的比例控制器，其 $K_P=b/a$，改变杠杆支点的位置，便可改变 K_P 的数值。

由式（4-28）可以看出，比例控制时调节器的输出变化量与输入偏差成正比，在时间上没有延滞的。比例控制是根据偏差的大小来动作。

比例控制的放大倍数 K_P 是一个重要的系数，它决定了比例控制作用的强弱。K_P 越大，

比例控制作用越强，在实际的比例控制器中，习惯上使用比例度 δ 而不用放大倍数 K_P 来表示比例控制作用的强弱。

（2）比例度

所谓比例度就是指控制器的输入变化相对值与相应的输出变化相对值之比的百分数，用式子表示为

$$\delta=\left(\frac{e}{x_{\max}-x_{\min}}\Big/\frac{p}{p_{\max}-p_{\min}}\right)\times100\%　　　　　（4-29）$$

式中　　　　e——输入变化量；

　　　　　　p——相应的输出变化量；

$x_{\max}-x_{\min}$——输入的最大变化量，即仪表的量程；

$p_{\max}-p_{\min}$——输出的最大变化量，即控制器输出的工作范围。

由式（4-29），可以从控制器表面指示看比例度 δ 的具体意义。比例度又是使控制器的输出变化满刻度时（也就是控制阀从全关到全开或相反），相应的仪表测量值变化占仪表测量范围的百分数。或者说，使控制器输出变化满刻度时，输入偏差变化对应于指示刻度的百分数。

【例 4-1】　如 DDZ-Ⅱ型比例作用控制，温度刻度范围为 $400\sim800℃$，控制器输出工作范围是 $0\sim10mA$。当指示指针从 $600℃$ 移到 $700℃$ 时，此时控制器相应的输出从 $4mA$ 变为 $9mA$，其比例度的值为多少？

解：由比例度的定义知，$\delta=\dfrac{\dfrac{700-600}{800-400}}{\dfrac{9-4}{10-0}}\times100\%=50\%$

这就说明，当温度变化全量程的 50% 时，控制器输出从 $0mA$ 变化到 $10mA$。在这个范围内，温度的变化和控制器的输出变化是成比例的。但是当温度变化超过了全量程的 50% 时，控制器的输出就不能再跟着变化了。所以，比例度实际上就是使控制器输出全范围变化时，输入偏差占满量程的百分数。

控制器的比例度的大小与输入输出的关系见图 4-23。从图中可以看出，比例度越小，使输出变化全范围的输入变化区间也就越小，反之亦然。当比例度为 50%、100%、200% 时，分别说明只要偏差 e 变化占仪表全量程的 50%、100%、200% 时，控制器的输出可以由最小 $p_{\min}$ 变为最大 $p_{\max}$。

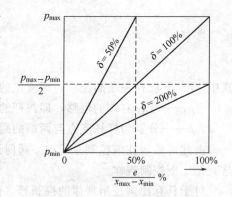

图 4-23　比例度示意图

那么比例度和放大倍数 K_P 是怎样的？将式（4-28）的关系代入式（4-29），经整理后可得

$$\delta=\frac{1}{K_P}\times\frac{p_{\max}-p_{\min}}{x_{\max}-x_{\min}}\times100\%　　　　　（4-30）$$

对于单元组合仪表，控制器的输入和输出信号已标准化，即 $p_{\max}-p_{\min}=x_{\max}-x_{\min}$，则由式（4-30）可以看出

$$\delta=\frac{1}{K_P}\times100\%　　　　　（4-31）$$

即比例度 δ 与放大倍数 K_P 成反比。这就是说，控制器的比例度 δ 越小，它的放大倍数

K_P 就越大，它将偏差（控制器输入）放大的能力越强，反之亦然。

比例控制的优点是反应快，控制及时。有偏差信号输入时，输出立刻与它成比例地变化，偏差越大，输出的控制作用越强。

（3）比例度对过渡过程品质指标的影响

比例控制的另一特点就是存在余差，以图 4-22 所示系统为例。图 4-24 表示图 4-22 所示的液位比例控制系统的过渡过程。如果系统原来处于平衡状态，液位恒定在某值上，在 $t=t_0$ 时，系统外加一个干扰作用，即出水量 Q_2 有一阶跃增加［见图 4-24(a)］，液位开始下降［见图 4-24(b)］，浮球也跟着下降，通过杠杆使进水阀的阀杆上升，这就是作用在控制阀上的信号 p［见图 4-24(c)］，于是进水量 Q_1 增加［见图 4-24(d)］。由于 Q_1 增加，促使液位下降速度逐渐缓慢下来，经过一段时间后，待进水量的增加量与出水量的增加量相等时，系统又建立起新的平衡，液位稳定在一个新值上。但是控制过程结束时，液位的新稳态的值将低于给定值，它们之间的差就叫余差，如果定义偏差 e 为测量值减去给定值，则 e 的变化曲线见图 4-24（e）。

为什么会有余差呢？它是比例控制规律的必然结果。从图 4-24 可见，原来系统处于平衡，进水量与出水量相等，此时控制阀有一固定的开度，比如说对应于杠杆为水平的位置。当 $t=t_0$ 时，出水量有一阶跃增大量，于是液位下降，引起进水量增加，只有当进水量增加到与出水量相等时才能重新建立平衡，而液位也才不再变化。但是要使进水量增加，控制阀必须开大，阀杆必须上移，而阀杆上移时浮球必然下移。因为杠杆是一种刚性的结构，这就是说达到新的平衡时浮球位置必定下移，也就是液位稳定在一个比原来稳态值（即给定值）要低的位置上，其差值就是余差，存在余差是比例控制的缺点（有差控制）。

为了减小余差，就要增大 K_P（即减小比例度 δ），但这会使系统稳定性变差。比例度对控制过程的影响如图 4-25 所示。由图可见，比例度越大（即 K_P 越小），过渡过程曲线越平

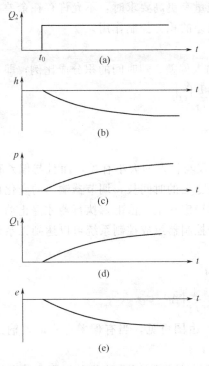

图 4-24　比例控制系统过渡过程

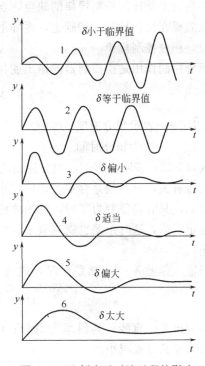

图 4-25　比例度过对渡过程的影响

稳，但余差也会越大。比例度越小，则过渡过程曲线越振荡。比例度过小时就可能出现发散振荡。当比例度大时即放大倍数 K_P 小，在干扰产生后，控制器的输出变化较小，控制阀开度改变较小，被控变量的变化就很缓慢（曲线 6）。当比例度减小时，K_P 增大，在同样的偏差下，控制器输出较大，控制阀开度改变较大，被控变量变化也比较灵敏，开始有些振荡，余差不大（曲线 5、4）。比例度再减小，控制阀开度改变更大，大到有点过分时，被控变量也就跟着过分地变化，再拉回来时又拉过头，结果会出现激烈的振荡（曲线 3）。当比例度继续减小到某一数值时系统出现等幅振荡，这时的比例度称为临界比例度 δ_K（曲线 2）。一般除反应很快的流量及管道压力等系统外，这种情况大多出现在 $\delta<20\%$ 时，当比例度小于 δ_K 时，在干扰产生后将出现发散振荡（曲线 1），这是很危险的。工艺生产通常要求比较平稳而余差又不太大的控制过程，例如曲线 4。

在对象的滞后较小、时间常数较大以及放大倍数较小时，控制器的比例度可以选得小些，以提高系统的灵敏度，使反应快些，从而过渡过程曲线的形状较好。反之，比例度就要选大些以保证稳定。

（4）比例控制系统的特点及其应用场合

在比例控制系统中，调节器的比例控制规律比较简单，控制比较及时，一旦有偏差出现，马上就有相应的控制作用。因此，比例控制是基本控制规律中最基本的、应用最普遍的一种。但是，由于比例控制作用与偏差成一一对应关系，因此当负荷改变以后，比例控制系统的控制结果存在余差。

由于纯比例控制系统总是存在余差的，通常为求稳定而用较大的比例度，余差就更大。所以通常适用于扰动小且不频繁，负荷变化小，对象滞后较小而时间常数较大，控制准确度要求不高，允许有一定余差存在的场合。

4.5.4　积分控制（I）

存在余差是比例控制规律的缺点，当对控制质量有更高要求时，不允许存在余差的情况下，就需要在比例控制的基础上，再加上能消除余差的积分控制作用。

（1）积分控制规律

积分控制作用是指控制器的输出变化量 p 与输入偏差 e 随时间的积分成比例，即

$$p = K_1 \int e \mathrm{d}t = \frac{1}{T_I} \int e \mathrm{d}t \qquad (4\text{-}32)$$

式中　K_I——表示积分速度；

$T_I=1/K_I$——称为积分时间。

式（4-32）表明，第一，积分控制的输出，不仅与偏差的大小有关，而且与偏差存在的时间长短有关，只要偏差存在，即使很小，但只要存在的时间长，调节器输出的变化也很大的。第二，只有当偏差为零时，输出才停止变化而稳定在某一值上，执行器才停止动作，系统才稳定下来，这时余差也就克服了。因而用积分控制器组成控制系统可以达到无余差（无差控制）。

当输入偏差 $e=A$（常数）时，式（4-32）变为

$$\Delta p = K_1 \int A \mathrm{d}t = \frac{1}{T_I} \int At \qquad (4\text{-}33)$$

即输出是一直线，其斜率为 A/T_I（图 4-26）。由图可见，当有偏差存在时，输出信号将随时间增长（或减小）。

输出信号的变化速度与偏差 e 及 K_I 成正比，而其控制作用是随着时间积累才逐渐增强

的，所以积分控制动作缓慢，会出现控制不及时，当对象惯性较大时，被控变量将出现大的超调量，过渡时间也将延长，因此常常把比例与积分组合起来，这样控制既及时，又能消除余差。

（2）比例积分（PI）控制规律

比例积分（PI）控制规律可用下式表示

$$p = K_P \left(e + K_I \int e \mathrm{d}t \right) \tag{4-34}$$

经常采用积分时间 T_I 来代替 K_I，所以式（4-25）常写为

$$p = K_P \left(e + \frac{1}{T_I} \int e \mathrm{d}t \right) \tag{4-35}$$

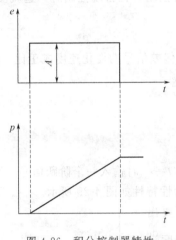

图 4-26 积分控制器特性

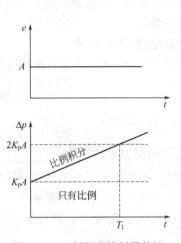

图 4-27 比例积分控制器特性

若偏差是幅值为 A 的阶跃干扰，即 $e = A$，代入式（4-26）可得

$$\Delta p = K_P A + \frac{K_P}{T_I} A t \tag{4-36}$$

这一关系式见图 4-27，输出中垂直上升部分 $K_P A$ 是比例作用造成的，慢慢上升部分 $\frac{K_P}{T_I} A t$ 是积分作用造成的。当 $t = T_I$ 时，输出为 $2K_P A$。应用这个关系，可以实测 K_P 及 T_I，对控制器输入一个幅值为 A 的阶跃变化，立即记下输出的跃变值并启动秒表计时，当输出达到跃变值的两倍时，此时间就是 T_I，跃变值 $K_P A$ 除以阶跃输入幅值 A 就是 K_P。

（3）积分时间对过渡过程的影响

积分时间 T_I 越短，积分速度 K_I 越大，积分作用越强。反之，积分时间越长，积分作用越弱。若积分时间为无穷大，就没有积分作用，成为纯比例控制器了。

图 4-28 表示在同样比例度下积分时间 T_I 对过渡过程的影响。T_I 过大，积分作用不明显，余差消除很慢（曲线 3）；T_I 小，易于消除余差，但系统

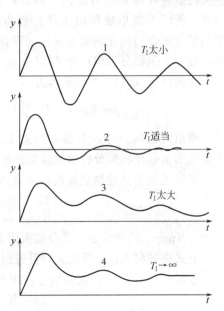

图 4-28 积分时间对过渡过程的影响

振荡加剧，曲线 2 适宜，曲线 1 就振荡太剧烈了。

因此，积分控制作用的特点是能消除余差，但会降低系统稳定性。所以，在引入积分作用后，应适当降低比例作用（增加比例度）。

比例积分控制器对于多数系统都可采用，比例度 δ（或放大倍数 K_P）和积分时间 T_I 两个参数均可调整。但当对象滞后很大时，可能控制时间较长、最大偏差也较大；负荷变化过于剧烈时，由于积分动作缓慢，使控制作用不及时，此时可增加微分作用。

4.5.5　微分控制（D）

对于惯性较大的对象，常常希望能根据被控变量变化的快慢来控制。在人工控制时，虽然偏差可能还小，但看到参数变化很快，估计很快就会有更大偏差，此时会过分地改变阀门开度以克服干扰影响，这就是按偏差变化速度进行控制。在自动控制时，这就要求控制器具有微分控制规律。

（1）微分控制（D）规律

微分控制（D）规律就是控制器的输出信号与偏差信号的变化速度成正比，即

$$p = T_D \frac{\mathrm{d}e}{\mathrm{d}t} \tag{4-37}$$

式中　T_D——微分时间；

　　　$\dfrac{\mathrm{d}e}{\mathrm{d}t}$——偏差信号变化速度。

式（4-37）表示理想微分控制器的特性，若在 $t=t_0$ 时输入一个阶跃信号，则在 $t=t_0$ 时控制器输出将为无穷大，其余时间输出为零，其理性特性如图 4-29 所示。

这种控制器用在系统中，即使偏差很小，只要出现变化趋势，马上就进行控制（根据偏差变化速度 $\dfrac{\mathrm{d}e}{\mathrm{d}t}$ 来动作），故有超前控制之称，这是它的优点。但它的输出不能反映偏差的大小，假如偏差固定，即使数值很大，微分作用也没有输出，因而控制结果不能消除偏差，所以不能单独使用这种控制器，它常与比例或比例积分组合构成比例微分或比例积分微分控制器。

（2）比例微分（PD）控制规律

比例微分（PD）控制规律为

$$p = K_P\left(e + T_D \frac{\mathrm{d}e}{\mathrm{d}t}\right) \tag{4-38}$$

理想的比例微分控制器在制造上是困难的，工业上都是用实际比例微分控制规律的控制器。

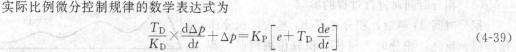

图 4-29　理想微分控制器特性

实际比例微分控制规律的数学表达式为

$$\frac{T_D}{K_D} \times \frac{\mathrm{d}\Delta p}{\mathrm{d}t} + \Delta p = K_P\left[e + T_D \frac{\mathrm{d}e}{\mathrm{d}t}\right] \tag{4-39}$$

式中　K_D——微分增益（微分放大倍数）。控制器的输出变化量用 Δp 表示。

上式中若将 K_D 取得较大，可近似认为是理想比例微分控制。

在幅度为 A 的阶跃偏差信号作用下，实际 PD 控制器的输出为

$$\Delta p = K_P A + K_P A(K_D - 1)e^{-t/T} \tag{4-40}$$

式中，$T = T_D/K_D$。

　　根据上式可得实际比例微分控制器在幅度为 A 的阶跃偏差作用下的开环输出特性，见图 4-30 在偏差跳变瞬间，输出跳变幅度为比例输出的 K_D 倍，即 $K_D K_P A$，然后按指数规律下降，最后当 t 趋于无穷大时，仅有比例输出 $K_P A$。因此决定微分作用的强弱有两个因素：一个是开始跳变幅度的倍数，用微分增益 K_D 来衡量；另一个是降下来所需要的时间，用微分时间 T_D 来衡量。输出跳得越高，或降得越慢，表示微分作用越强。

　　微分增益 K_D 是固定不变的，只与控制器的类型有关。电动控制器的 K_D 一般为 5～10。如果 $K_D = 1$，则此时等同于纯比例控制。另外还有一类 $K_D < 1$ 的，称为反微分器，它的控制作用反而减弱。这种反微分作用运用于噪声较大的系统中，会起到较好的滤波作用。

　　微分时间 T_D 是可以改变的。测定微分时间 T_D 时，先测定阶跃信号 A 作用下比例微分输出从 $K_D K_P A$ 下降到 $K_P A + 0.368 K_P A (K_D - 1)$ 所经历的时间 t，此时 $t = T_D / K_D$，再将该时间 t 乘以微分增益 K_D 即可。如图 4-31 所示。

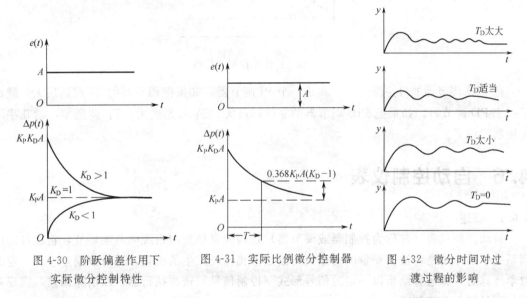

图 4-30　阶跃偏差作用下　　　　图 4-31　实际比例微分控制器　　　图 4-32　微分时间对过
　　实际微分控制特性　　　　　　　　　　　　　　　　　　　　　　渡过程的影响

　　微分作用按偏差的变化速度进行控制，其作用比比例作用快，因而对惯性大的对象用比例微分可以改善控制质量，减小最大偏差，节省控制时间。微分作用力图阻止被控变量的变化，有抑制振荡的效果，但如果加得过大，由于控制作用过强，反而会引起被控变量大幅度的振荡，如图 4-32 所示。微分作用的强弱用微分时间来衡量，微分时间 T_D 越大，微分作用越强；T_D 越小，微分作用越弱；$T_D = 0$ 时，微分作用就没有了。由于微分在输入偏差变化的瞬间就有较大的输出响应，因此微分控制被认为是超前控制。

　　从实际使用情况来看，比例微分控制规律用得较少，在生产上微分往往与比例积分结合在一起使用，组成 PID 控制。

　　（3）比例积分微分（PID）控制规律

　　比例积分微分（PID）控制规律为

$$p = K_P \left(e + \frac{1}{T_I} \int e \mathrm{d}t + T_D \frac{\mathrm{d}e}{\mathrm{d}t} \right) \tag{4-41}$$

实际的 PID 控制规律较为复杂，在此不再叙述。

　　在幅度为 A 的阶跃偏差信号作用下，实际 PID 控制可视为比例、积分和微分三种作用的叠加，即

$$\Delta p = K_{\mathrm{P}} \left[A + \frac{At}{T_{\mathrm{I}}} + A(K_{\mathrm{D}}-1)e^{-K_{\mathrm{D}^{\prime}}/T_{\mathrm{D}}} \right] \qquad (4\text{-}42)$$

其开环特性如图 4-33 所示。这种控制器既能快速进行控制，又能消除余差，具有较好的控制性能。其可调参数有三个：K_{P}（或 δ）、T_{I} 和 T_{D}。适当组合这三个参数，可以获得良好的控制质量。

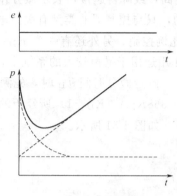

图 4-33　三作用控制器特性

把 PID 调节器的 T_{D} 调到零，就是一个 PI 调节器。如果把调节器的 T_{I} 调到最大，就成了一个 PD 调节器。如果把 PID 调节器的 δ 放到最大，T_{I} 调到最大，T_{D} 调到零，就几乎不起控制作用了。

4.6　自动控制仪表

4.6.1　概述

自动控制仪表（常称为控制器或调节器）是构成自动控制系统的基本环节，它在自动控制系统中的作用是将被控变量的测量值与给定值相比较产生的偏差，再对该偏差进行一定的数学运算后，将运算结果以一定的信号形式（控制信号）送往执行器，以消除偏差，实现对被控变量的自动控制。

工业自动化仪表的类型很多，品种、规格各异。目前，主要的控制装置有基地式控制仪表、单元组合控制仪表、组装式控制仪表、可编程序数字调节器、可编程序控制器（PLC）、计算机控制系统、分散型控制系统（DCS）和现场总线控制系统（FCS）八种，且基本上都实现数字化控制。

4.6.2　模拟式控制仪表

在模拟式控制器中，所传送的信号形式为连续的模拟信号。根据所加的能源不同，目前应用的模拟式控制器主要有气动控制器与电动控制器两种。

（1）模拟式控制器的基本结构

气动控制器与电动控制器，尽管它们的构成元件与工作方式有很大的差别，但基本上都是由比较环节、反馈环节和放大器三大部分组成，见图 4-34。

1）比较环节

比较环节的作用是将给定信号与测量信号进行比较，产生一个与它们的偏差成比例的偏差信号。

在气动控制器中，给定信号与测量信号都是与它们成一定比例关系的气压信号，然后通

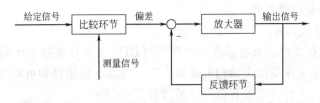

图 4-34　控制器基本构成

过膜片或波纹管将它们转化为力或力矩。所以，在气动控制器中，比较环节是通过力或力矩比较来实现的。

在电动控制器中，给定信号与测量信号都是以电信号出现的，因此比较环节都是在输入电路中进行电压或电流信号的比较。

2）放大器

放大器实质上是一个稳态增益很大的比例环节。气动调节器中采用气动放大器，将气压（或气量）进行放大。电动调节器中可采用高增益的集成运算放大器。

3）反馈环节

反馈环节的作用是通过正、负反馈来实现比例、积分、微分等控制规律的。在气动调节器中，输出的气压信号通过膜片或波纹管以力（或力矩）的形式反馈到输入端。在电动调节器中，输出的电信号通过由电阻和电容构成的无源网络反馈到输入端。

模拟式控制仪表的 PID 运算功能均是通过放大环节与反馈环节来实现的。在电动控制仪表中，放大环节实质上是一个静态增益很大的比例环节，可以采用高增益的集成运算放大器。其反馈环节是通过一些电阻和电容的不同连接方式来实现 PID 运算的。

电动模拟式控制仪表除了对偏差信号进行 PID 运算外，一般控制器还需要具备以下功能，以适应自动控制的需要。

① 偏差显示　控制器的输入电路接收测量信号和给定信号，两者相减，获得偏差信号，由偏差显示表显示偏差的大小和正负。

② 输出显示　控制器输出信号的大小由输出显示表显示，习惯上输出显示表也称作阀位表。阀位表不仅显示调节阀的开度，而且通过它还可以观察到控制系统受干扰影响后控制器的控制过程。

③ 提供内给定信号及内、外给定的选择　当控制器用于单回路定值控制系统时，给定信号常由控制器内部提供，故称作内给定信号；在随动控制系统中，控制器的给定信号往往来自控制器的外部，称作外给定信号。控制器接收内、外给定信号，是通过内、外给定开关来选择的。

④ 正、反作用的选择　就控制系统而言，习惯上，控制器的输入信号增大，输出增大，称为正作用控制器；控制器的输入信号增大，输出减小，称为反作用控制器。为了构成一个负反馈控制系统，必须正确地确定控制器的正、反作用，否则整个控制系统就无法正常运行。控制器的正、反作用，是通过正、反作用开关来选择的。

⑤ 手动操作与手动/自动双向切换　控制器的手动操作功能是必不可少的。在自动控制系统投入运行时，往往先进行手动操作，来改变控制器的输出信号，待系统基本稳定后再切换为自动运行。当自控工况不正常或者控制器的自动部分失灵时，也必须切换到手动操作，防止系统的失控。通过控制器的手动/自动双向切换开关，可以对控制器进行手动/自动切换，而在切换过程中，希望切换操作不会给控制系统带来扰动，控制器的输出信号不发生突变，即必须要求无扰动切换。

（2）DDZ-Ⅲ型电动调节器

1）DDZ-Ⅲ型仪表的特点

DDZ-Ⅲ型仪表在品种及其在系统中的作用与 DDZ-Ⅱ型仪表基本相同，但是Ⅲ型仪表采用了集成电路和安全火花型防爆结构，提高了防爆等级、稳定性和可靠性，适应了大型化工厂、炼油厂的要求。Ⅲ型仪表具有以下许多特点。

① 采用国际电工委员会（IEC）推荐的统一标准信号，现场传输信号为 4～20mA DC，控制室联络信号为 1～5V DC，信号电流与电压的转换电阻为 250Ω。信号为二线制传输方式。配安全栅的仪表信号传输示意图见图 4-35。这种信号制式的优点如下：

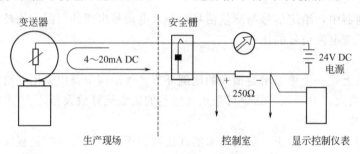

图 4-35 DDZ-Ⅲ型仪表信号传输示意图

电气零点不是从零开始，且不与机械零点重合，这不但利用了晶体管的线性段，而且这种"活零点"容易识别断电、断线等故障；

只要改变转换电阻阻值，控制室仪表便可接收其他 1∶5 的电流信号，例如将 1～5mA 或 10～50mA 等直流电流信号转换为 1～5V DC 电压信号；

因为最小信号电流不为零，为现场变送器实现两线制创造了条件。现场变送器与控制室仪表仅用两根线联系，既节省了电缆线和安装费用，还有利于安全防爆。

② 广泛采用集成电路，可靠性提高，维修工作量减少，为仪表带来了如下优点：

由于集成运算放大器均为差分放大器，且输入对称性好，漂移小，仪表的稳定性得到提高；

由于集成运算放大器有高增益，因而开环放大倍数很高，这使仪表的精度得到提高；

由于采用了集成电路，焊点少，强度高，大大提高了仪表的可靠性。

③ Ⅲ型仪表统一由电源箱供给 24V DC 电源，并有蓄电池作为备用电源，这种供电方式的优点如下：

各单元省掉了电源变压器，没有工频电源进入单元仪表，既解决了仪表发热问题，又为仪表的防爆提供了有利条件；

在工频电源停电时备用电源投入，整套仪表在一定时间内仍可照常工作，继续进行监视控制作用，有利于安全停车。

④ 结构合理，比之Ⅱ型有许多先进之处，主要表现在以下这些方面。

基型调节器有全刻度指示调节器和偏差指示调节器两个品种，指示表头为 100mm 刻度纵型大表头，指示醒目，便于监视操作；

自动、手动的切换以平衡、无扰动的方式进行，并有硬手动和软手动两种方式；面板上设有手动操作插孔，可和便携式手动操作器配合使用；

结构形式适于单独安装和高密度安装；

有内给定和外给定两种给定方式，并设有外给定指示灯，能与计算机配套使用，可组成

SPC 系统实现计算机监督控制，也可组成 DDC 控制的备用系统。

⑤ 整套仪表可构成安全火花型防爆系统。Ⅲ型仪表在设计上是按国家防爆规程进行的，在工艺上对容易脱落的元件部件都进行了胶封，而且增加了安全单元（安全栅），实现了控制室与危险场所之间的能量限制与隔离，使仪表不会引爆，使电动仪表在石油化工企业中应用的安全可靠性有了显著提高。

2）DDZ-Ⅲ型电动调节器

① 调节器的结构和工作原理　下面主要介绍 DDZ-Ⅲ型基型调节器结构原理。基型全刻度指示调节器的原理方框图如图 4-36 所示。

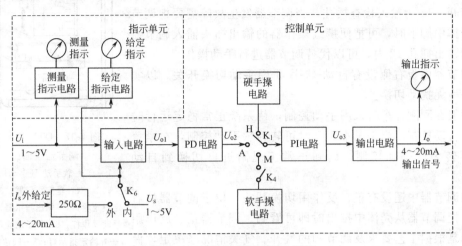

图 4-36　基型调节器原理方框图

基型调节器由控制单元和指示单元两大部分组成，其中控制单元包括输入电路、比例微分（PD）电路、比例积分（PI）电路、输出电路（电压、电流转换电路）以及硬、软手动电路部分；指示单元包括测量信号指示电路、给定信号指示电路。测量信号和给定信号由双指针表分别指示。

调节器的给定信号可由开关 K_6 选择为内给定或外给定。内给定信号为 $1\sim5V$ 直流电压；外给定信号为 $4\sim20mA$ 直流电流，它经过 250Ω 精密电阻转换成 $1\sim5V$ 直流电压。

调节器的工作状态有自动 A、软手动 M、硬手动 H 三种。当调节器处于自动状态时，测量信号与给定信号通过输入电路进行比较，由比例微分电路、比例积分电路对其偏差进行 PD 和 PI 运算后，再经过输出电路转换为 $4\sim20mA$ 直流电流，作为调节器的输出信号，去控制执行器。当调节器处于软手动状态时，可以使输出电流按快、慢两种速度线性地增加或减小，以对工艺过程进行手动控制；当调节器处于硬手动状态时，调节器的输出信号随手动操作杆的位置瞬时变化。自动和手动功能是为适应工艺过程的启动、停车和故障状态而设计的。其中除自动或软手动到硬手动需预先平衡外，其余切换都是无扰动切换。

调节器还设有正、反作用开关供选择，以满足控制系统的控制要求。调节器中将偏差定义为测量值与给定值之差。若测量值大于给定值，称为正偏差；若测量值小于给定值，称为负偏差。当调节器置于正作用时，调节器的输出随着正偏差的增加而增加；置于反作用时，调节器的输出随着正偏差的增加而减小。

② 调节器的使用　图 4-37 是一种全刻度指示调节器（DTL-3110 型）的面板图。它的正面表盘上装有两个指示表头。其中一个双针指示表头 2 有两个指针。红针为测量信号指针，黑针为给定信号指针，它们可以分别指示测量信号和给定信号。偏差的大小可以根据两

个指示值之差读出。由于双针指示器的有效刻度（纵向）为
100mm，精度为1%，因此很容易观察控制结果。当仪表处于
"内给定"状态时，给定信号是由拨动内给定设定轮 3 给出的，
其值由黑针显示出来。

当使用外给定时，仪表右上方的外给定指示灯 7 会亮，提
醒操作人员以免误用内给定设定轮。

输出指示器 4 可以显示控制器输出信号的大小。输出指示
表下面有表示阀门安全开度的输出记忆指示 9，X 表示关闭，S
表示打开。11 为输入检查插孔，当调节器发生故障需要把调节
器从壳体中卸下时，可把便携式操作器的输出插头插入调节器
下部的输出插孔 12 内，可以代替调节器进行手动操作。

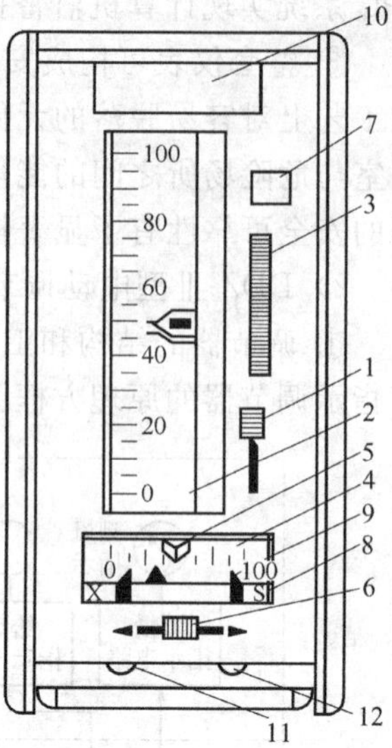

调节器面板右侧设有自动-软手动-硬手动切换开关。以实
现无平衡无扰动切换。

一般在刚刚开车时采用手动控制，待系统正常稳定运行时
切换到自动控制。当工况不正常时可转为软手动控制，在紧急
情况下转为硬手动控制，调到正常工况附近再切换到自动
控制。

在调节器中还设有正、反作用切换开关，位于调节器的右
侧面，把调节器从壳体中拉出时即可看到。调节器正、反作用
的选择是根据工艺要求及调节阀的气开、气关情况来决定，保
证控制系统为负反馈。

图 4-37　DTL-3100 型
调节器正面图

1—自动-软手动-硬手动切换开
关；2—双针垂直指示器；3—内给
定设定轮；4—输出指示器；5—硬
手动操作杆；6—软手动操作板键；
7—外给定指示灯；8—阀位指示器；
9—输出记录指示；10—位号牌；
11—输入检测插孔；
12—手动输出插孔

3）使用 DDZ-Ⅲ型调节器的注意事项

① 正确设置内、外设定开关。内设定时，设定电压信号由
调节器内部的设定电路产生，操作者通过设定值拨盘确定设定信号大小。在定值控制系统，
调节器一般应置于内设定。外设定时，由外部装置提供设定值信号。在随动控制系统中，调
节器应置于外设定。如串级控制系统中的副调节器设定值由主调节器的输出值提供；比值控
制系统中的从动量调节器设定值就是由主动量测量值提供。

② 一般在刚刚开车或控制工况不正常时采用手动控制，待系统正常稳定运行时，无扰
动切换到自动控制。

③ 调节器正、反作用开关不能随意选择，要根据工艺要求及调节阀的气开、气关情况
来决定，保证控制系统为负反馈。

4.6.3　数字式控制器

数字式控制器与模拟式控制器的构成原理和工作方式有根本的差别，但从仪表总的功能
和输入输出关系来看，由于数字式控制器备有模-数（A/D）和数-模转换器件（D/A），因
此两者在外在上并无明显差异。

（1）数字式控制器的主要特点

相对于模拟调节器，数字控制器的硬件及其构成原理有很大的差别，它以微处理器为核
心，具有丰富的运算控制功能和数字通信功能、灵活方便的操作手段、形象直观的数字或图
形显示、高度的安全可靠性，比模拟调节器能更方便有效地控制和管理生产过程，因而在工
业生产过程中得到了越来越广泛的应用。归纳起来，数字控制器有如下主要特点。

① 实现了模拟仪表与计算机一体化　将微处理器引入控制器，充分发挥了计算机的优

越性，使数字控制器的功能得到很大的增强，提高了性能价格比。同时考虑到人们长期以来的习惯，数字控制器在外形结构、面板布置、操作方式等方面保留了模拟调节器的特征。

② 运算控制功能强　数字控制器具有比模拟调节器更丰富的运算控制功能，一台数字控制器既可实现简单 PID 控制，也可以实现串级控制、前馈控制、自适应控制、非线性控制和变增益控制等；既可以进行连续控制，也可以进行采样控制、选择控制和批量控制。此外，数字控制器还可对输入信号进行处理，如线性化、数据滤波、标度变换、逻辑运算等。

③ 通过软件实现所需功能　数字控制器的运算控制功能是通过软件实现的。在可编程调节器中，软件系统提供了各种功能模块，用户选择所需的功能模块，通过编程将它们连接在一起，构成用户程序，便可实现所需的运算与控制功能。

④ 具有和模拟调节器相同的外特性　尽管数字控制器内部信息均为数字量，但为了保证数字式控制器能够与传统的常规仪表相兼容，数字控制器模拟量输入输出均采用国际统一标准信号（4～20mA DC，1～5V DC），可以方便地与 DDZ-Ⅲ 型仪表相连。同时数字控制器还有数字量输入输出功能。用户程序采用"面向过程语言 POL（Procedure-Oriented Language）"编写，易学易用。

⑤ 具有通信功能，便于系统扩展　数字控制器除了用于代替模拟调节器构成独立的控制系统之外，还可以与上位计算机一起组成 DCS 控制系统。数字控制器与上位计算机之间实现串行双向的数字通信，可以将手动/自动状态、PID 参数及输入/输出值等信息送到上位计算机，必要时上位计算机也可对控制器施加干预，如工作状态的变更，参数的修改等。

⑥ 可靠性高，维护方便　在硬件方面，一台数字式控制器可以替代数台模拟仪表，同时控制器所用硬件高度集成化，可靠性高。在软件方面，数字式控制器的控制功能主要通过模块软件组态来实现，具有多种故障的自诊断功能，能及时发现故障并采取保护措施。

数字式控制器的规格型号很多，它们在构成规模上、功能完善的程度上都有很大的差别，但它们的基本构成原理则大同小异。

（2）数字式控制器的构成原理

模拟调节器只由模拟元器件构成，它的功能也完全是由硬件构成形式所决定，因此其控制功能比较单一；而数字式控制器由以微处理器为核心构成的硬件电路和由系统程序、用户程序构成的软件两大部分组成，其控制功能主要是由软件所决定。

1）数字式控制器的硬件电路

数字式控制器的硬件电路由主机电路、过程输入通道、过程输出通道、人机接口电路以及通信接口电路等部分组成，其构成框图如图 4-38 所示。

① 主机电路　主机电路是数字式控制器的核心，用于实现仪表数据运算处理及各组成部分之间的管理。主机电路由微处理器（CPU）、只读存储器（ROM、EPROM）、随机存储器（RAM）、定时/计数器（CTC）以及输入/输出接口（I/O 接口）等组成。

② 过程输入通道　过程输入通道包括模拟量输入通道和开关量输入通道，模拟量输入通道用于连接模拟量输入信号，开关量输入通道用于连接开关量输入信号。通常，数字式控制器都可以接收几个模拟量输入信号和几个开关量输入信号。

a. 模拟量输入通道　模拟量输入通道将多个模拟量输入信号分别转换为 CPU 所能接受的数字量。它包括多路模拟开关、采样/保持器和 A/D 转换器。多路模拟开关将多个模拟量输入信号逐个连接到采样/保持器，采样/保持器暂时存储模拟输入信号，并把该值保持一段时间，以供 A/D 转换器转换。A/D 转换器的作用是将模拟信号转换为相应的数字量。常用的 A/D 转换器有逐位比较型、双积分型和 V/F 转换型等几种。逐位比较型 A/D 转换器的

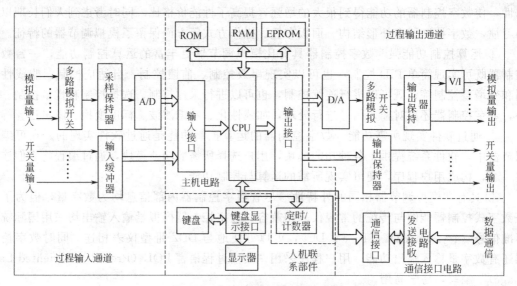

图 4-38　数字式控制器的硬件电路

转换速度最快，一般在 10^4 次/s 以上，缺点是抗干扰能力差；其余两种 A/D 转换器的转换速度较慢，通常在 100 次/s 以下，但它们的抗干扰能力较强。

b. 开关量输入通道　开关量指的是在控制系统中电接点的"通"与"断"，或者逻辑电路为"1"与"0"这类两种状态的信号。例如，各种按钮开关、接近开关、液（料）位开关、继电器触点的接通与断开，以及逻辑部件输出的高电平与低电平等。开关量输入通道将多个开关输入信号转换成能被计算机识别的数字信号。为了抑制来自现场的干扰，开关量输入通道常采用光电耦合器件为输入电路进行隔离传输。

③ 过程输出通道　过程输出通道包括模拟量输出通道和开关量输出通道，模拟量输出通道用于输出模拟量信号，开关量输出通道用于输出开关量信号。通常，数字式控制器都可以具有几个模拟量输出信号和几个开关量输出信号。

模拟量输出通道　模拟量输出通道依次将多个运算处理后的数字信号进行数/模转换，并经多路模拟开关送入输出保持电路暂存，以便分别输出模拟电压（1～5V）或电流（4～20mA）信号。该通道包括 D/A 转换器、多路模拟开关、输出保持电路和 V/I 转换器。D/A 转换器起数/模转换作用，D/A 转换芯片有 8 位、10 位、12 位等品种可供选用。V/I 转换器将 1～5V 的模拟电压信号转换成 4～20mA 的电流信号，其作用与 DDZ-Ⅲ型调节器或运算器的输出电路类似。多路模拟开关与模拟量输入通道中的相同。

开关量输出通道　开关量输出通道通过锁存器输出开关量（包括数字、脉冲量）信号，以便控制继电器触点和无触点开关的接通与释放，也可控制步进电机的运转。同开关量输入通道一样，开关量输出通道也常采用光电耦合器件作为输出电路进行隔离传输。

④ 人/机联系部件　人/机联系部件一般置于控制器的正面和侧面。正面板的布置类似于模拟式调节器，有测量值和给定值显示器，输出电流显示器，运行状态（自动/串级/手动）切换按钮，给定值增/减按钮和手动操作按钮等，还有一些状态显示灯。侧面板有设置和指示各种参数的键盘、显示器。在有些控制器中附带后备手操器。当控制器发生故障时，可用手操器来改变输出电流，进行遥控操作。

⑤ 通信接口电路　控制器的通信部件包括通信接口芯片和发送、接收电路等。通信接口将欲发送的数据转换成标准通信格式的数字信号，经发送电路送至通信线路（数据通道）

上；同时通过接收电路接收来自通信线路的数字信号，将其转换成能被计算机接收的数据。数字式控制器大多采用串行传送方式。

2）数字式控制器的软件

数字式控制器的软件分为系统程序和用户程序两大部分。

① 系统程序　系统程序是控制器软件的主体部分，通常由监控程序和功能模块两部分组成。

监控程序　监控程序使控制器各硬件电路能正常工作并实现所规定的功能，同时完成各组成部分之间的管理。

功能模块　功能模块提供了各种功能，用户可以选择所需要的功能模块以构成用户程序，使控制器实现用户所规定的功能。

不同的控制器，其具体用途和硬件结构不完全一样，因而它们所包含的功能在内容和数量上是有差异的。

② 用户程序　用户程序是用户根据控制系统要求，在系统程序中选择所需要的功能模块，并将它们按一定的规则连接起来的结果，其作用是使控制器完成预定的控制与运算功能。使用者编制程序实际上是完成功能模块的连接，也即组态工作。

控制器的编程工作是通过专用的编程器进行的，有"在线"和"离线"两种编程方法。用户程序的编程通常采用面向过程 POL 语言。各种可编程调节器一般都有自己专用的 POL 编程语言，但不论何种 POL 语言，均具有容易掌握、程序设计简单、软件结构紧凑、便于调试和维护等特点。

（3）数字控制系统的常用机型

在数字控制技术的发展过程中，为满足不同行业、不同设备、不同规模的需求，逐渐形成了几种典型的机型，成为现在数字控制系统的主力军，现就其结构原理、应用特点方面作一些简单介绍。

1）数字调节器

数字调节器，又称可编程调节器或智能调节器，其主要组成部件有微处理器（MPU）单元、过程 I/O 单元、通信单元、面板单元、硬手操单元和编程单元等。作为一种仪表化的超小型控制计算机，数字调节器采用了传统仪表面板的人机界面，使现场人员无需接受大量培训接受就可以顺利操作；又能够发挥计算机在运算速度、处理能力方面的优势，采用丰富的算法灵活地构成各种过程控制系统。

与一般的计算机不同的是，使用数字调节器设计控制系统可以无需考虑常见的硬件接口问题、信号传输和转换问题，软件调试问题，使系统设计过程得到很大的简化。这得益于数字调节器在硬件上采用了标准过程输入输出通道、在信号上采用了标准 DDZ-Ⅲ型信号、在软件上采用了面向问题的组态语言。这种组态语言为用户提供了几十种常用的运算函数和控制模块。用户只需要通过对运算函数和控制模块的调用就能组织成各种复杂的控制过程，诸如 PID、串级、比值、前馈、选择、非线性、程序控制等。这种系统组态方式简单易学、便于调试，极大地提高了系统设计的效率和可靠性。

数字调节器通常还具有把关器电路、断电保护功能和自诊断功能，使系统的可靠性大为提高。它的通信单元能够方便地通过 RS232 标准总线或以太网与上位机通信，组成多级计算机控制系统，实现各种高级控制和管理。因此，数字调节器既可以作为分散控制系统中的基本控制器使用，还能在一些特殊场合独立组成复杂控制系统，完成 1～4 个回路的控制任务，所以数字调节器在工业过程控制中得以广泛的应用。

2）可编程控制器（PLC）

如果说数字调节器是计算机内核与传统操作面板相结合的产物的话，那么可编程逻辑控制器（Programmable Logic Controller，PLC）就是计算机技术和继电逻辑控制相结合的产物。可编程逻辑控制器常被简称为可编程控制器（Programmable Controller，PC），是一种工业控制专用计算机。

国际电工委员会（IEC）对 PLC 的定义是，PLC 是一种数字运算操作的电子系统，专为工业环境下应用而设计。PLC 的典型结构为模块式结构，其基本组成包括：CPU 模块、数字量输入输出模块、模拟量输入输出模块、通信模块等。PLC 的性能主要取决于其 CPU 和存储器。PLC 的 CPU 大多采用通用处理器，有较强的位处理能力。存储器分为程序存储器和数据存储器。程序存储器用来存放用户控制程序，一般是可擦除只读存储器；数据存储器用来存放程序运行过程中产生中间结果或过程输入输出通道对应的变量值，采用随机存储器。PLC 的工作过程是一个不断循环的过程，每一个循环称为一个扫描周期。在一个扫描周期中，PLC 顺序完成过程通道输入、用户程序执行、过程通道输出等任务，以此控制各种类型的机械设备动作或生产过程参数。

可编程控制器自身及其附属设备都按照满足工业控制任务的宗旨来设计和生产，具有以下的特点：

① 硬件组态完全根据控制任务确定，构成灵活，扩展方便；

② 内部逻辑决定其特长在于开关量控制，但连续过程的 PID 控制功能也很强；

③ 编程语言采用梯形图、功能图和语句表等多种形式，无论是电气工程师还是软件工程师都可以方便地进行软件组态，可以在线编程、在线调试；

④ 强大的通信功能实现 PLC 之间、PLC 与上位机之间的快速数据交换，从而组成复杂的控制系统，实现生产过程的综合自动化；

⑤ 能适应各种工作环境，可靠性强，平均无故障时间远高于其他机型。

PLC 的这些优点使其成为工业控制中使用最广、用量最大的机型。

3）单片机

单片机的产生也得益于微电子技术与超大规模集成技术的发展，它没有采用通用微处理器的结构，而是将 CPU 和其他常用硬件全部结合到一个大规模集成电路芯片中，比如存储器、串并行 I/O 接口、定时/计数器等，构成了一个完整的具有相当功能的微控制器。根据对存储器编址方式的区别，单片机可以分为两种类型：一种是将程序存储器和数据存储器分开，分别独立编址的 Harvard 结构，如 MCS51 系列；另一种是对两者不作区分，统一编址的 Princeton 结构，如 MCS98 系列。

单片机的特点是体积小、功耗低、性能可靠、价格低廉、扩展容易、使用方便、容易内嵌，特别是具有强大的面向控制的能力。但由于单片机自身专用性强、内存容量小、人机接口功能不强，因此，单片机本身不具备自开发功能，必须借助于仿真器或开发装置，才能进行软硬件的开发与调试。

与 PLC 相比，单片机的编程语言比较单一，主要是使用汇编语言，这就对开发人员的素质有较高的要求，需要较深的计算机软件和硬件知识，而且汇编语言的可读性与可移植性都相对较差。不过这种局面已经得以改善，市场上已经出现了面向单片机结构的高级语言，如可以直接写入单片机的 C 语言。

单片机的字长一般在 8 位、16 位和 32 位，目前主流单片机以 16 位和 32 位居多。单片机的突出特点使其在工业控制、智能仪表、家用电器、机器人等方面得到了极为广泛的应用。

4）总线式工控机

与常用的 PC 相比，以上三种机型存在的共同缺点就是显示功能都很弱。特别是 PLC，一般没有现成的显示模块可以选用，而单片机和数字调节器的显示工作主要依靠数码管或液晶来完成，这就给操作人员及时准确地了解现场工作状况带来了不小的困难。总线式工控机不仅能够完成控制任务，而且具有前三种机型无法比拟的显示功能方面的优势，所以在一些需要集中显示的场合，常使用总线式工控机作为控制器，充分利用它的显示功能。

所谓总线是一组具有明确功能定义的信号线的集合，是一种传送标准信息的公共通道。它定义了固定格式的引线数量和引线的信号特性、电气特性和机械特性，此格式往往被称为标准。按照统一的总线标准。计算机厂商可以设计制造出不同功能的模板，而系统设计人员则根据不同的生产过程和控制要求，选用具有符合自己要求的功能模板组合成所需的数字控制系统。

这种采用总线技术生产的计算机系统就称为总线式工控机，它是由一块无源底板和数量不等的各种功能模板构成。这些功能模板全部插接在无源底板的插槽中，模板种类包括 CPU 模板、RAM/ROM 模板、人机接口板等计算机基本部件，A/D、D/A、DI、DO、电动机驱动、WMA 驱动等工业控制用模板，还有各类通信模板。模板之间通过总线相连，在 CPU 的控制下通过总线直接控制现场生产。

总线式工控机的开放性系统结构既方便计算机厂商的生产，又方便用户的选择，从而大大提高了系统的通用性、灵活性和扩展性。用于构成系统的模板都采用了小型化结构和单一性功能，前者使模板机械强度好，抗振动能力强；后者则有利于对系统故障的诊断与维修。在模板的电路设计上采用由总线缓冲模块到功能模块再到 I/O 驱动模块的流程，使信号流向基本为直线，这就大大提高了系统的可靠性和可维护性。另外还采取了许多措施进一步提高系统的可靠性，如密封机箱正压送风、使用工业电源、设计把关器电路等。这些措施拓宽了工控机的使用范围，使工控机能够在工业现场的恶劣环境中稳定地工作。

根据引线的定义方式，总线类型分为 STD 总线、多总线、PC 总线等，也对应生产了各种类型的工控机。PC 总线工控机的软硬件结构与一般 PC 完全相同，能够运行流行的个人操作系统或网络操作系统和其他各种控制软件，这些独特优势使 PC 总线工控机得到了欢迎，使用范围也在不断扩大。

4.7 可编程序控制器（PLC）

4.7.1 可编程序控制器概述

可编程序控制器是一种工业控制专用的计算机，有许多与其他机型不同的独特特点。它的这种专用性使它成为人们设计数字控制系统时重点考虑甚至是首选的机型。下面对可编程序控制器的工作原理、一般特性及编程语言作简要介绍。

（1）可编程控制器的产生

自 1969 年美国研制出了第一台可编程序控制器以来，随着微电子技术和计算机技术的迅猛发展，可编程序控制器有了突飞猛进的发展，有人称其为现代工业控制的三大支柱之一。

可编程控制器是一种数字运算操作的电子系统，专为工业环境下应用而设计，它采用一类可编程的存储器，用于其内部存储程序，执行逻辑运算、顺序控制、定时、计数和算术操作等面向用户的指令，并通过数字式或模拟式输入输出控制各种类型的机械或生产过程。可编程序控制器初期主要用于顺序控制，虽然也采用了计算机的设计思想，但实际上只能进行逻辑运算，故称为可编程逻辑控制器，简称 PLC（Programmable Logic Controller）。随着它的发展和功能的扩大，现在已把中间的逻辑两字删除了，但基于习惯，也为了避免与个人计算机 PC 混淆，所以仍称为 PLC。

1987 年，国际电工委员会（IEC）正式颁布了可编程逻辑控制器的标准定义，其定义为：可编程逻辑控制器是专为在工业环境下应用而设计的一种数字运算操作的电子装置，是带有存储器、可以编制程序的控制器。它能够存储和执行命令，进行逻辑运算、顺序控制、定时、计数和算术运算等操作，并通过数字式和模拟式的输入输出，控制各种类型的机械或生产过程。可编程控制器及其有关的外围设备，都应按易于工业控制系统形成一个整体、易于扩展其功能的原则设计。

目前 PLC 在国内已广泛应用于石油、化工、电力、钢铁、机械等各行各业。它除了可用于开关量逻辑控制、机械加工的数字控制、机器人的控制外，目前已广泛应用于连续生产过程的闭环控制，现代大型的 PLC 都配有 PID 子程序或 PID 模块，可实现单回路控制与各种复杂控制，也可组成多级控制系统，实现工厂自动化网络。

（2）可编程控制器的发展

PLC 的发展与计算机技术、微电子技术、自动控制技术、数字通信技术、网络技术等密切相关。这些高新技术的发展推动了 PLC 的发展，而 PLC 的发展又对高新技术提出了更高的要求，促进了它们的发展。虽然 PLC 的应用实践不长，但是随着微处理器的出现，大规模和超大规模集成电路技术的迅速发展和数字通信技术的不断进步，PLC 也取得了迅速的发展。

早期的 PLC 作为继电器控制系统的替代物，其主要功能只是执行原先由继电器完成的顺序控制和定时/计数控制等任务。PLC 在硬件上以准计算机的形式出现，装置中的器件主要是采用分立元件和中小规模集成电路，存储器采用磁芯存储器。PLC 在软件上形成了特有的编程语言——梯形图（Ladder Diagram），并一直沿用至今。

第二代 PLC 采用微处理器作为 PLC 的中央处理单元（Central Processing Unit，CPU），使 PLC 的功能大大增强。在软件方面，除了原有功能外，还增加了算术运算、数据传送和处理、通信、自诊断等功能。在硬件方面，除了原有的开关量 I/O（Input/Output，输入/输出）以外，还增加了模拟量 I/O、远程 I/O 和各种特殊功能模块，如高速计数模块、PID模块、定位控制模块和通信模块等。同时，扩大了存储器容量和各类继电器的数量，并提供一定数量的数据寄存器，进一步增强了 PLC 的功能。

第三代 PLC 采用的微处理器的性能普遍提高。为了进一步提高 PLC 的处理速度，各制造厂家还开发了专用的芯片，PLC 的软件和硬件功能都发生了巨大的变化，体积更小，成本更低，I/O 模块更丰富，处理速度更快，指令功能更强。即使小型 PLC，其功能也大大增强，在有些方面甚至超过了早期大型 PLC 的功能。

随着相关技术特别是超大规模集成电路技术的迅速发展及其在 PLC 中的广泛应用，PLC 中采用更高性能的微处理器作为 CPU，功能进一步增强，逐步缩小了与工业控制计算机之间的差距。同时，I/O 模块更丰富，网络功能进一步增强，以满足工业控制的实际需要。编程语言除了梯形图以外，还可以采用指令表、顺序功能图（Sequential Function Charter，SFC）及高级语言（如 BASIC 和 C 语言）等。另外，还普遍采用表面安装技术，不仅降低成本，减小体积，而且进一步提高了系统性能。

现代 PLC 的发展有两个主要趋势：其一是向体积更小、速度更快、功能更强和价格更低的微小型方面发展；其二是向大型网络化、高可靠性、良好的兼容性和多功能方面发展，趋于当前工业控制计算机（工控机）的性能。

（3）可编程控制器的分类

PLC 分类方法有多种，按规模（即 I/O 点数）可分为大、中、小型，按结构分为整体式和组合式。实际应用中，通常 PLC 是根据 I/O 点的数量来分类的。

I/O 点数表明 PLC 可以从外部接收多少输入量和向外部输出多少个输出量，即 PLC 的 I/O 端子数。一般说来，点数多的 PLC 功能较强。

I/O 点数在 256 点以下的 PLC 称为小型 PLC。小型 PLC 体积小，结构紧凑，整个硬件融为一体，是实现机电一体化的理想控制器，也是一种在实际控制中应用最为广泛的机型。小型 PLC 一般有逻辑运算、定时、计数、移位等功能，适合于开关量的控制，可用来实现条件控制、定时/计数控制、顺序控制等。新一代的小型 PLC 都具有算术运算、浮点数运算、函数运算和模拟量处理的功能，可满足更为广泛的需要。

中型 PLC 的 I/O 点数在 256～1024 点之间的 PLC 为中型 PLC。中型 PLC 在逻辑运算功能的基础上增加了模拟量处理、算术运算、数据传送、数据通信等功能，可完成既有开关量又有模拟量的复杂控制。中型 PLC 的编程器有便携式和带有 CRT/LCD 的智能图形编程器供用户提供了更直观的编程工具，梯形图能直接显示在屏幕上。用户可以在屏幕上直观地了解用户程序运行中的各种状态信息，方便了用户程序的编写和调试，提供了良好的监控环境。

大型 PLC 的 I/O 点数在 1024 点以上的 PLC 为大型 PLC。大型 PLC 功能更加完善，具有数据处理、模拟控制、联网通信、监视、存储、打印等功能，可以进行中断控制、智能控制、远程控制。大型 PLC 的通信联网功能强，可构成 3 级通信网络，并作为分布式控制系统中的上位机，能实现大规模的过程控制，构成分布式控制系统或整个工厂的集散控制系统，实现工厂管理的自动化。

PLC 的生产厂家很多，各厂家生产的 PLC 在 I/O 点数、容量、功能等方面各有差异，但都自成系列，指令及外设向上兼容。因此，在选择 PLC 时若选择同一系列的产品，则可以使系统构成容易，使用方便。比较有代表性的 PLC 有西门子 Siemens 公司的 S7 系列、三菱的 FX 系列、欧姆龙公司的 C 系列、松下公司的 FP 系列等。

（4）可编程控制器的主要功能

PLC 是在微处理器的基础上发展起来的一种新型控制器，是一种基于计算机技术、专为在工业环境下应用而设计的电子控制装置。PLC 把微型计算机技术和继电器控制技术融合在一起，兼具可靠性，功能强，编程简单易学，安装简单，维修方便，接口模块丰富，系统设计与调试周期短等特点。

从功能来看，PLC 的应用范围大致包括以下几个方面。

① 逻辑（开关）控制。这是 PLC 最基本的功能，也是应用最为广泛的功能。

② 定时控制。PLC 具有定时控制功能，可为用户提供几十个甚至上千个定时器。

③ 计数控制。

④ 步进控制。

⑤ 模拟量处理与 PID 控制。

⑥ 数据处理。

⑦ 通信和联网功能。

4.7.2 可编程控制器的基本工作原理

(1) 可编程控制器的基本组成

PLC 从组成形式上一般分为一体化和模块化两种结构形式，但从逻辑结构上基本相同。PLC 采用了典型的计算机结构，其基本组成如图 4-39 所示。主要部分包括中央处理器 CPU、存储器和输入/输出接口电路等，其内部采用总线结构，进行数据与指令的传输。

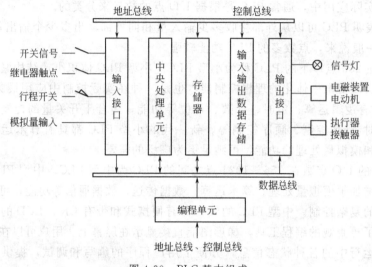

图 4-39 PLC 基本组成

CPU 是 PLC 的运算控制中心，类似于人体的神经中枢。它的作用是按 PLC 中系统程序赋予的功能，接收并存储从编程器键入的用户程序和数据；用扫描方式接收输入设备的状态或数据；诊断电源、PLC 内部电路工作状态和编程工作中的语法错误等；CPU 能从存储器逐条读取用户程序，并经过命令解释后按指令规定的任务产生相应的控制信号，去控制有关的电路，从而去执行数据的存取、传送、组合、比较和变换等，完成用户程序中规定的逻辑或数学运算等任务；根据运算结果，实现相应的输出控制、打印制表或数据通信等功能。

PLC 的存储器用来存储系统程序和用户程序。系统程序主要包括监控程序、模块化应用功能子程序、命令解释功能子程序以及各种系统参数等。用户程序主要是指由用户编制的梯形图等程序。PLC 在运行过程中的输入、输出数据（或状态）亦存储到相应的状态表或数据寄存器中。

PLC 中的输入、输出接口是用来连接现场设备或其他外部设备的部件。外部的各种开关信号、模拟信号、传感器检测的各种信号，经过 PLC 外部输入端子（包括逻辑量 I/O 接口、数字量 I/O 接口和模拟量 I/O 接口等），并将输入端不同的电压或电流信号转换成微处理器所能接收的低电平信号（输入电平转换）进入 CPU 的内部寄存器中，然后在 PLC 内部进行逻辑运算或其他各种运算。其运算结果要经过输出电平转换，将微处理器的低电平信号转换为控制设备所需的电压或电流信号，输送到输出端子，对外围设备进行各种控制。PLC 的外围设备包括信号灯、各种电磁装置、接触器、执行器、电动机等。有的 PLC 还可以配设盒式磁带机、打印机、高分辨率大屏幕彩色图形监控系统。某些 PLC 还可通过通信接口与另一台 PLC 或上位机连接。一般的 PLC 输入、输出点数为 8~64，必要时可以配备 I/O 扩展机用来扩展输入、输出点数。PLC 的输出触点容量一般为 2A，可直接驱动接触器、电磁铁等强电电器元件。

　　PLC 的编程单元是指编程器，它的作用是编制、编辑、调试和监视用户程序，还可以通过其键盘去调用和显示 PLC 的一些内部状态和系统参数。它经过通信端口与 CPU 联系，实现人机对话。编程器有简易型和智能型两类。简易型只能联机编程；智能型既可联机又可脱机编程；既可用电缆直接连接到 CPU 进行编程，又可远离 CPU 插到现场 I/O 控制站的相应接口进行编程。编程器的键盘采用梯形图语言键符或命令语言助记键符，亦可由软件指定的功能键符，通过屏幕对话方式进行编程。

　　PLC 一般配有开关式稳压电源，用来对内部电路供电。

　　（2）PLC 的内部等效继电器电路

　　PLC 是一种专用微机，但用它来实现继电接触控制系统的功能时，就无须从计算机的角度去研究，而是将 PLC 的内部结构等效为一个继电器电路，在 PLC 内部的一个触发器等效为一个继电器，通过预先编制好并存入内存的程序来实现控制作用，因此，对使用者来说，可以不去理会微机及存储器内部的复杂结构，而是将 PLC 看成是由许多继电器组成的控制器，但这些继电器的通断是由软件来控制的，因此称为"软继电器"。

　　任何一个继电器控制系统，都是由输入部分、逻辑部分和输出部分组成，如图 4-40 所示。

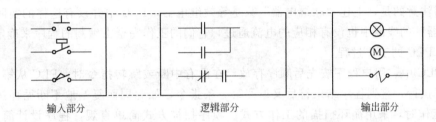

输入部分　　　　　　　　逻辑部分　　　　　　　　输出部分

图 4-40　继电器控制系统

　　输入部分是由一些控制按钮、操作开关、限位开关、光电管信号等组成，它接收来自被控对象上的各种开关信息，或操作台上的操作命令。

　　逻辑部分是根据被控对象的要求而设计的各种继电器控制线路，这些继电器的动作是按一定的逻辑关系进行的。

　　输出部分是指根据用户需要而选择的各种输出设备，如电磁阀线圈、接通电机的各种接触器、信号灯等。

　　当将 PLC 看成是由许多"软继电器"组成的控制器时，可以画出其相应的内部等效电器电路，如图 4-41 所示。

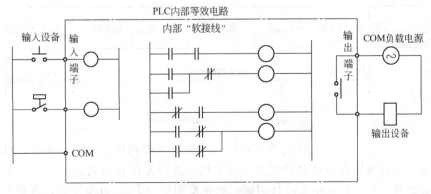

图 4-41　PLC 的等效继电控制电路

由图 4-41 可以看出，PLC 的内部等效电路（如图中的大框线内所示）分别与用户输入设备和输出设备相连接。输入设备相当于继电器控制电路中的信号接收环节，如操作按钮、控制开关等；输出设备相当于继电器控制电路中的执行环节，如电磁阀、接触器等。

在 PLC 内部用户提供的等效继电器有输入继电器、输出继电器、辅助继电器、时间继电器、计数继电器等。

输入继电器与 PLC 的输入端子相连接，用来接受外部输入设备发来的信号，它不能用内部的程序指令控制。

输出继电器的触头与 PLC 的输出端子相连接，用来控制外部输出设备，它的状态由内部的程序指令控制。

辅助继电器相当于继电器控制系统中的中间继电器，其触头不能直接控制外部输出设备。

时间继电器又称为定时器。每个定时器的定时值确定后，一旦启动定时器，便以一定的单位（例 0.1s）开始递减，当定时器中设定的时值减为 0 时，定时器的触头就动作。

计数继电器又称为计数器，每个计数器的计数值确定后，一旦启动计数器，每来一个脉冲，计数值便减 1，直到设定的计数值减为 0 时，计数器的输出触头就动作。

值得注意的是，上述"软继电器"只是等效继电器，PLC 中并没有这样的实际继电器，"软继电器"的线圈中也没有相应的电流通过，它们的工作完全由编制的程序来确定。

（3）PLC 的工作过程

在 PLC 中，用户程序按先后顺序存放，在没有中断或跳转指令时，PLC 从第一条指令开始顺序执行，直到程序结束符后又返回第一条指令，如此周而复始地不断循环执行程序。PLC 在工作时，采用循环扫描的工作方式。顺序扫描方式简单直观，程序设计简单，并为 PLC 的运行提供可靠的保证。

PLC 扫描工作的第一步是采样阶段，通过输入接口把所有输入端的信号状态读入缓冲区，即刷新输入信号的原有状态。第二步扫描用户程序，根据本周期输入信号的状态和上周期输出信号的状态，对用户程序逐条进行运算处理，将结果送到输出缓冲区。第三阶段进行输出刷新，将输出缓冲各输出点的状态通过输出接口电路全部送到 PLC 的输出端子。

PLC 周期性的循环执行上述三个步骤，这种工作方式就称为循环扫描的工作方式。每一次循环的时间为一个扫描周期。一个扫描周期中除了执行指令外，还有 I/O 刷新、故障诊断和通信等操作，如图 4-42 所示。扫描周期是 PLC 的重要参数之一，它反映 PLC 对输入信号的灵敏度或滞后程度。通常工业控制要求 PLC 的扫描周期为 6～30ms 以下。

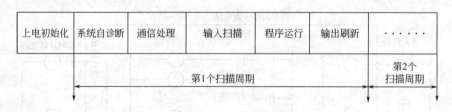

图 4-42　PLC 的工作流程图

在进入扫描之前，PLC 先执行自检操作，以检查系统硬件是否存在问题。自检过程的主要任务是消除各继电器和寄存器状态的随机性，进行复位和初始化处理，检查 I/O 模块的连接是否正常，再对内存单元进行测试。如正常则认为 PLC 自身完好，否则出错指示灯报警，停止所有任务的执行。最后复位系统的监视定时器，允许 PLC 进入循环扫描周期。

在每次扫描期间，PLC 都要进行系统诊断，以及时发现故障。

在正常的扫描周期中，PLC 内部要进行一系列操作，一般包括故障诊断及处理操作、连接工业现场的数据输入输出操作、执行用户程序和响应外部设备的任务请求（如显示和通信等）。

PLC 面板上都有设定其工作方式的开关。当 PLC 的方式开关置于 RUN 时，执行所有阶段；当方式开关置于 STOP 时，不执行后三个阶段。此时，可进行通信处理，如对 PLC 进行离线编程或联机操作。

4.7.3　PLC 的编程语言

PLC 是一种专门为工业控制而设计的计算机，具体控制功能的实现也是通过开发人员设计的程序来完成的。所以，采用 PLC 进行控制就涉及用相应的程序设计语言来完成编程的任务。

PLC 采用面向过程、面向问题的"自然语言"编程，其特点是简单、易懂、易学、便于掌握。不同类型的 PLC，有不同的编程语言，通常有梯形图 LAD，语句表 STL、控制系统流程图、逻辑方程或布尔代数式等，除此之外，还有配 BASIC 语言或其他高级语言的。

（1）梯形图

梯形图是使用得最多的一种编程语言，在形式上类似于继电器的控制电路，因此是非常形象易学的一种编程语言。梯形图由触点、线圈和指令框等构成。触点代表逻辑输入条件，线圈代表逻辑运算结果，指令框用来表示定时器、计数器或数字运算等功能指令。梯形图中的触点只有常开和常闭两种，触点可以是 PLC 外部开关连接的输入继电器的触点，也可以是 PLC 内部继电器的触点或内部定时器、计数器等的触点。梯形图中的触点可以任意串、并联，但线圈只能并联，不能串联。PLC 是按循环扫描的方式处理控制任务，沿梯形图先后顺序执行。在同一扫描周期中的结果存储在输出状态暂存器中，所以输出点的值在用户程序中可以当作条件使用。

（2）指令表

指令表是一种类似于计算机汇编语言的文本编程语言，用特定助记符来表示某种逻辑运算关系。一般由多条语句组成一个程序段。指令表适合经验丰富的程序员使用，可以实现某些梯形图不易实现的功能。

（3）顺序功能图

顺序功能图也是一种图形化的编程语言，用来编写顺序控制的程序。在进行程序设计时，工艺过程被划分为若干个顺序出现的步，每步中包括控制输出的动作，从一步到另一步的转换由转换条件控制，特别适合于生产制造过程。

（4）功能块图

功能块图使用类似布尔代数的图形逻辑符号来表示控制逻辑，一些复杂的功能用指令框表示，适合于有数字电路基础的编程人员使用。

（5）结构化文本

结构化文本是为 IEC61131-3 标准创建的一种 PLC 高级语言。与梯形图相比，易于实现复杂的数学运算，编写的程序非常简洁紧凑。

技能训练与思考题

1. 试述物位测量的意义。
2. 按工作原理不同，物位测量仪表有哪些主要类型？它们的工作原理各是什么？

3. 差压式液位计的工作原理是什么？当测量有压容器的液位时，差压计的负压室为什么一定要与容器的气相相连接？

4. 有两种密度分别为 ρ_1、ρ_2 的液体，在容器中，它们的界面经常变化，试考虑能否利用差压变送器来连续测量其界面？测量界面时要注意什么问题？

5. 什么是液位测量时的零点迁移问题？怎样进行迁移？其实质是什么？

6. 正迁移和负迁移有什么不同？如何判断？

7. 测量高温液体（指它的蒸汽在常温下要冷凝的情况）时，经常在负压管上装有冷凝罐（见题 7 图），问这时用差压变送器来测量液位时，要不要迁移？如要迁移，迁移量应如何考虑？

8. 为什么说浮子式液位计是恒浮力式液位计？

9. 试述电容式物位计的工作原理。

10. 试述辐射式物位计的工作原理。

11. 什么是控制器的控制规律？控制器有哪些基本控制规律？

12. 双位控制规律是怎样的？有何优缺点？

13. 比例控制规律是怎样的？什么是比例控制的余差？为什么比例控制会产生余差？

14. 何为比例控制器的比例度？一台 DDZ-Ⅱ 型液位比例控制器，其液位的测量范围为 $0\sim1.2\mathrm{m}$，若指示值从 $0.4\mathrm{m}$ 增大到 $0.6\mathrm{m}$，比例控制器的输出相应从 5mA 增大到 7mA，试求控制器的比例度及放大系数。

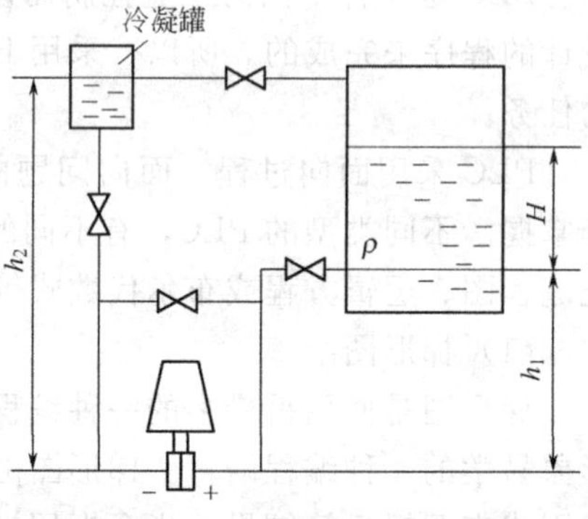

题 7 图

15. 一台 DDZ-Ⅲ 型温度比例控制器，测量的全量程为 $0\sim1000℃$，当指示值变化 $100℃$，控制器比例度为 80%，求相应的控制器输出将变化多少？

16. 比例控制器的比例度对控制过程有什么影响？选择比例度时要注意什么问题？

17. 试写出积分控制规律的数学表达式。为什么积分控制能消除余差？

18. 什么是积分时间 T_I？试述积分时间对控制过程的影响。

19. 一台具有比例积分控制规律的 DDZ-Ⅱ 型控制器，其比例度为 200%，稳态时输出为 5mA。在某瞬间，输入突然变化了 0.5mA，经过 30s 后，输出由 5mA 变为 6mA，试问该控制器的积分时间 T_I 为多少？

20. 某台 DDZ-Ⅲ 型比例积分控制器，比例度为 100%，积分时间 T_I 为 2min。稳态时，输出为 5mA。某瞬间，输入突然增加了 0.2mA，试问经过 5min 后，输出将由 5mA 变化到多少？

21. 理想微分控制规律的数学表达式是什么？为什么微分控制规律不能单独使用？

22. 试写出比例积分微分（PID）三作用控制规律的数学表达式。

23. 试分析比例、积分、微分控制规律各自的特点。

24. 试分别写出 QDZ 型、DDZ-Ⅱ 型、DDZ-Ⅲ 型仪表的信号范围。

25. 电动调节器 DDZ-Ⅲ 型有何特点？

26. 简述数字式控制器的基本构成以及各部分的主要功能。

27. 试述可编程控制器（PLC）的功能和特点。

28. 试简述 PLC 的分类。

29. PLC 主要由哪几部分组成？

30. PLC 目前常用的编程语言主要有哪些？

5/ 流量控制

【能力目标】

- 能熟悉盐水流量控制要求
- 会使用离心泵
- 会使用流量检测仪表
- 能进行控制系统的投运
- 会查阅相关资料

【知识目标】

- 掌握流量测量的原理方法及分类
- 掌握常用的流量检测仪表
- 掌握流量测量仪表的选择
- 了解压力变送器的连接方式
- 掌握进电解槽盐水流量控制方案的形成
- 掌握控制系统的设计与投运

在化工生产中，经常需要测量生产过程中各种介质的流量，以便为生产操作和管理、控制提供依据。同时，为了进行经济核算，也需要知道在一段时间内流过的介质总量。所以，流量测量和控制是化工生产过程中的重要环节之一。

5.1 概述

一般所讲的流量是指单位时间内流过管道某一截面的流体数量。流量包括瞬时流量和总量（累积流量）。瞬时流量是指单位时间内流过管道某一截面的流体数量的大小；而在某一段时间内流过管道的流体流量的总和，即某段时间内瞬时流量的累加值，称为总量。

流量可用体积流量和质量流量来表示，单位时间内流过的流体以质量表示的称为质量流量，常用符号 M 表示；以体积表示的称为体积流量，常用符号 Q 表示。若流体的密度是 ρ，则体积流量和质量流量之间的关系是

$$M = Q\rho \ \text{或} \ Q = \frac{M}{\rho}$$

如以 t 表示时间，则流量和总量之间的关系是

$$Q_{总} = \int_0^t Q \mathrm{d}t \ \text{或} \ M_{总} = \int_0^t M \mathrm{d}t$$

一般用来测量瞬时流量的仪表称为流量计；测量流体总量的仪表称为计量表。两者也不是截然划分的，在流量计上配以累积机构也可以读出总量。

瞬时流量常用单位有 m^3/h（米³/小时）、l/h（升/小时）、t/h（吨/小时）、kg/h（千克/小时）等；总量常用单位有 t、m^3。

测量流量的方法很多，其测量原理和所用仪表结构形式各不相同。常用流量测量的分类方法如下。

（1）速度式流量计

速度式流量计根据流体力学原理进行流量测量，即以流体在管道内的平均流速，再乘以管道截面积求得流体的体积流量的。常用仪表有差压式流量计、转子流量计、靶式流量计、电磁流量计、涡轮流量计等。

（2）容积式流量计

容积式流量计以单位时间内排出流体的固定容积的数目为测量依据来计算流量。常用仪表有椭圆齿轮流量计、腰轮流量计、活塞式流量计等。

（3）质量式流量计

质量式流量计以流体流过的质量为测量依据。一般分为直接式和间接式两种。直接式可直接测量质量流量，如热力式、科氏力式、动量式、差压式等；而间接式是用密度与体积流量经过运算求得质量流量的，如温度压力补偿式、密度补偿式等。质量式流量计的被测流量数值不受流体的温度、压力、黏度等变化的影响，是一种发展中的流量测量仪表。

5.2　常用流量检测仪表

流量检测仪表有很多，适用的场合各不相同。本节就是掌握各类流量检测仪表的工作原理和使用方法，为后续工作做好准备。

5.2.1　差压式流量计

差压式流量计在流通管道内安装流动阻力元件，流体通过阻力元件时，流束将在节流元处形成局部收缩，使流速增大，静压力降低，于是在阻力件前后产生压力差。该压力差通过差压计检出，流体的体积流量或质量流量与差压计所测得的差压值有确定的数值关系。通过测量差压值便可求得流体流量，并转换成电信号（如 4～20mA DC）输出。把流体流过阻力元件使流束收缩造成压力变化的过程称为节流过程，其中的阻力元件称为节流元件。

（1）差压式流量计的基本结构

差压式流量计主要由节流装置、信号管路、差压变送器和显示仪表/控制器组成。节流装置将被测流体的流量转换成差压信号，信号管路把差压信号传输到差压变送器或差压计。差压计对差压信号进行测量并显示出来，差压变送器将差压信号转换为与流量相对应的标准电信号或气信号，通过显示仪表进行显示、记录与控制。基本结构如图 5-1 所示。

（2）差压式流量计的工作原理

沿管道流动的流体，由于有压力而具有静压能，同时有流速又具有动能，这两种形式的能量在一定条件下可以相互转化，但参加转换的能量总和保持不变。连续流动的流体遇到安

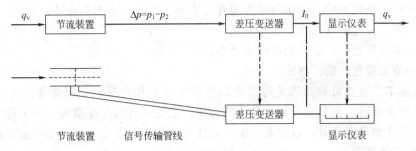

图 5-1 差压式流量计示意图

装在管道内的节流装置时，受到节流装置的阻碍作用而形成流束的局部收缩，流体的流通面积减小，流速增大，从而动能增大，由于能量守恒，其静压力必然减小。由于惯性作用，流束的最小收缩截面并不在节流装置的开孔处，而在其后某一位置，此处流速最大，相应的静压力最小。也就是说，当流体流经节流装置时，在节流装置的前后会产生压力差。

节流装置前流体压力较高，称为正压，以"＋"表示；节流装置后流体压力较低，称为负压，以"－"表示。节流装置前后压差的大小与流量有关。管道中流体的流量越大，在节流装置前后产生的压差也越大，只要测出节流装置前后压差的大小，就可知道管道中流量的大小，这就是节流装置测量流量的基本原理。

1）节流现象

流体在装有节流装置的管道中流动时，在节流装置前后的管壁处，流体的静压力发生变化的现象称为节流现象。如图 5-2 所示。

在节流元件前后选定两个截面 1 和 2。在截面 1 处，流体未受到节流元件的影响，流束充满管道，管道截面为 A_1，流体静压力为 P_1，平均流速为 v_1，流体密度为 ρ_1。截面 2 是流体经节流元件后流束收缩的最小截面，管道截面为 A_2，流体静压力为 P_2，平均流速为 v_2，流体密度为 ρ_2。图 5-2 中压力曲线点画线代表管道中心处静压力，实线代表管壁处静压力。流体的静压力和流速在节流元件前后的变化充分反映了能量的转换。在节流元件前，流体向中心加速，至截面 2 处，流束截面收缩

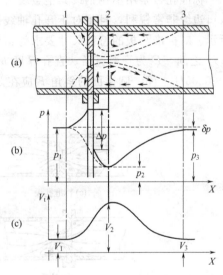

图 5-2 孔板装置及其压力、流速分布图

达到最小，流速最大，静压力最低。之后流束扩张，流速逐渐减小，静压力升高。流体流至截面 3 处，由于涡流区的存在导致流体能量损失，截面 3 处流体的静压力小于截面 1 处的静压力，即 $p_3 < p_1$。也就是说，流体经过节流元件后，流体的静压力发生变化，管道前后产生压力差，流速越大，压力差也就越大，根据流体力学中的伯努利方程式和连续性方程式推导出来流量基本方程式。即

$$Q = \alpha\varepsilon F_0 \sqrt{\frac{2}{\rho_1}\Delta p} = K \sqrt{\Delta p} \tag{5-1}$$

$$M = \alpha\varepsilon F_0 \sqrt{2\rho_1\Delta p} = K_1 \sqrt{\Delta p} \tag{5-2}$$

式中　α——流量系数。它与节流装置的结构形式、取压方式、孔口截面积与管道截面积之比、雷诺数、孔口边缘锐度、管壁粗糙度等因素有关；

ε——膨胀校正系数，应用时可查阅有关手册。对不可压缩的液体，取 $\varepsilon=1$；

F_0——节流装置的开孔截面积；

Δp——节流装置前后实际测得的压力差；

ρ_1——节流装置前的流体密度。

由流量基本方程式可知，流量与压差的平方根成正比。所以，用这种流量计测量流量时，如果不加开方器，流量标尺刻度是不均匀的。起始部分的刻度很密，后来逐渐变疏。因此，在用差压法测量流量时，被测流量值不应接近于仪表的下限值，否则测量误差很大。

2）标准节流装置

节流装置就是使管道中流动的流体产生静压力的装置，完整的节流装置由节流元件、取压装置和上下游测量导管三部分组成，有标准节流装置和非标准节流装置两大类。对于标准节流装置，在设计计算时都有统一的标准规定、要求和计算所需的有关数据及程序，可直接按照标准制造；安装和使用时不必进行标定，能保证一定的精度。非标准节流装置主要用于特殊介质或特殊工况条件的流量检测，它必须用实验方法单独标定。作为流量检测用的节流元件有标准的和特殊的两种。标准节流元件包括标准孔板、标准喷嘴和标准文丘里管。如图5-3 所示。

标准孔板是用不锈钢或其他金属材料制造的薄板，具有圆形开孔并与管道同心，其直角入口边缘非常锐利，且相对于开孔轴线是旋转对称的，顺流的出口呈扩散的锥形，如图5-4 所示。对标准孔板的特征尺寸要求为：节流孔径 d 不小于 12.5mm，直径比 d/D 应在 0.2～0.75 之间，D 为管道直径，直孔厚度 h 应在 $0.005D \sim 0.02D$ 之间，孔板的总厚度 E 应在 $h \sim 0.05D$ 之间，圆锥面的斜角 F 应在 30°～45°之间。

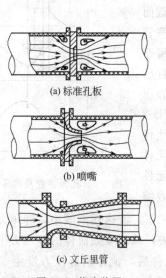

(a) 标准孔板

(b) 喷嘴

(c) 文丘里管

图 5-3　节流装置

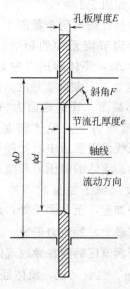

图 5-4　标准孔板

标准孔板结构简单，加工方便，价格低廉。但对流体造成的压力损失较大，测量精度较低，而且一般只使用于洁净流体介质的测量。在测量大管径高温高压介质时，孔板容易变形。

3）标准节流装置选用

节流装置的选用应根据被测介质流量测量的条件和要求，结合各种标准节流装置的特点，从测量精度要求、允许的压力损失大小、可能给出的直管段长度、被测介质的物理化学性质、结构的复杂程度和价格的高低、安装是否方便等几方面综合考虑。

① 从加工制造和安装方面看，孔板最简单，喷嘴次之，文丘里管最复杂。造价高低与此相对应。通常多采用孔板。

② 测量易使节流装置腐蚀、沾污、磨损、变形的介质流量时，通常采用喷嘴。

③ 当要求压力损失较小时，多采用喷嘴或文丘里管。

④ 在流量值与压差值都相同的条件下，用喷嘴有较高的测量精度，且所需直管段较短。

⑤ 被测介质是高温、高压的，可选用孔板和喷嘴。文丘里管只适用于低压流体介质。

4）节流装置的使用条件

① 必须保证节流装置的开孔和管道的轴线同心，并使节流装置端面与管道的轴线垂直。

② 在节流装置的上、下游必须配置一定长度的直管段，管道内壁应光滑，以保证流体的流动状态稳定。

③ 标准节流装置一般用于直径 $D \geqslant 50mm$ 的管道中。

④ 被测介质应充满全部管道、连续流动，并保持稳定的流动状态。

⑤ 被测介质在通过节流装置时应不发生相变。

5）节流装置的取压方式

差压式流量计是通过测量节流元件前后静压力差 Δp 来实现流量测量的值与取压孔位置和取压方式紧密相关。根据节流装置取压口位置，取压方式分为理论取压、角接取压、法兰取压、径距取压与损失取压五种。如图 5-5 所示。国家规定标准的取压方式有角接取压、法兰取压和 $D\text{-}D/2$ 取压。

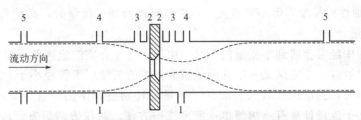

图 5-5　节流装置的取压方式

角接取压的两个取压口分别位于孔板的上下端面与管壁的夹角处，取压口可以是环隙取压口和单独钻孔取压口。环隙取压利用左右对称的 4 个环室把孔板夹在中间，通常要求环隙在整个圆周上穿通管道，或者每个夹持环应至少有 4 个开孔与管道内部连通，每个开孔的中心线彼此互成等角度，再利用导压管把孔板上下游的压力分别引出。当采用单独钻孔取压时，取压口的轴线应尽可能以 90° 与管道轴线相交，环隙宽度和单独钻孔取压口的直径 D 通常在 4～10mm 之间。显然，环隙取压由于环室的均压作用，便于测出孔板两端的平稳差压，能得到较好的测量精度，但是夹持环的加工制造和安装要求严格。当管径 $D > 500mm$ 时，一般采用单独钻孔取压。角接取压法比较简单，环室取压容易实现，测量精度较高。

法兰取压装置的上下游侧取压孔的轴线至孔板上、下游侧端面之间的距离 24.4mm±0.8mm，取装配，计算也方便，但精度较角接取压法低些，仅适用于标准孔板，压孔开在孔板上下游侧的法兰上。法兰取压法结构简单，安装方便，目前在工业上的应用已相当普遍。

（3）差压流量计的安装和使用

① 必须保证节流装置的使用条件与设计条件相一致，当被测流体的工作状态或密度、黏度、雷诺数等参数值与设计值不同时，应进行必要的修正，否则会造成较大的误差。

② 安装节流装置时，标有"＋"的一侧，应当是流体的入口方向。如为孔板，则应使流体从孔板 90°锐口的一侧流入。

③ 导压管内径不得小于 6mm，长度不得大于 16m。安装导压管时，应使两根导压管内的被测介质的密度相同，否则会引起较大的测量误差。

a. 测量液体的流量时，取压点应位于节流装置的下半部，与水平线夹角为 0°～45°；引压导管应垂直向下或下倾一定的坡度（1：20～1：10），使气泡易于排出，管路内应有排气装置。若差压计只能装在节流装置之上时，须加装贮气罐。

b. 测量气体流量时，取压点应在节流装置的上半部；引压管垂直向上或上倾一定的坡度，以使引压管内不滞留液体；若差压计必须装在节流装置之下，须加装贮液罐和排放阀。

c. 测量蒸汽流量时，取压点应从节流装置的水平位置接出，并分别安装凝液罐，使两根导管内都充满冷凝液，保持两凝液罐液位高度相同，就能实现差压的准确测量。

④ 差压计安装时，应考虑安装现场周围环境条件，选择合适的地点。

开表前，必须使导压管内充满液体或隔离液，导压管中的空气要通过排气阀和仪表的放气孔排放干净。开表时，不能让差压计单向受到很大的静压力，否则仪表会产生附加误差，甚至损坏。

应正确使用平衡阀：启用差压计时，先开平衡阀，使正、负压室连通，再开正、负压侧切断阀，最后关闭平衡阀，差压计即投入运行。当正、负压侧切断阀关闭时，打开平衡阀，即可进行仪表的零点校验。差压计停止运行时，先开平衡阀，再关闭正、负侧切断阀，最后关闭平衡阀。

⑤ 测量腐蚀性或易凝固等不宜直接进入差压计的介质的流量时，必须采取隔离措施。

5.2.2　转子流量计

在化工企业中经常会遇到小流量的测量，由于小流量介质的流速低，相应的测量仪表必须具有较高的灵敏度，才能保证一定的测量精度。节流装置用于管径小于 50mm、低雷诺数流体的流量测量时，测量误差较大。而转子流量计特别适宜于测量管径 50mm 以下管道内的流体流量。转子流量计具有结构简单，使用维护方便，对仪表前后直管段长度要求不高，压力损失小且恒定，测量范围比较宽，工作可靠且线性刻度，可测气体、蒸汽和液体的流量，适用性广等特点。因此转子流量计的应用较为广泛，目前国内流量测量中约有 15％使用转子流量计。

（1）工作原理

差压式流量计是在节流面积不变的条件下，根据差压的变化进行流量测量的。而转子流量计采用的是压降保持不变，改变节流面积的方法测量流量的。

如图 5-6 所示，指示型转子流量计由两部分组成，包括一段由下向上逐渐扩大的圆锥形管子（通常锥度为 40′～3°）和垂直放置于锥形管中的转子。

转子的密度大于被测介质密度，且能随被测介质流量大小上下浮动。当流体自下而上流经锥形管时，转子受到流体的冲击作用而向上运动。随着转子的上移，转子与锥形管

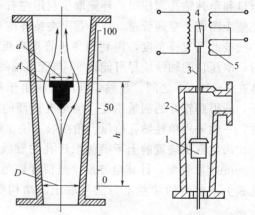

图 5-6　转子流量计结构示意图
1—转子；2—锥管；3—连动杆；
4—铁芯；5—差动变压器

间的环形流通面积增大，流体流速减小，冲击作用减弱，直到转子在流体中的重力与流体作用在转子上的推力相等时，转子停留在锥形管中某一高度上，维持力平衡。当流体的流量增大或减小时，转子将上移或下移到新的位置，继续保持力的平衡，即转子悬浮的高度与被测流量的大小成对应关系。如果在锥形管上沿着其高度刻上对应的流量值，就可根据转子平衡时，其最高边缘所处的位置直接读出流量的大小。这就是转子流量计测量流量的基本原理。

转子流量计中转子的平衡条件是：转子在流体中的重力等于流体因流动对转子所产生的作用力。即

$$V(\rho_1 - \rho_0)g = (P_1 - P_2)A \tag{5-3}$$

式中　V——转子的体积；

ρ_1、ρ_0——分别为转子材料和被测流体的密度；

P_1、P_2——分别为转子前后流体作用在转子上的作用力；

A——转子的最大横截面积；

g——重力加速度。

由于在测量过程中，V、ρ_1、ρ_0、A、g 均为常数，所以（$P_1 - P_2$）为常数，此时，流过转子流量计的流量与转子和锥形管间环形面积 F_0 有关。因锥形管由下往上逐渐扩大，所以 F_0 与转子浮起的高度有关。根据转子的高度就可以判断被测介质的流量大小，可用下式表示

$$M = h\phi\sqrt{2\rho_0\Delta P} = h\phi\sqrt{\frac{2gV(\rho_1 - \rho_0)\rho_0}{A}} \tag{5-4}$$

$$Q = h\phi\sqrt{2\frac{\Delta P}{\rho_0}} = h\phi\sqrt{\frac{2gV(\rho_1 - \rho_0)}{\rho_0 A}} \tag{5-5}$$

式中　ϕ——仪表常数；

h——转子的高度。

其他符号的意义同前述。

所以，转子流量计是根据恒压降（Δp 一定）、变流通面积（F_0 变化）法测量流量的。

（2）电远传转子流量计

上面介绍的指示式转子流量计，一般采用玻璃锥形管，只能进行就地指示。对配有电远传装置的转子流量计，可以将反映流量大小的转子高度转换为电信号，传送到其他仪表进行指示、记录和控制。结构如图 5-7 所示。

当流体流量变化时使转子转动，磁钢 1 和 2 通过带动杠杆 3 及连杆机构 6、7、8 使指针 10 在标尺 9 上就地指示流量。与此同时，差动变压器检测出转子的位移，产生差动电势通过放大和转换后输出电信号，通过显示仪表显示和通

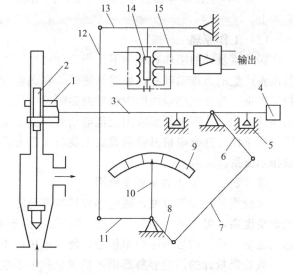

图 5-7　电远传式转子流量计的工作原理图

1,2—磁钢；3—杠杆；4—平衡锤；5—阻尼器；

6,7,8—连杆机构；9—标尺；10—指针；

11,12,13—连杆机构；14—铁芯；15—差动变压器

过控制仪表进行调节。

　　转子流量计是一种非标准化仪表，为了便于批量生产，仪表生产厂家是在标准状态下用水或空气进行刻度标定的，即转子流量计的流量标尺上的刻度值，对于测量液体来讲是代表 20℃时水的流量值，对于测量气体来讲则是代表 20℃、0.10133MPa 压力下空气的流量值。所以，在实际使用时，如果被测介质的密度和工作状态不同，必须根据实际被测介质的密度、温度、压力等参数的具体情况，对流量指示值进行修正。

5.2.3　涡轮流量计

　　在流体流动的管道内，安装一个可以自由转动的叶轮，当流体通过叶轮时，流体的动能使叶轮旋转。流体的流速越高，动能就越大，叶轮转速也就越高。玩具小风车就是这个原理。在规定的流量范围和一定的流体黏度下，转速与流速成线性关系。因此，测出叶轮的转速或转数，就可确定流过管道的流体流量或总量。日常生活中使用的某些自来水表、油量计等，都是利用这种原理制成的，这种仪表称为速度式仪表。涡轮流量计正是利用相同的原理，在结构上加以改进后制成的。

　　(1) 涡轮流量计的结构

　　图 5-8 是涡轮流量计的结构示意图，它主要由下列几部分组成。

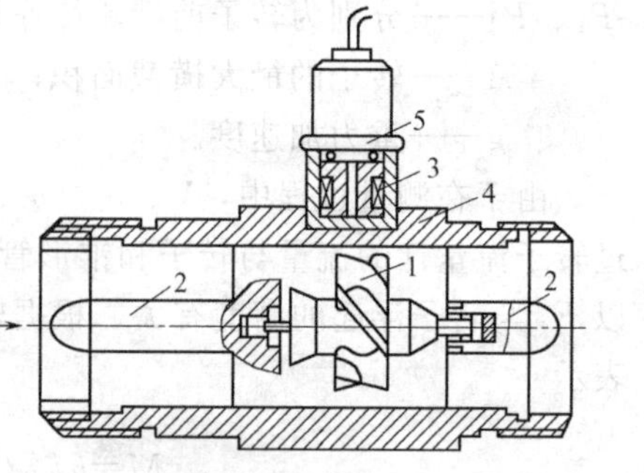

　　涡轮 1，是用高导磁系数的不锈钢材料制成的，叶轮芯上装有螺旋形叶片，流体作用于叶片上使之转动。

图 5-8　涡轮流量计
1—叶轮；2—导流器；3—磁电感应
转换器；4—外壳；5—前置放大器

　　导流器 2，用以稳定流体的流向和支承叶轮。

　　磁电感应转换器 3，由线圈和磁钢组成，用以将叶轮的转速转换成相应的电信号，以供给前置放大器 5 进行放大整形。

　　外壳 4，是由非导磁的不锈钢制成，两端与流体管道相连接，整个涡轮流量计安装在外壳 4 上。

　　(2) 工作原理

　　涡轮流量计的工作过程如下。当流体通过涡轮叶片与管道之间的间隙时，由于叶片前后的压差产生的力推动叶片，使涡轮旋转。在涡轮旋转的同时，高导磁性的涡轮叶片周期性地扫过磁钢，使磁电感应线圈中磁路的磁阻发生周期性的变化，线圈中的磁通量也跟着发生周期性的变化，线圈中便感应出交流电信号。交变电信号的频率与涡轮的转速成正比，也即与流量成正比。这个电信号经前置放大器放大整形后，送往电子计数器或电子频率计，以累积或指示流量。

　　(3) 涡轮流量计的安装及使用

　　涡轮流量计安装方便，磁电感应转换器与叶片间不需密封，也勿需齿轮传动机构，因而测量精度高，可耐高压，静压可达 50MPa。由于基于磁电感应转换原理，故反应快，可测脉动流量。输出信号为电频率信号，便于远传，不受干扰。

　　涡轮流量计的涡轮容易磨损，被测介质中不应带机械杂质，否则会影响测量精度和损坏机件。因此，一般涡轮流量计前要加过滤器。安装时，必须保证前后有一定的直管段，以使流向比较稳定。一般入口直管段的长度取管道内径的 10 倍以上，出口取 5 倍以上。流量计的转换系数一般是在常温下用水标定的，当介质的密度和黏度发生变化时，需重新标定或进行补偿。涡轮流量计量程比一般为 10∶1，准确度可达 0.5 级以上。

5.2.4 漩涡流量计

漩涡流量计又称涡街流量计。它可以用来测量各种管道中的液体、气体和蒸汽的流量，是目前工业控制、能源计量及节能管理中常用的新型流量仪表。涡街流量计是属于最新的一类流量计，但其发展迅速，目前已成为通用的一类流量计。

（1）测量原理

漩涡流量计是利用有规则的漩涡剥离现象来测量流体流量的仪表。在流体中垂直插入一个非流线形的柱状物（圆柱或三角柱）作为漩涡发生体，如图 5-9 所示。当雷诺数达到一定的数值时，会在柱状物的下游处产生如图 5-9 所示的两列平行状、并且上下交替出现的漩涡，因为这些漩涡有如街道旁的路灯，故有"涡街"之称，又因此现象首先被卡曼（Karman）发现，也称作"卡曼涡街"。由于漩涡之间相互影响，漩涡列一般是不稳定的。实验证明，当两列漩涡之间的距离 h 和同列的两漩涡之间的距离 l 之比能满足 $h/l=0.281$ 时，所产生的漩涡是稳定的。

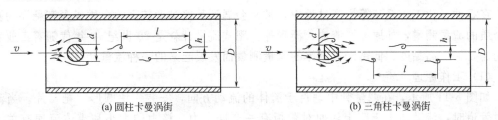

(a)圆柱卡曼涡街　　　　　　　　　　(b)三角柱卡曼涡街

图 5-9　卡曼涡街

由圆柱体形成的稳定卡曼漩涡，其单侧漩涡产生的频率为

$$f=St\frac{v}{d} \tag{5-6}$$

式中　f——单侧漩涡产生的频率，Hz；

v——流体平均流速，m/s；

d——柱体直径，m；

St——斯特劳哈尔（Strouhal）数（当雷诺数 $Re=5\times10^2\sim15\times10^4$ 时，$St=0.2$）。

由上式可知，当 St 近似为常数时，漩涡产生的频率 f 与流体的平均流速 v 成正比，测得 f 即可求得体积流量 Q。

（2）频率的测量方法

漩涡频率的检测方法有许多种，例如热敏检测法、电容检测法、应力检测法、超声检测法等，这些方法无非是利用漩涡的局部压力、密度、流速等的变化作用于敏感元件，产生周期性电信号，再经放大整形，得到方波脉冲。

图 5-10 所示的是一种热敏检测法。它采用铂电阻丝作为漩涡频率的转换元件。在圆柱形发生体上有一段空腔（检测器），被隔墙分成两部分。在隔墙中央有一小孔，小孔上装有一根被加热了的细铂丝。在产生漩涡的一侧，流速降低，静压升高，于是在有漩涡的一侧和无漩涡的一侧之间产生静压差。流体从空腔上的导压孔进入，向未产生漩涡的一侧流出。流体在空腔内流动时将铂丝上的热量带

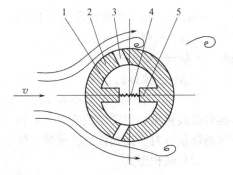

图 5-10　圆柱检出器原理图

1—空腔；2—圆柱棒；3—导压孔；

4—铂电阻丝；5—隔墙

走，铂丝温度下降，导致其电阻值减小。由于漩涡是交替地出现在柱状物的两侧，所以铂热电阻丝阻值的变化也是交替的，且阻值变化的频率与漩涡产生的频率相对应，故可通过测量铂丝阻值变化的频率来推算流量。

铂丝阻值的变化频率，采用一个不平衡电桥进行转换、放大和整形，再变换成 0～10mA（或 4～20mA）直流电流信号输出，供显示，累积流量或进行自动控制。

（3）漩涡流量计的安装及使用

漩涡流量计的特点是精确度高（约为±0.5%～±1.0%）、测量范围宽（量程比一般为20:1）、没有运动部件、无机械磨损、维护方便、压力损失小、节能效果明显。但是，漩涡流量计不适用于低雷诺数的情况，对高黏度、低流速、小口径的使用有限制。流量计安装时要有足够的直管段长度，上下游的直管段长度分别不小于 20D 和 5D，而且，应尽量杜绝振动。

5.2.5　靶式流量计

在石油、化工、轻工等生产过程中，常常会遇到某些黏度较高的介质或含有悬浮物及颗粒介质的流量测量，如原油、渣油、沥青等。靶式流量计就是 20 世纪 70 年代随着工业生产迫切需要解决高黏度、低雷诺数流体的流量测量而发展起来的一种流量计。

（1）工作原理

如图 5-11 所示，在测量管中垂直于流体的流动方向，安装一块圆形"靶"片。当流体流过管道时，流动冲击于靶上，便对靶板有一个冲击力，该力的大小和流体流速有关。因此，只要测出靶上所受的力，便可以求出流体的流量。

流体对靶的作用力有流体冲击力（动压力）、靶前后静压差作用力和流体在靶周边的黏滞摩擦力。设流体通过靶和管道间环隙处的流速为 v、圆靶的横截面积为 A_d，靶上受力为

$$F = A_d K_b \frac{1}{2}\rho v^2 \tag{5-7}$$

根据流量的定义，流过靶与管道间环形面积 A_0 的体积流量为

$$Q = A_0 \sqrt{\frac{2F}{\rho K_b A_d}} = A_0 K_a \sqrt{\frac{2F}{\rho A_d}} \tag{5-8}$$

式中　F——流体作用于靶上的力；

A_d——靶面积，$A_d = \pi d^2/4$；

A_0——靶与管道间环形面积，$A_0 = \frac{\pi}{4}(D^2 - d^2)$；

K_a——流量系数，$K_a = \sqrt{1/K_b}$，K_b 为阻力系数。

d——靶直径；

D——管道内径；

ρ——流体的密度。

实验结果表明，流量系数 K_a 与靶直径比 $\beta = d/D$ 及雷诺数 Re_D 等因素有关。由图 5-12 实验曲线可见，当雷诺数值大于某临界值后，流量系数趋于不变，且临界雷诺数较小，所以这种流量计对于高黏度、低流速流体的流量测量更具有其优越性。

（2）结构型式

靶式流量计通常由检测部分和转换部分组成。检测部分包括测量管、靶板、主杠杆和轴封膜片，其作用是将被测流量转换成作用于主杠杆上的测量力矩。转换部分由力转换器、信号处理电路和显示仪表组成。靶一般由不锈钢材料制成，靶的入口侧边缘必须锐利、无钝

口。靶直径比 β 一般为 $0.35 \sim 0.8$。靶式流量计的结构型式有夹装式、法兰式和插入式三种。

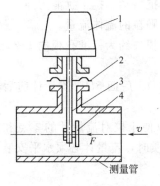

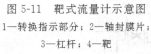

图 5-11　靶式流量计示意图

1—转换指示部分；2—轴封膜片；

3—杠杆；4—靶

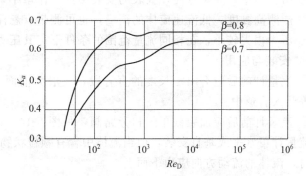

图 5-12　靶式流量计流量系数实验曲线

靶式流量计的力转换器可分为两种结构：一种是力矩平衡杠杆式力转换器，它直接采用电动差压变送器的力矩平衡式转换机构，只是用靶取代了膜盒。另一种是应变片式力转换器，如图 5-13 所示。

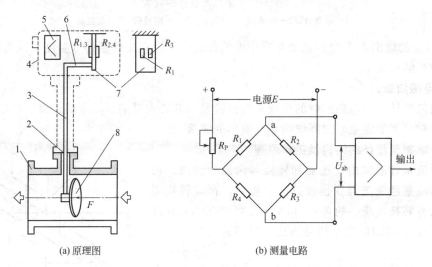

(a) 原理图　　　　　　　　　　　(b) 测量电路

图 5-13　应变片式靶式流量计

1—测量管；2—轴封膜片；3—杠杆；4—转换指示部分；

5—信号处理电路；6—推杆；7—悬臂片；8—靶

半导体应变片 R_1、R_3 粘贴在悬臂片 7 的正面，R_2、R_4 粘贴在悬臂片的反面。靶 8 受力作用，以轴封膜片 2 为支点，经杠杆 3、推杆 6 使悬臂片产生微弯弹性变形。应变片 R_1 和 R_3 受拉伸，其电阻值增大；R_2 和 R_4 受压缩而电阻值减小。于是电桥失去平衡，输出与流体对靶的作用力 F 成正比的电信号 U_{ab}，可以反映被测流体流量的大小。U_{ab} 经放大、转换为标准信号输出，也可由毫安表就地显示流量。但因 U_{ab} 与被测流量的平方成正比关系，所以变送器信号处理电路中，一般采取开方器运算，能使输出信号与被测流量成正比例关系。

（3）特点及应用

1）特点

① 结构简单，安装方便，仪表的安装维护工作量小；抗振动、抗干扰能力强。

② 能测高黏度、低流速流体的流量，也可测带有悬浮颗粒的流体流量。

③ 压力损失较小，在相同流量范围的条件下，其压力损失约为标准孔板的 1/2。

2）安装与应用

① 流量计前后应有一定长度的直管段，一般为前面 8D、后面 5D。流量计前后不应有垫片等凸入管道中。

② 流量计前后应加装截止阀和旁路阀，见图 5-14，以便于校对流量计的零点和方便检修。流量计可水平或垂直安装，但当流体中含有颗粒状物质时，流量计必须水平安装。垂直安装时，流体的流动方向应由下而上。

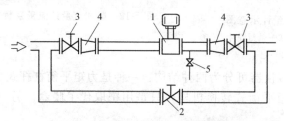

图 5-14　靶式流量计的安装

1—流量计；2—旁通阀；3—截止阀；4—缩径阀；5—放空阀

③ 因靶的输出力 F 受到被测介质密度的影响，所以在工作条件（温度、压力）变化时，要进行适当的修正。

5.2.6　电磁流量计

电磁流量计应用电磁感应的原理来测量流量，其特点是能够测量酸、碱、盐溶液以及含有固体颗粒（例如泥浆）或纤维的导电液体的流量。

（1）电磁流量计的结构及工作原理

电磁流量计通常由变送器和转换器两部分组成。被测介质的流量经变送器变换成感应电势后，再经转换器把电势信号转换成统一的 $0\sim10\text{mA}$（或 $4\sim20\text{mA}$）标准电流信号或 $0\sim2\text{kHz}$ 频率信号输出，以便进行指示、记录和控制。

电磁流量计变送部分的原理如图 5-15 所示。在一段用非导磁材料制成的管道外面，安装有一对磁极 N 和 S，用以产生磁场。当导电液体流过管道时，因流体切割磁

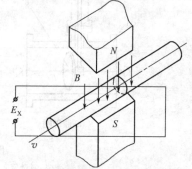

图 5-15　电磁流量计原理图

力线而产生感应电势（根据发电机原理）。此感应电势由与磁极成垂直方向的两个电极引出。当磁感应强度不变、管道直径一定时，这个感应电势的大小仅与流体的流速有关，而与其他因素无关。将这个感应电势经过放大、转换、传送给显示仪表，就能在显示仪表上读出流量来。

感应电势 E_X 的方向由右手定则判断，其大小由下式决定

$$E_\text{X}=K'BDv \tag{5-9}$$

式中　E_X——感应电动势；

$\quad\quad K'$——比例系数；

B——磁感应强度；

D——管道直径，即垂直切割磁力线的导体长度；

v——垂直于磁力线方向的液体流速。

体积流量 Q 与流速 v 的关系为

$$Q=\frac{1}{4}\pi D^2 v \tag{5-10}$$

由此得

$$E_X=\frac{4K'BQ}{\pi D}=KQ \tag{5-11}$$

式中，$K=\dfrac{4K'B}{\pi D}$——仪表常数，当 B、D 确定后，感应电动势 E_X 就与体积流量 Q 成线性关系。经一定变送器后，将 E_X 进一步转换成直流 $4\sim20mA$（或 $0\sim10mA$）标准信号，再按流量刻度。仪表具有均匀刻度。

为了避免磁力线被测量导管的管壁短路，并使测量导管在磁场中尽可能地降低涡流损耗，测量导管应由非导磁的高磁阻材料制成。

电磁流量计的测量导管内无可动部件或突出于管内的部件，因而压力损失很小。在采取防腐衬里的条件下，可以用于测量各种腐蚀性液体的流量，也可以用来测量含有颗粒、悬浮物等液体的流量。此外，其输出信号与流量之间的关系不受液体的物理性质（例温度、压力、黏度等）变化和流动状态的影响。对流量变化反应速度快，故可用来测量脉动流量。

（2）电磁流量计的特点及安装使用

电磁流量计只能用来测量导电液体的流量，其导电率要求不小于 $10^{-6}\sim10^{-5}(cm\cdot\Omega)^{-1}$。即不小于水的导电率。不能测量气体、蒸汽及石油制品等的流量。由于液体中所感应出的电势数值很小，所以要引入高放大倍数的放大器，由此而造成测量系统很复杂、成本高，并且很容易受外界电磁场干扰的影响，在使用不恰当时会极大地影响仪表的精度。电磁流量计的精度等级一般为 $1.0\sim2.5$ 级。电磁流量计的量程比一般为 $10:1$，精度较高的可达 $100:1$。

📢 **注意之处**

① 它可以水平安装，也可以垂直安装，但要求液体充满管道；

② 电磁流量计对直管段要求不高，前直管段长度 $10D$，后直管段长度 $5D$ 以上；

③ 安装地点应避免强烈振动，并远离磁场；

④ 变送器前后管道有时带有较大的杂散电流，一般要把变送器前后 $1\sim1.5m$ 处和变送器外壳连接在一起，共同接地。

5.2.7　椭圆齿轮流量计

容积式流量计，又称定排量流量计，简称 PD 流量计，在流量仪表中是精度最高的一类。容积式流量计主要用来测量不含固体杂质的高黏度液体，如油类、冷凝液、树脂和液态食品等黏稠流体的流量，而且测量准确，精度可达 $\pm0.2\%$，而其他流量计很难测量高黏度介质的流量。

椭圆齿轮流量计是最常用的一种容积式流量计。如图 5-16 所示。

（1）工作原理

椭圆齿轮流量计的测量部分是由两个互相啮合的椭圆形齿轮 A 和 B 以及轴、壳体等组成。椭圆齿轮与壳体之间形成测量室。如图 5-17 所示。

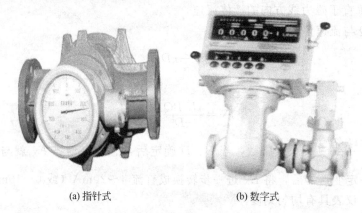

(a) 指针式　　　　　　　　　　　　(b) 数字式

图 5-16　椭圆齿轮流量计外形图

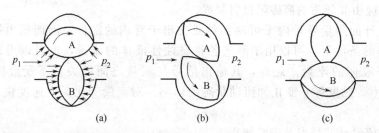

(a)　　　　　　　　　(b)　　　　　　　　　(c)

图 5-17　椭圆齿轮流量计结构原理图

当被测流体流经椭圆齿轮流量计时，由于要克服仪表阻力必然引起压力损失，从而在其入口和出口之间产生压力差，在此压力差的作用下，产生作用力矩使椭圆齿轮连续转动。

在图 5-17 (a) 所示位置时，由于 $p_1 > p_2$，p_1、p_2 共同作用产生的合力矩使 A 轮顺时针转动，而 B 轮上的合力矩为零，此时 A 轮带动 B 轮顺时针转动，A 为主动轮，B 为从动轮。在图 5-17 (b) 所示中间位置时，A 轮和 B 轮都为主动轮。在图 5-17 (c) 所示位置时，A 轮上的合力矩为零，而 B 轮上的合力矩最大，B 轮逆时针转动，此时 B 为主动轮，A 为从动轮。如此循环往复，将被测介质以椭圆齿轮与壳体之间的月牙形容积为单位，依次由进口排至出口。椭圆齿轮流量计旋转一周排出的被测介质体积量是月牙形容积的 4 倍。

椭圆齿轮流量计的体积流量 Q 为

$$Q = 4nV_0 \tag{5-12}$$

式中　n——椭圆齿轮的旋转速度；

　　　V_0——椭圆齿轮与壳体间形成的月牙形测量室的容积。

（2）使用特点

椭圆齿轮流量计适用于洁净的高黏度液体的流量测量，其测量精度高，压力损失小，安装使用方便，可以不需要直管段。但被测介质中不能含有固体颗粒，更不能夹杂机械物，否则会引起齿轮磨损甚至损坏。所以为了保护流量计，必须加装过滤器。

椭圆齿轮流量计在启用或停运时，应缓慢开、关阀门，否则易损坏齿轮，另外，流量计的温度变化不能太剧烈，否则会使齿轮卡死。

5.2.8　超声波流量计

超声波流量计是通过检查流体流动时对超声波的作用来测量流体流量的一种速度式流量

仪表。20 世纪 90 年代气体超声流量计在天然气工业中的成功应用取得了突破性的进展，一些在天然气计量中的疑难问题得到了解决，特别是多声道气体超声流量计已被气体界接受，多声道气体超声流量计是继气体涡轮流量计后被气体工业界接受的最重要的流量计量器具。目前国外已有"用超声流量计测量气体流量"的标准，我国也正在制定"用气体超声流量计测量天然气流量"的国家标准。气体超声流量计在国外天然气工业中的贸易计量方面已得到了广泛的采用。

　　超声波流量测量的方法有很多，根据测量的物理量的不同，超声波速度差法可以分为时差法（测量顺、逆流传播时由于超声波传播速度不同而引起的时间差）、相差法（测量超声波在顺、逆流中传播的相位差）、频差法（测量顺、逆流情况下超声脉冲的循环频率差）等。下面主要介绍时差式超声波流量计。

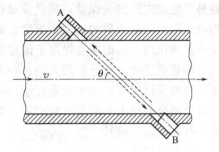

图 5-18　超声流量计结构示意图

　　在管道的两侧斜向安装两个超声换能器，使其轴线重合在一条斜线上，如图 5-18 所示，当换能器 A 发射、B 接收时，声波基本上顺流传播，速度快、时间短，可表示为

$$t_1 = \frac{L}{c + v\cos\theta} \tag{5-13}$$

　　B 发射而 A 接收时，逆流传播，速度慢、时间长，即

$$t_2 = \frac{L}{c - v\cos\theta} \tag{5-14}$$

式中　L——两换能器间传播距离；

　　　　c——超声波在静止流体中的速度；

　　　　v——被测流体的平均流速。

两种方向传播的时间差 Δt 为

$$\Delta t = t_2 - t_1 = \frac{2Lv\cos\theta}{c^2 - v^2\cos^2\theta} \tag{5-15}$$

　　因 $v \ll c$，故 $v^2\cos^2\theta$ 可忽略，故得

$$\Delta t = \frac{2Lv\cos\theta}{c^2} \tag{5-16}$$

流体的流速为

$$v = \frac{c^2}{2L\cos\theta}\Delta t \tag{5-17}$$

　　当流体中的声速 c 为常数时，流体的流速 v 与 Δt 成正比，测出时间差即可求出流速 v，进而得到流量。

　　值得注意的是，一般液体中的声速往往在 1500m/s 左右，而流体流速只有每秒几米，如要求流速测量的精度达到 1%，则对声速测量的精度需为 $10^{-5} \sim 10^{-6}$ 数量级，这是难以做到的。更何况声速受温度的影响不容易忽略，所以直接利用式（5-17）不易实现流量的精确测量。

　　超声波流量计由超声波换能器、电子线路和测量显示仪表组成。电子线路包括发射电路、接收电路和控制测量电路，显示系统可显示瞬时流量和累积流量。在测量时，超声波换能器置于管道外，不与流体直接接触，不破坏流体的流场，没有压力损失，可用于测量腐蚀性、高黏度液体和非导电液体的流量，尤其是测量大口径管道的水流量或各种水渠、河流、海水的流速和流量，在医学上还用于测量血液流量等。

5.2.9　质量流量计

目前在化工生产过程中所用的大部分流量仪表，如差压式流量计、转子流量计、椭圆齿轮流量计等，测量的都是体积流量。但在工业生产中，由于物料平衡、热平衡以及储存、经济核算等所需要的常常是质量流量。这就需要将测得的体积流量，乘以被测介质的密度，换算成质量流量，而介质密度受工作压力、温度、黏度、成分及相变等诸多变动因素的影响，容易产生较大的测量误差。质量流量计直接测量单位时间内所流过的介质的质量，其最后的输出信号与被测介质的压力、温度、黏度、雷诺数等无关，与环境条件无关，只与介质的质量流量成比例，从根本上提高了流量测量的精度。

质量流量计大致分为两大类：一类直接式质量流量计，即直接检测与质量流量成比例的量，检测元件直接反映出质量流量；一类为间接式或推导式质量流量计，即用体积流量计和密度计组合的仪表来测量质量流量，同时检测出体积流量和流体密度，通过运算得出与质量流量有关的输出信号。

（1）直接式质量流量计

直接式质量流量计品种很多，有量热式、角动量式、差压式以及科氏力等。目前应用较广泛的是科里奥利质量流量计，简称科氏力质量流量计。

科里奥利质量流量计（简称CMF）是利用流体在振动管中流动时，产生与质量流量成正比的科里奥利力（科氏力）而制成的一种直接式质量流量仪表。利用科氏力构成的质量流量计有直管、弯管、单管、双管等多种形式。

1）科里奥利（Coriolis）力

如图5-19（a）所示，当一根管子绕着原点旋转时，让一个质点以一定的直线速度v从原点通过管子向外端流动，由于管子的旋转运动（角速度ω），质点作切向加速运动，质点的切向线速度由零逐渐加大，也就是说质点被赋予能量，随之产生的反作用力F_c（即惯性力）将使管子的旋转速度减缓，即管子运动发生滞后。

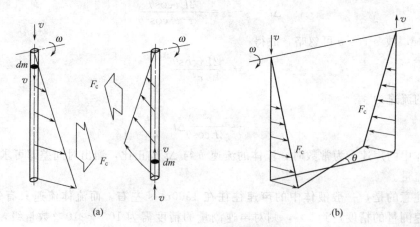

图5-19　科里奥利力作用原理图

相反，让一个质点从外端通过管子向原点流动，即质点的线速度由大逐渐减小趋向于零，也就是说质点的能量被释放出来，随之而产生的反作用力F_c将使管子的旋转速度加快，即管子运动发生超前。

这种能使旋转着的管子运动速度发生超前或滞后的力，就称为科里奥利（Coriolis）力

$$dF_c = -2dm\omega \times v \tag{5-18}$$

式中　dm——质点的质量；

　　dF_c、ω 和 v 均为矢量。

当流体在旋转管道中以恒定速度 v 流动时，管道内流体的科氏力为

$$F_c = \int dF_c = \int 2\omega v \cdot dm = \int_0^L 2\omega v \cdot \rho A \, dL = 2\omega L M \tag{5-19}$$

式中　A——管道的流通内截面积；

　　ρ——流体密度；

　　L——管道长度；

　　M——质量流量，$M = \rho v A$。

若将绕一轴线以同相位和角速度旋转的两根相同的管子外端用同样的管子连接起来，如图 5-20（b）所示。当管子内没有流体或有流体但不流动时，连接管与轴线平行；当管子内有流体流动时，由于科氏力的作用，两根旋转管产生相位差 φ，出口侧相位超前于进口侧相位，而且连接管被扭转（扭转角 θ）而不再与轴线平行。相位差 φ 或扭转角 θ 反映管子内流体的质量流量。

2）科里奥利力质量流量计

① 单 U 形弯管式科氏力质量流量计　单 U 形弯管式科氏力质量流量计结构如图 5-20 所示。

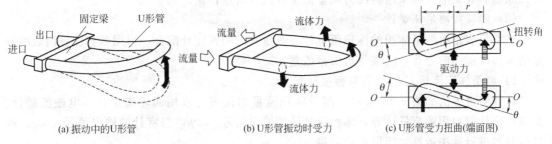

(a) 振动中的U形管　　　　　(b) U形管振动时受力　　　　　(c) U形管受力扭曲(端面图)

图 5-20　单 U 形弯管式科氏力质量流量计

其工作原理如下：测量管在外力驱动下，以固有振动频率做周期性上、下振动，频率约为 80Hz 左右，振幅接近 1mm。当流体流过振动管时，管内流体一边沿管子轴向流动，一边随管绕固定梁正反交替"转动"，对管子产生科里奥利力。进、出口管内流体的流向相反，将分别产生大小相等、方向相反的科氏力的作用。在管子向上振动的半个周期内，流入侧管路的流体对管子施加一个向下的力；而流出侧管路的流体对管子施加一个向上的力，导致了 U 形测量管产生扭曲。在振动的另外半个周期，测量管向下振动，扭曲方向则相反。如图 5-20（c）所示，U 形测量管受到一方向和大小都随时间变化的扭矩 M_c，使测量管绕 O—O 轴作周期性扭曲变形。扭转角 θ 与扭矩 M_c 及刚度 k 有关。其关系为

$$M_c = 2F_c r = 4\omega L r M = k\theta \tag{5-20}$$

$$M = \frac{k}{4\omega L r}\theta \tag{5-21}$$

所以被测流体的质量流量 M 与扭转角 θ 成正比。如果 U 形管振动频率一定，则 ω 恒定不变。所以只要在振动中心位置 O—O 上安装两个光电检测器，测出 U 形管在振动过程中测量管通过两侧的光电探头的时间差，就能间接确定 θ，即质量流量 M。

② 双 U 形弯管式科氏力质量流量计　双 U 形弯管式科氏力质量流量计结构如图 5-21 所示。A 为起振器，产生正弦振荡信号，如图 5-22 中虚线所示，两 U 形管随着起振器振动

作反向旋转运动；B、C 为两个拾振器，当流体按图 5-21 中箭头方向流动时，根据科氏力原理，B、C 为两个拾振器会相应受到压缩或拉伸而产生振动，输出信号如图 5-22 中的实线所示，出口侧相位超前于进口侧相位，它们的相位差与质量流量成正比。若将此相位差经过信号处理电路进一步转换成直流 4～20mA（或 0～10mA）标准信号，就成为质量流量计。

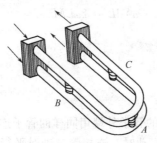

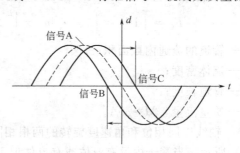

图 5-21　双弯管型科氏力流量计　　　　图 5-22　两管输出信号示意图

2）科氏力质量流量计的特点

直接测量质量流量，不受流体物性（密度、黏度等）影响，测量精度高，可达 $\pm0.5\%$；测量值不受管道内流场影响，无上、下游直管段长度要求；可测量各种非牛顿流体以及黏滞的和含微粒的浆液。但是，它的阻力损失较大，零点不稳定，以及管路振动会影响测量精度。原油和成品油一般采用科氏力质量流量计进行流量计量。

（2）间接式质量流量计

这类仪表是由测量体积的体积流量计与测量密度的密度计配合，再用运算器将两表的测量结果加以适当的运算，间接得出质量流量。

1）测量体积流量 Q 的仪表与密度计配合

这种测量方法如图 5-23 所示，测量体积流量的仪表可以用涡轮流量计、电磁流量计、漩涡流量计或容积式流量计等，体积流量计的输出信号 $y\infty p$，密度计的输出信号 $x\infty\rho$，通过运算器进行乘法运算，即得质量流量

$$xy = K\rho Q \tag{5-22}$$

式中，k 为系数。

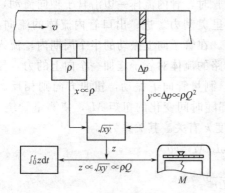

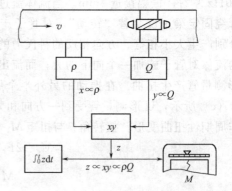

图 5-23　差压流量计与密度计配合　　　　图 5-24　涡流流量计与密度计配合

2）测量 ρQ^2 的仪表与密度计配合

能测量 ρQ^2 的仪表有差压式流量计、靶式流量计等，如图 5-24 所示，由孔板两端取压 Δp 与 ρQ^2 成正比。差压变送器的输出信号 $y\infty p$，密度计的输出信号 $x\infty\rho$，两信号通过运算器进行乘法运算后再开方，即得质量流量

$$\sqrt{xy}=K\rho Q \tag{5-23}$$

其中，k 为系数。

3）测量 ρQ^2 的仪表与测量 Q 的仪表配合

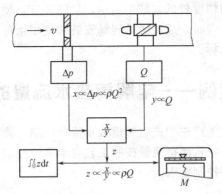

图 5-25　差压流量计与涡轮流量计配合

这种测量方法如图 5-25 所示，测量 ρQ^2 的仪表输出信号为 x，除以测量 Q 的仪表输出信号 y，即得质量流量

$$\frac{x}{y}=K\frac{\rho Q^2}{Q}=K\rho Q \tag{5-24}$$

流量计的种类很多，除了以上介绍的几种流量计外，还有许多新的流量测量方法也日益被人们重视和采用，例如激光及核磁共振等逐渐被应用到工业生产中，成为较新的流量测量技术。

5.3　流量检测仪表的选用

在化工生产过程中，仪表的选型是否正确，直接影响控制系统运行的质量和寿命。所以要合理选择。本节就是介绍流量检测仪表的选用。

流量检测仪表应根据工艺生产过程对流量测量的要求，按经济原则，合理选用。选用时，一般需考虑如下因素。

（1）仪表类型的选用

仪表类型的选用应能满足工艺生产的要求。选用时，应了解被测流体的种类，确定被测介质是气体、液体、蒸汽、浆液、还是粉粒等；了解操作条件，包括工作压力和工作温度的大小；了解被测介质的流动工况，究竟是层流、紊流、脉动流、单相流、还是双相流等；了解被测介质的物理性质，包括密度、黏度、电导率、腐蚀性等。当被测介质流量较大且波动也较大时，可选用节流装置，若被测介质是导电液体，可选用电磁流量计，但其价格较高。当流量较小时，可选用转子流量计或容积式流量测量仪表，这类仪表的最小流速测量可达 $0.1\text{m}^3/\text{h}$ 以下。选用时，还应了解流量仪表的功能，究竟是作指示、记录还是积算，最后综合各方面情况进行选用。

（2）仪表测量范围的选用

根据被测介质的流量范围，选用流量检测仪表的流量测量范围。对方根刻度仪表来说，最大流量不超过满刻度的 95%，正常流量为满刻度的 $70\%\sim80\%$，最小流量不小于满刻度的 30%；对线性刻度仪表来说，最大流量不超过满刻度的 90%，正常流量为满刻度的 $50\%\sim70\%$，最小流量不小于满刻度的 10%。

（3）仪表精度的选用

仪表的精度等级是根据工艺生产中所允许的最大绝对误差和仪表的测量范围来确定的。一般来说，仪表的精度等级越高，价格越贵，操作维护要求也越高。因此，选择时应在满足要求的前提下，尽可能选用精度较低，结构简单，价格便宜，使用寿命较长的流量仪表。

此外，选用流量检测仪表时，还应考虑现场安装和使用条件，以及允许压力损失、仪表价格和安装费用等经济性指标。

5.4　工业应用案例——电解槽盐水流量的控制

本节是完成离子膜烧碱生产中的进电解槽盐水流量控制，要掌握生产工艺条件要求，明白盐水流量参数的控制要求，从而把流量按照工艺要求实施控制。下面先来了解一下电解盐水生产工艺流程和工艺条件控制要求。

5.4.1　电解工序工艺简述

（1）阳极液系统

从盐水二次精制工序来的去离子精制盐水（简称 SFB）与循环淡盐水混合后，利用离心泵输送到电解槽的进口分配管，然后通过单元槽进液管被分配到各个阳极室内，阳极液中的氯离子在直流电的作用下，在阳极上放电生成氯气，而阳极溶液中的钠离子则在直流电的作用下通过阳离子交换膜的离子交换通道进入阴极室内。

（2）阴极液系统

从离心泵送出的循环碱液在加入适量的纯水后，经换热器换热后达到进槽温度，送往各电槽的分配管内，然后通过单元槽阴极液进液管被分配到各阴极室中，氢离子在直流电的作用下在阴极上发生放电生成氢气，而氢氧根离子则与从阳极液过来的钠离子生成氢氧化钠溶液。

离子膜电解槽电解精制盐水生产烧碱工艺流程简图如图 5-26 所示。

5.4.2　流量控制要求

工艺生产中要严格控制盐水流量，确保阳极液中的 NaCl 浓度必须在 $190\sim210g/L$ 的范围内，以保证电解的进行。工艺生产中各流量控制要求如表 5-1 所示。

表 5-1　电解工序中各控制回路流量设置表（举例）

序号	流体名称	流　量	备　注
1	二次精制盐水	二次精制盐水为 $22m^3/h$	2 万吨/年
2	循环淡盐水	$22m^3/h$(恒定)	2 万吨/年
3	进料碱液	$26m^3/h$(恒定)	2 万吨/年
4	加入碱液的纯水	$2.2m^3/h$	2 万吨/年

5.4.3　进电解槽盐水流量控制系统的构成

（1）控制系统中各个环节的选择

① 被控对象：管道

② 检测仪表：电磁流量计　在整个工艺中，工艺介质就是通常说的二次精制盐水，它具有导电性，所以可以用电磁流量计来进行流量的测量。

③ 控制仪表：具有 PID 功能的控制仪表，可以是智能控制仪表也可以用 PLC。

④ 执行器：气动执行器。

（2）控制方案

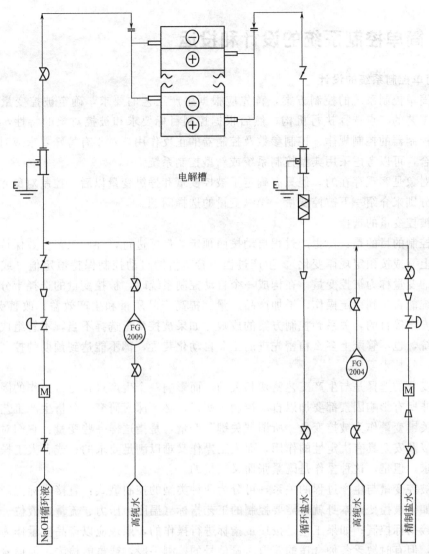

图 5-26 离子膜电解槽电解精制盐水生产烧碱流程简图

和前面几个生产工作任务一样，最终控制方案如图 5-27 所示。

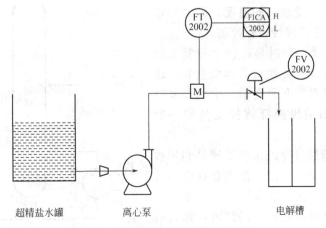

图 5-27 进电解槽盐水流量控制系统

5.5　简单控制系统的设计和投运

5.5.1　简单控制系统的设计

确定简单控制系统的控制方案，首先应根据生产工艺的要求，确定被控变量和操纵变量；根据工艺的特点选择执行机构；然后根据控制目标要求和被控对象的特性，选择控制器，确定控制器的控制规律、控制参数及控制器的正反作用。对于有特殊要求或对象具有特殊性的场合，可以考虑采用典型控制系统或新型控制系统。

控制对象是客观存在的，但只有确定了被控变量和操纵变量以后，控制对象才被唯一确定。下面分别来介绍一下被控变量、操纵变量的选择问题。

（1）被控变量的选择

自动控制的目的是：使生产过程自动按照预定的目标进行，并使工艺参数保持在预先设定的数值上（或按预定规律变化）。生产过程中希望借助自动控制保持恒定值（或按一定规律变化）的变量称为被控变量。在构成一个自动控制系统时，被控变量的选择十分重要，它关系到系统能否达到稳定操作、增加产品产量、提高产品质量和生产效益、改善劳动条件、保证生产安全等目的，关系到控制方案的成败。如果被控变量选择不当，不管组成什么型式的控制系统，也不管配上多么精密先进的工业自动化装置，都不能达到预期的控制效果，满足不了生产的技术要求。

被控变量的选择是与生产工艺密切相关的，而影响一个生产过程正常操作的因素是很多的，但并非所有影响因素都要加以自动控制。所以，必须深入研究、分析生产工艺，找出影响生产的关键变量作为被控变量。所谓"关键"变量，是指这样一些变量：它们对产品的产量、质量以及安全具有决定性的作用，而人工操作又难以满足要求的；或者人工操作虽然可以满足要求，但是，这种操作是既紧张而又频繁的。

根据被控变量与生产过程的关系，可分为两种类型的控制型式：直接指标控制与间接指标控制。如果被控变量本身就是需要控制的工艺指标（温度、压力、流量、液位、成分等），则称为直接指标控制；如果工艺是按质量指标进行操作的，照理应以产品质量作为被控变量进行控制，但有时缺乏各种合适的获取质量信号的检测手段，或虽能检测，但信号很微弱或滞后很大，不能及时地反映产品质量变化的情况，这时可选取与直接质量指标有单值对应关系而反应又快的另一变量，如温度、压力等作为间接控制指标，进行间接指标控制。

被控变量的选择，有时是一件十分复杂的工作，除了前面所说的要找出关键变量外，还要考虑许多其他因素，下面先举一个例子来略加说明，然后再归纳出选择被控变量的一般原则。

图 5-28 所示精馏过程的工作原理是利用被分离物各组分的挥发度不同，把混合物中的各组分进行分离。假定该精馏塔的操作是要使塔顶（或塔底）馏出物达到规定的纯度，那么塔顶（或塔底）馏出物的组分 X_D（或 X_w）应作

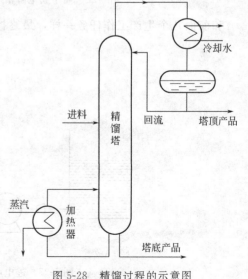

图 5-28　精馏过程的示意图

为被控变量，因为它就是工艺上的质量指标。

如果检测塔顶（或塔底）馏出物的组分 X_D（或 X_w）尚有困难，或滞后太大，那么就不能直接以 X_D（或 X_w）作为被控变量进行直接指标控制。这时可以在与 X_D（或 X_w）有关的参数中找出合适的变量作为被控变量，进行间接指标控制。

以苯、甲苯二元系统的精馏为例，当气液两相并存时，塔顶易挥发组分的浓度 X_D、塔顶温度 T_D、压力 P 三者之间有一定的关系。当压力恒定时，组分 X_D 和温度 T_D 之间存在有单值对应的关系。图 5-29 所示为苯、甲苯二元系统中易挥发组分苯的百分浓度与温度之间的关系。易挥发组分的浓度越高，对应的温度越低；相反，易挥发组分的浓度越低，对应的温度越高。

当温度 T_D 恒定时，组分 X_D 和压力 p 之间也存在着单值对应关系，如图 5-30 所示。易挥发组分浓度越高，对应的压力也越高；反之，易挥发组分的浓度越低，对应的压力也越低。由此可见，在组分、温度、压力三个变量中，只要固定温度或压力中的一个，另一个变量就可以代替 X_D 作为被控变量。在温度和压力中，究竟应选哪一个参数作为被控变量呢？

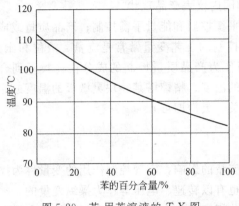

图 5-29　苯-甲苯溶液的 T-X 图

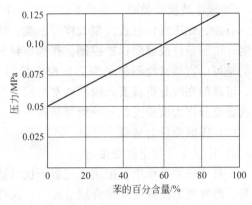

图 5-30　苯-甲苯溶液的 p-X 图

从工艺合理性考虑，常常选择温度作为被控变量。这是因为：第一，在精馏塔操作中，压力往往需要固定。只有将塔操作在规定的压力下，才易于保证塔的分离纯度，保证塔的效率和经济性。如塔压波动，就会破坏原来的汽液平衡，影响相对挥发度，使塔处于不良工况。同时，随着塔压的变化，往往还会引起与之相关的其他物料量的变化，影响塔的物料平衡，引起负荷的波动。第二，在塔压固定的情况下，精馏塔各层塔板上的压力基本上是不变的，这样各层塔板上的温度与组分之间就有一定的单值对应关系。由此可见，固定压力，选择温度作为被控变量是可能的，也是合理的。

在选择被控变量时，还必须使所选变量有足够的灵敏度。在上例中，当 X_D 变化时，温度 T_D 的变化必须灵敏，有足够大的变化，容易被测量元件所感受，且使相应的测量仪表比较简单、便宜。

此外，还要考虑简单控制系统被控变量间的独立性。假如在精馏操作中，塔顶和塔底的产品纯度都需要控制在规定的数值，据以上分析，可在固定塔压的情况下，塔顶与塔底分别设置温度控制系统。但这样一来，由于精馏塔各塔板上物料温度相互之间有一定联系，塔底温度提高，上升蒸汽温度升高，塔顶温度相应亦会提高；同样，塔顶温度提高，回流液温度升高，会使塔底温度相应提高。也就是说，塔顶的温度与塔底的温度之间存在关联问题。因此，以两个简单控制系统分别控制塔顶温度与塔底温度，势必造成相互干扰。使两个系统都不能正常工作。所以采用简单控制系统时，通常只能保证塔顶或塔底一端的产品质量。工艺要求保证塔顶产品质量，则选塔顶温度为被控变量；若工艺要求保证塔底产品质量，则选塔底温度为被控变量。如果工艺要求塔顶和塔底产品纯度都要保证，则通常需要组成复杂控制系统，增加解耦装置，解决相互关联问题。

从上面举例中可以看出，要正确地选择被控变量，必须了解工艺过程和工艺特点对控制的要求，仔细分析各变量之间的相互关系。选择被控变量时，一般要遵循下列原则：

① 被控变量应能代表一定的工艺操作指标或能反映工艺操作状态，一般都是工艺过程中比较重要的变量；

② 被控变量在工艺操作过程中经常要受到一些干扰影响而变化，为维持被控变量的恒定，需要较频繁的调节；

③ 尽量采用直接指标作为被控变量，当无法获得直接指标信号，或其测量和变送信号滞后很大时，可选择与直接指标有单值对应关系的间接指标作为被控变量；

④ 被控变量应能被测量出来（可测性），并具有足够大的灵敏度；

⑤ 被控变量应是独立可控的（可控性）；

⑥ 选择被控变量时，必须考虑工艺合理性和国内仪表产品现状。

石油、化工操作过程控制大体分三类：物料平衡控制和能量平衡控制；产品质量或成分控制；限制条件或超限保护控制。作为物料平衡控制的工艺变量常常是流量、液位和压力，它们是可以直接被检测出来作为被控变量的。而作为产品质量控制的成分往往找不到合适的、可靠的在线分析仪表，因而常常采用反应器的温度、精馏塔某一块灵敏板的温度或温差来代替成分作为被控变量——间接被控变量（相关、灵敏即可）。

（2）操纵变量的选择

1）操纵变量与干扰变量

在自动控制系统中，把用来克服干扰对被控变量的影响，实现控制作用的变量称为操纵变量。最常见的操纵变量是介质的流量。此外，也有以转速、电压等作为操纵变量的。

当被控变量选定以后，则应对生产工艺进行分析，找出有哪些因素会影响被控变量发生变化。一般来说，影响被控变量的外部输入往往有若干个而不是一个，在这些输入中，有些是可控（可以调节）的，有些是不可控的。原则上，是在诸多影响被控变量的输入中选择一个对被控变量影响显著而且可控性良好的输入，作为操纵变量，而其他未被选中的所有输入量则视为系统的干扰。下面举一实例加以说明。

图 5-31 是炼油和化工厂中常见的精馏设备。如果根据工艺要求，选择提馏段某块塔板（一般为温度变化最灵敏的板，称为灵敏板）的温度作为被控变量。那么，自动控制系统的任务就是通过维持灵敏板上温度恒定，来保证塔底产品的成分满足工艺要求。

从工艺分析可知，影响提馏段灵敏板温度 $T_灵$ 的因素主要有：进料的流量（$Q_入$）、成分（$X_入$）、温度（$T_入$）、回流的流量（$Q_回$）、回流液温度（$T_回$）、加热蒸汽流量（$Q_蒸$），冷凝器冷却温度及塔压等。这些因素都会影响被控变量（$T_灵$）变化，如图 5-32 所示。现在的问题是选择哪一个变量作为操纵变量。为此，可先将这些影响因素分为两大类，即可控的和不可控的。从工艺角度看，本例中只有回流量和蒸汽流量为可控因素，其他一般为不可控因素。当然，在不可控因素中，有些也是可以调节的，例如 $Q_入$、塔压等，只是工艺上一般不允许用这些变量去控制塔的温度（因为 $Q_入$ 的波动意味着生产负荷的波动；塔压的波动意味着塔的工况不稳定，并会破坏温度与成分的单值对应关系，这些都是不允许的。因此，将这些影响因素也看成是不可控因素）。在两个可控因素中，蒸汽流量对提馏段温度影响比起回流量对提馏段温度影响来说更及时、更显著。同时，从节能角度来讲，控制蒸汽流量比控制回流量消耗的能量要小，所以通常应选择蒸汽流量作为操纵变量。

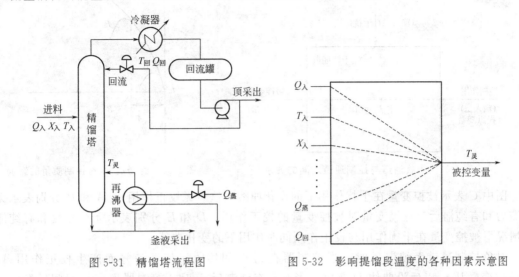

图 5-31　精馏塔流程图　　　　　　　图 5-32　影响提馏段温度的各种因素示意图

2）对象特性对选择操纵变量的影响

操纵变量与干扰变量作用在对象上，都会引起被控变量变化，图 5-33 是其示意图。干扰变量由干扰通道施加在对象上，起着破坏作用，使被控变量偏离给定值；操纵变量由控制通道施加到对象上，使被控变量回复到给定值，起着校正作用。这是一对相互矛盾的变量，它们对被控变量的影响都与对象特性有密切的关系。因此在选择操纵变量时，要认真分析对象特性，以提高控制系统的控制质量。

① 对象静态特性的影响　在选择操纵变量构成自动控制系统时，一般希望控制通道的放大系数 K_c 要大些，这是因为 K_c 的大小表征了操纵变量对被控变量的影响程度。K_c 越大，表示控制作用对被控变量影响越显著，使控制作用更为有效。所以从控制的有效性来考虑，K_c 越大越好。当然，有时 K_c 过大，会使其过于灵敏，使控制系统不稳定，这也是要引起注意的。

另一方面，对象干扰通道的放大系数 K_f，则越小越好。K_f 小，表示干扰对被控变量的影响不大，过渡过程的超调量不大，故确定控制系统时，也要考虑干扰通道的静态特性。

总之，在诸多变量都要影响被控变量时，从静态特性考虑，应该选择其中放大系数大的可控变量作为操纵变量。

② 对象动态特性的影响

a. 控制通道时间常数的影响　操纵变量的控制作用，是通过控制通道施加于对象去影响被控变量的。所以控制通道的时间常数不能过大，否则会使操纵变量的校正作用迟缓、超调量大、过渡时间长。要求对象控制通道的时间常数 T_C 小一些，使之反应灵敏、控制及时，从而获得良好的控制质量。例如在前面列举的精馏塔提馏段温度控制中，由于回流量对提馏段温度影响的通道长，时间常数大，而加热蒸汽量对提馏段温度影响的通道短，时间常数小，因此选择蒸汽量作为操纵变量是合理的。

b. 控制通道纯滞后 τ_0 的影响　控制通道的物料输送或能量传递都需要一定的时间。这样造成的纯滞后 τ_0 对控制质量是有影响的。图 5-34 所示为纯滞后对控制质量影响的示意图。

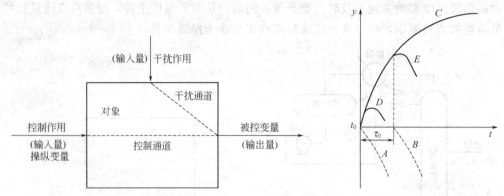

图 5-33　干扰通道与控制通道之间的关系　　　图 5-34　纯滞后 τ_0 对控制质量的影响

图中 C 表示被控变量在干扰作用下的变化曲线（这时无校正作用）；A 和 B 分别表示无纯滞后和有纯滞后时操纵变量对被控变量的校正作用；D 和 E 分别表示无纯滞后和有纯滞后情况下被控变量在干扰作用与校正作用同时作用下的变化曲线。

对象控制通道无纯滞后时，当控制器在 t_0 时间接收正偏差信号而产生校正作用 A，使被控变量从 t_0 以后沿曲线 D 变化；当对象有纯滞后 τ_0 时，控制器虽在 t_0 时间后发出了校正作用，但由于纯滞后的存在，使之对被控变量的影响推迟了 τ_0 时间，即对被控变量的实际校正作用是沿曲线 B 发生变化的。因此被控变量则是沿曲线 E 变化的。比较 E、D 曲线，可见纯滞后使超调量增加；反之，当控制器接收负偏差时所产生的校正作用，由于存在纯滞后，使被控变量继续下降，可能造成过渡过程的振荡加剧，以致时间变长，稳定性变差。所以，在选择操纵变量构成控制系统时，应使对象控制通道的纯滞后时间 τ_0 尽量小。

c. 干扰通道时间常数的影响　干扰通道的时间常数 T_f 越大，表示干扰对被控变量的影响越缓慢，这是有利于控制的。所以，在确定控制方案时，应设法使干扰到被控变量的通道长些，即时间常数要大一些。

d. 干扰通道纯滞后 τ_f 的影响　如果干扰通道存在纯滞后 τ_f，即干扰对被控变量的影响推迟了时间 τ_f，因而，控制作用也推迟了时间 τ_f，使整个过渡过程曲线推迟了时间 τ_f，只要控制通道不存在纯滞后，通常是不会影响控制质量的，如图 5-35 所示。

3）操纵变量的选择原则

根据以上分析，概括来说，操纵变量的选择原则主要有以下几条。

① 操纵变量应是可控的，即工艺上允许调节的变量。

② 操纵变量一般应比其他干扰对被控变量的影响更加灵敏、及时。为此，应通过合理选择操纵变量，使控制通道的放大系数适当大、时间常数适当小（但不宜过小，否则易引起振荡）、纯滞后时间尽量小。为使其他干扰对被控变量的影响减小，应使干扰通道的放大系数尽可能小、时间常数尽可能大。

③ 在选择操纵变量时，除了从自动化角度考虑外，

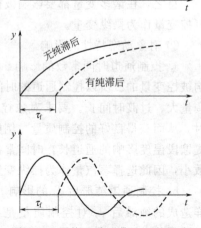

图 5-35　干扰通道纯滞后 τ_f 的影响

还要考虑工艺的合理性与生产的经济性。一般说来，不宜选择生产负荷作为操纵变量，因为生产负荷直接关系到产品的产量，是不宜经常波动的。另外，从经济性考虑，应尽可能地降低物料与能量的消耗。

（3）控制器控制规律的确定

前面已经讲过，简单控制系统是由被控对象、控制器、执行器和测量变送装置四大基本部分组成的。在现场控制系统安装完毕或控制系统投运前，往往是被控对象、测量变送装置和执行器这三部分的特性就完全确定了，不能任意改变。这时可将对象、测量变送装置和执行器合在一起，称之为广义对象。于是控制系统可看成由控制器与广义对象两部分组成，如图 5-36 所示。在广义对象特性已经确定的情况下，如何通过控制器控制规律的选择与控制器参数的工程整定，来提高控制系统的稳定性和控制质量，这就是我们所要讨论的主要问题。

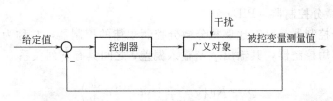

图 5-36 简单控制系统简化方块图

目前工业上常用的控制器主要有四种控制规律：位式控制、比例控制规律（P）、比例积分控制规律（PI）和比例积分微分控制规律（PID）。

选择哪种控制规律主要是根据广义对象的特性和工艺的要求来决定的。下面分别说明各种控制规律的特点及应用场合。

1）位式控制

位式控制属于简单控制方式，一般适用于对控制质量要求不高，被控对象是单容量的，且容量较大、滞后较小、负荷变化不大也不太激烈、工艺允许被控变量波动范围较宽的场合。如脱水罐放水的液位控制，以及气动仪表空气压缩机贮罐的压力控制系统等。

2）比例控制器（P）

比例控制器是具有比例控制规律的控制器，它的输出 p 与输入偏差 e（实际上是指它们的变化量）之间的关系为

$$p = K_P e \tag{5-25}$$

比例控制器的可调整参数是比例放大系数 K_P，或比例度 δ，对于单元组合仪表来说，它们的关系为

$$\delta = \frac{1}{K_P} \times 100\% \tag{5-26}$$

比例控制器的特点是：控制器的输出与偏差成比例，即控制阀门位置与偏差之间具有一一对应关系。当负荷变化时，比例控制器克服干扰能力强、控制及时、过渡时间短。在常用控制规律中，比例作用是最基本的控制规律，不加比例作用的控制规律是很少采用的。但是，纯比例控制系统在过渡过程终了时存在余差。负荷变化越大，余差就越大。

比例控制器适用于控制通道滞后较小、负荷变化不大、工艺上没有提出无差要求的系统，例如，中间贮槽的液位、精馏塔塔釜液位以及不太重要的蒸汽压力控制系统等。

3）比例积分控制器（PI）

比例积分控制器是具有比例积分控制规律的控制器。它的输出 p 与输入偏差 e 的关系为

$$p = K_P \left(e + \frac{1}{T_I} \int e dt \right) \tag{5-27}$$

比例积分控制器的可调整参数是比例放大系数 K_P（或比例度 δ）和积分时间 T_I。

比例积分控制器的特点是：由于在比例作用的基础上加上积分作用，而积分作用的输出是与偏差的积分成比例，只要偏差存在，控制器的输出就会不断变化，直至消除偏差为止。所以采用比例积分控制器，在过渡过程结束时是无余差的，这是它的显著优点。但是，加上积分作用，会使稳定性降低，虽然在加积分作用的同时，可以通过加大比例度，使稳定性基本保持不变，但超调量和振荡周期都相应增大，过渡过程的时间也加长。

比例积分控制器是使用最普遍的控制器。它适用于控制通道滞后较小、负荷变化不大、工艺参数不允许有余差的系统。例如流量、压力和要求严格的液位控制系统，常采用比例积分控制器。

4）比例积分微分控制器（PID）

比例积分微分控制器是具有比例积分微分控制规律的控制器，常称为三作用（PID）控制器。理想的三作用控制器，其输出 p 与输入偏差 e 之间具有下列关系

$$p = K_P \left(e + \frac{1}{T_I} \int e dt + T_D \frac{de}{dt} \right) \tag{5-28}$$

比例积分微分控制器的可调整参数有三个，即比例放大系数 K_P（或比例度 δ）、积分时间 T_I 和微分时间 T_D。

比例积分微分控制器的特点是：微分作用使控制器的输出与输入偏差的变化速度成比例，它对克服对象的滞后有显著的效果。在比例的基础上加上微分作用能提高稳定性，再加上积分作用可以消除余差。所以，适当调整 δ、T_I、T_D 三个参数，可以使控制系统获得较高的控制质量。

比例积分微分控制器适用于容量滞后较大、负荷变化大、控制质量要求较高的系统，应用最普遍的是温度控制系统与成分控制系统。对于滞后很小或噪声严重的系统，应避免引入微分作用，否则会由于被控变量的快速变化引起控制作用的大幅度变化，严重时会导致控制系统不稳定。

值得提出的是，目前生产的模拟式控制器一般都同时具有比例、积分、微分三种作用。只要将其中的微分时间 T_D 置于 0，就成了比例积分控制器，如果同时将积分时间 T_I 置于无穷大，便成了比例控制器。

（4）控制器正、反作用的确定

自动控制系统是具有被控变量负反馈的闭环系统。也就是说，如果被控变量值偏高，则控制作用应使之降低；相反，如果被控变量值偏低，则控制作用应使之升高。控制作用对被控变量的影响应与干扰作用对被控变量的影响相反，才能使被控变量值回复到给定值。这里，就有一个作用方向的问题。控制器的正、反作用是关系到控制系统能否正常运行与安全操作的重要问题。

在控制系统中，不仅是控制器，而且被控对象、测量元件及变送器和执行器都有各自的作用方向。它们如果组合不当，使总的作用方向构成正反馈，则控制系统不但不能起控制作用，反而破坏了生产过程的稳定。所以，在系统投运前必须注意检查各环节的作用方向，其目的是通过改变控制器的正、反作用，以保证整个控制系统是一个具有负反馈的闭环系统。

所谓作用方向，就是指输入变化后，输出的变化方向。当某个环节的输入增加时，其输出也增加（或输入减少时，其输出也减少），则称该环节为"正作用"方向；反之，当环节的输入增加（或减少）时，输出减少（或增加）的称"反作用"方向。

对于测量元件及变送器，其作用方向一般都是"正"的，因为当被控变量增加时，其输出量（测量值）一般也是增加的，所以在考虑整个控制系统的作用方向时，可不考虑测量元件及变送器的作用方向（因为它总是"正"的），只需要考虑控制器、执行器和被控对象三个环节的作用方向，使它们组合后能起到负反馈的作用。

对于执行器，它的作用方向取决于是气开阀还是气关阀（注意不要与执行机构和控制阀的"正作用"及"反作用"混淆）。气开阀在没有控制信号输入时，阀门处于全关闭状态；当控制器输出信号（即执行器的输入信号）增加时，气开阀的开度增加，因而流过阀的流体流量也增加，故气开阀是"正"方向。反之，气关阀在没有控制信号输入时，阀门处于全开状态；当气关阀接收的控制信号增加时，气关阀的开度减小，流过阀的流体流量反而减少，所以是"反"方向。执行器的气开或气关型式主要应从工艺安全角度来确定。

对于被控对象的作用方向，则随具体对象的不同而各不相同。当操纵变量增加时，被控变量也增加的对象属于"正作用"的。反之，被控变量随操纵变量的增加而降低的对象属于"反作用"的。

由于控制器的输出决定于被控变量的测量值与给定值之差（偏差），所以被控变量的测量值与给定值变化时，对输出的作用方向是相反的。因此，对于控制器的作用方向是这样规定的：当给定值不变（定值控制系统），被控变量测量值增加时，控制器的输出也增加，称为"正作用"方向；或者当测量值不变（随动控制系统），给定值减小时，控制器的输出增加的称为"正作用"方向。反之，如果测量值增加（或给定值减小）时，控制器的输出减小的称为"反作用"方向。

在一个设计、安装好的控制系统中，控制器正、反作用方向的选择原则和步骤如下：

首先，按生产过程工艺机理，由操纵变量对被控变量的影响方向来确定对象的正、反作用方向；

其次，由工艺安全条件来确定执行器的气开、气关型式；

最后，由对象、执行器、控制器三个环节作用方向组合为"反"（即使整个控制系统构成负反馈的闭环系统）来选择控制器的正、反作用。

【例 5-1】 图 5-37 是一个简单的原油加热炉出口温度控制系统。在本系统中，加热炉是对象，燃料气流量是操纵变量，被加热的原料油出口温度是被控变量。由此可知，当操纵变量燃料气流量增加时，被控变量是增加的，故对象是"正"作用方向。从工艺安全考虑，为了防止当气源突然断气时，控制阀大开而烧坏炉子，所以执行器应选气开阀，那么这时执行器便是"正"作用方向。为了保证由对象、执行器与控制器所组成的系统是负反馈的，控制器就应该选为"反"作用。这样才能当炉温升高时，控制器 TC 的输出减小，因而关小燃料气的阀门（因为是气开阀，当输入信号减小时，阀门是关小的），使炉温降下来。

【例 5-2】 图 5-38 是一个简单的液位控制系统，工艺要求停气时防止物料流失，则执行器应采用气开阀，是"正"方向，当控制阀开度增大时，出口流量增大，导致液位下降，所以对象的作用方向是"反"的．这时控制器的作用方向必须为"正"，才能使当液位升高时，LC 输出增加，从而开大出口阀，使液位降下来。

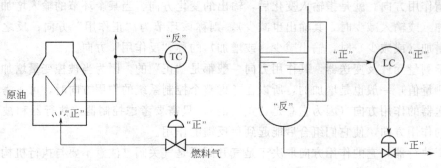

图 5-37　加热炉出口温度控制　　　　图 5-38　液位控制

控制器的正、反作用可以通过改变控制器上的正、反作用开关自行选择，一台正作用的控制器，只要将其测量值与给定值的输入线互换一下，就成了反作用的控制器，其原理如图5-39 所示。

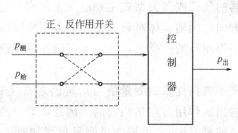

图 5-39　控制器正、反作用开关示意图

（5）检测装置和执行装置的选择

在确定控制方案的时候，就应考虑到检测方法和执行装置的类型和种类，本节只是简单说明一般考虑原则。

1）检测装置的选择　检测装置是整个控制系统的基础，要求检测装置必须准确、快速、灵敏度高，选择应主要考虑以下几点。

① 结合工艺特性确定装置类型　不同变量有多种检测方法，说明不同检测方法都有各自的优缺点，在具体使用中必须具体选择。如对于大流量一般多采用差压法，小流量多采用转子流量计检测，但对于脏污类介质的流量测量一般不能采用以上两种方法，可以考虑采用电磁流量计等；又如温度的检测，在实际中如需要对信号进行管理时，一般采用热电阻与热电偶两种检测元件，原则上温度较高时采用热电偶，温度低时采用热电阻。但实际选择时还要考虑到究竟选择哪一种热电偶、热电阻，同时应考虑到规格（保护套管类型、长度等）、与哪种显示或控制仪表连接、是否需要温度变送器等。

② 结合工艺变量确定量程　合理选择检测仪表的量程，可以提高检测的精度。在完全能够检测、显示工艺变量的基础上，最好选择量程小的检测装置。但对于采用弹性元件测量压力、差压等检测装置时，还应避免让检测装置长期工作在弹性元件检测的上限值上，因此，选择这类仪表的量程一般要适当大些。

③ 根据工艺要求选择精度等级　工艺上对于控制的精度都有要求，检测装置的精度等级选择必须经过计算确定，可以选择等级高于计算值的仪表，如计算得到的允许相对误差为0.8%，应选择0.5级仪表，而不能选择1.0级仪表。

④ 考虑仪表的现状　在条件满足要求的前提下，最好选用使用较多的仪表，便于维护和替换，在有特殊要求的场合，可以考虑一些不常用的非接触类检测仪表，如对腐蚀性较大

介质的温度检测可以考虑采用红外线温度检测；压力高的容器的液位检测可以考虑采用放射线液位检测仪表。

2）执行装置的选择　执行装置在化工生产中类型相对比较单一，多采用气动调节阀，在个别场合采用电动执行机构。执行装置的选择主要考虑执行装置的种类及执行装置的正反作用形式。

① 执行装置的类型　如果采用液体、气体流量作为操纵变量，一般采用气动调节阀；采用固体流量作为操纵变量时，采用电动伺服执行机构。气动执行装置按照其执行装置的不同有薄膜式和活塞式。现在随着变频调速技术的成熟，对于泵出口流量的控制执行装置可以用变频器直接控制电动机的转速。

② 流量特性的选择　根据对象的特性。合理选择执行装置的流量特性，可以校正被控对象的非线性，尽可能使广义对象近似成线性。

③ 执行装置材料选择　由于执行装置与工艺介质直接接触，必须考虑到介质的性质，合理选择执行装置的材料。

④ 执行装置的正反作用选择　执行装置的正反作用是指控制信号增加后执行装置的开度变化情况，若控制信号增加，开度增大，操作变量增加，为正作用。比如气开阀为正作用，气关阀为负作用。气开、气关阀的选择主要考虑在断电或断气的故障状态下，执行装置的状态能够保证设备或工艺过程处于安全或节能状态或保证产品质量。如燃料或蒸汽流量调节阀一般采用气开阀，保证在故障状态阀门关闭，使设备不会因为高温而损坏，调节阀均采用气开阀。但如果不进行加热，设备内介质会出现凝固等状况，蒸汽阀门就要采用气关阀。

3）检测和执行装置的安装　从总的控制系统来讲，大多数控制系统的控制通道时间常数较大，应尽可能减小。因此，被控变量和操纵变量选择结束后，还应正确地选择检测装置和执行装置的安装位置等，以保证控制对象或广义对象的滞后达到较小。应从以下几个方面着手。

① 根据工艺特点，合理选定检测点的位置，以减少纯滞后。如加热交换器的温度检测点要选在紧靠出口的地方；精馏塔的温度检测点要选在灵敏板上等。

② 选取惰性小的检测元件，以减小时间常数。这主要是指检测元件反应要快，能及时跟上被测变量的变化，减少动态误差。

③ 使用继动器和阀门定位器减小滞后。由于在化工生产中，大多采用气动薄膜调节阀作为执行机构，气动信号传输滞后较大，传输距离一般不应超过 300m，超过 150m 时就应加装继动器以减少传输时间。最有效的办法是电信号传输，在调节阀上安装电/气转换器或电/气阀门定位器，为减少传递滞后和阀门膜头滞后。

④ 从控制规律着手减少滞后影响。对于容量滞后，可以用微分作用改善其中一部分不良影响。对于纯滞后，微分作用也无能为力。对于要求较高的系统则要采用复杂控制来改善整个系统特性.

5.5.2　控制器参数的工程整定

一个自动控制系统的过渡过程或者控制质量，与被控对象、干扰形式与大小、控制方案的确定及控制器参数整定有着密切的关系。在控制方案、广义对象的特性、控制规律都已确定的情况下，控制质量主要就取决于控制器参数的整定。所谓控制器参数的整定，就是按照已定的控制方案，求取使控制质量最好的控制器参数值。具体来说，就是确定最合适的控制

器的比例度 δ、积分时间 T_I 和微分时间 T_D。当然，这里所谓最好的控制质量不是绝对的，是根据工艺生产的要求而提出的所期望的控制质量。例如，对于单回路简单控制系统，一般希望过渡过程呈 4∶1（或 10∶1）的衰减振荡过程。

控制器参数整定的方法很多，主要有两大类，一类是理论计算的方法，另一类是工程整定法。

理论计算的方法是根据已知的广义对象特性及控制质量的要求，通过理论计算出控制器的最佳参数。这种方法由于比较繁琐、工作量大，对象特征不易获得，计算结果有时与实际情况不甚符合，故在工程实践中长期没有得到推广和应用。

工程整定法是在已经投运的实际控制系统中，通过试验或探索，来确定控制器的最佳参数。这种方法是工艺技术人员在现场经常遇到的。下面介绍其中的几种常用工程整定法。

（1）临界比例度法

这是目前使用较多的一种方法。它是先通过试验得到临界比例度 δ_k 和临界周期 T_k，然后根据经验总结出来的关系求出控制器各参数值。具体作法如下：

在闭环控制系统中，先将控制器变为纯比例作用，即将 T_I 放在"∞"位置上，T_D 放在"0"位置上，并将比例度预置在较大的数值上。在达到稳定后，用改变给定值的办法加入阶跃干扰作用，如图 5-40 所示。

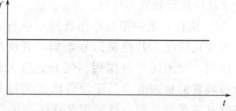

图 5-40　阶跃干扰信号

然后从大到小地逐渐改变控制器的比例度，直至系统产生等幅振荡（即临界振荡），如表 5-2 中曲线所示。这时的比例度叫临界比例度 δ_k，周期为临界振荡周期 T_k。记下 δ_k 和 T_k，然后按表 5-2 中的经验公式计算出控制器的各参数整定数值。

表 5-2　临界比例度法参数计算公式表

控制作用	比例度 δ /%	积分时间 T_I/min	微分时间 T_D/min	
比例	$2\delta_k$			
比例＋积分	$2.2\delta_k$	$0.85T_k$		
比例＋微分	$1.8\delta_k$		$0.1T_k$	
比例＋积分＋微分	$1.7\delta_k$	$0.5T_k$	$0.125T_k$	

临界比例度法比较简单方便，容易掌握和判断，适用于一般的控制系统。但是对于临界比例度很小的系统不适用。因为临界比例度很小，则控制器输出的变化一定很大，被调参数容易超出允许范围，影响生产的正常运行。

临界比例度法是要使系统达到等幅振荡后，才能找出 δ_k 与 T_k，对于工艺上不允许产生等幅振荡的系统本方法亦不适用。

（2）衰减曲线法

衰减曲线法是通过使系统产生衰减振荡来整定控制器的参数值的，具体作法如下：

在闭环控制系统中，先将控制器变为纯比例作用，并将比例度预置在较大的数值上。在达到稳定后，用改变给定值的办法加入阶跃干扰，然后从大到小改变比例度，观察被控变量记录曲线的衰减比，直至出现 4∶1 衰减比为止，见表 5-3 中曲线，记下此时的比例度 δ_s（叫 4∶1 衰减比例度），从曲线上得到衰减振荡周期 T_s。然后根据表 5-3 中的经验公式，求出控制器的参数整定值。

表 5-3　4∶1 衰减曲线法控制器参数计算表

控制作用	比例度 δ /%	积分时间 T_I/min	微分时间 T_D/min	
比例	δ_s			
比例＋积分	$1.2\delta_s$	$0.5T_s$		
比例＋积分＋微分	$0.8\delta_s$	$0.3T_s$	$0.1T_s$	

有的过程，4∶1 衰减仍嫌振荡过强，可采用 10∶1 衰减曲线法。方法同上，得到 10∶1 衰减曲线，见表 5-4 中曲线后，记下此时的比例度 δ'_s 和最大偏差时间 T_r（又称上升时间），然后根据表 5-4 中的经验公式，求出相应的 δ、T_I、T_D 值。

表 5-4　10∶1 衰减曲线法控制器参数计算表

控制作用	比例度 δ /%	积分时间 T_I/min	微分时间 T_D/min	
比例	δ'_s			
比例＋积分	$1.2\delta'_s$	$2T_r$		
比例＋积分＋微分	$0.8\delta'_s$	$1.2T_r$	$0.4T_r$	

用衰减曲线法必须注意以下几点：

① 加的干扰幅值不能太大，要根据生产操作要求来定，一般为额定值的 5% 左右，也有例外的情况；

② 必须在工艺参数稳定情况下才能施加干扰，否则得不到正确的 δ_s、T_s 或 δ'_s、T_r；

③ 对于反应快的系统，如流量、管道压力和小容量的液位控制等，要在记录曲线上严格得到 4∶1 衰减曲线比较困难。一般以被控变量来回波动两次达到稳定，就可以近似地认为达到 4∶1 衰减过程了。

衰减曲线法比较简便，适用于一般情况下的各种参数的控制系统。但对于干扰频繁，记录曲线不规则，不断有小摆动的情况，由于不易得到准确的衰减比例度 δ_s 和衰减振荡周期 T_s，使得这种方法难于应用。

（3）经验凑试法

经验凑试法是根据经验先将控制器参数按表 5-5 放在一个数值上，直接在闭环的控制系统中，通过改变给定值施加干扰，在记录仪上观察过渡过程曲线，运用 δ、T_I、T_D 对过渡过程的影响为指导，按照规定顺序，对比例度 δ、积分时间 T_I 和微分时间 T_D 逐个整定，直到获得满意的过渡过程为止。

各类控制系统中控制器参数的经验数据，列于表 5-5 中，供整定时参考选择。

表 5-5　控制器参数的经验数据表

控制对象	对 象 特 性	δ/%	T_I/min	T_D/min
流量	对象时间常数小,参数有波动,δ 要大;T_I 要短;不用微分	40～100	0.3～1	
温度	对象容量滞后较大,即参数受干扰后变化迟缓,δ 应小,T_I 要长,一般需加微分	20～60	3～10	0.5～3
压力	对象容量滞后一般,不算大,一般不需加微分	30～70	0.4～3	
液位	对象时间常数范围较大。要求不高时,δ 可在一定范围内选取,一般不用微分	20～80	0.4～3	

表 5-5 中给出的只是一个大体范围，有时变动较大。例如，流量控制系统的 δ 值有时需

在 200％以上；有的温度控制系统，由于容量滞后大，T_I 往往要在 15min 以上。另外，选取 δ 值时还应注意测量部分的量程和控制阀的尺寸，如果量程小（相当于测量变送器的放大系数 K_m 大）或控制阀的尺寸选大了（相当于控制阀的流量系数 C 大）时，δ 应适当选大一些，即 K_C 小一些，这样可以适当补偿 K_m 大或 C 大带来的影响，使整个回路的放大系数保持在一定范围内。

整定的步骤有以下两种。

① 先用纯比例作用进行凑试，待过渡过程已基本稳定并符合要求后，再加积分作用消除余差，最后加入微分作用是为了提高控制质量。按此顺序观察过渡过程曲线进行整定工作。具体作法如下。

根据经验并参考表 5-5 的数据，选定一个合适的 δ 值作为起始值，把积分时间放在"∞"，微分时间置于"0"，将系统投入自动。改变给定值，观察被控变量记录曲线形状。如曲线不是 4∶1 衰减（这里假定要求过渡过程是 4∶1 衰减振荡的），例如衰减比大于 4∶1，说明选的 δ 偏大，适当减小 δ 值再看记录曲线，直到呈 4∶1 衰减为止。注意，当把控制器比例度改变以后，如无干扰就看不出衰减振荡曲线，一般都要稳定以后再改变一下给定值才能看到。若工艺上不允许反复改变给定值，那只好等候工艺本身出现较大干扰时再看记录曲线。δ 值调整好后，如要求消除余差，则要引入积分作用。一般积分时间可先取为衰减周期的一半值，并在积分作用引入的同时，将比例度增加 10％～20％，看记录曲线的衰减比和消除余差的情况，如不符合要求，再适当改变 δ 和 T_I 值，直到记录曲线满足要求。如果是三作用控制器，则在已调整好 δ 和 T_I 的基础上再引入微分作用，而在引入微分作用后，允许把 δ 值缩小一点，把 T_I 值也再缩小一点。微分时间 T_D 也要在表 5-5 给出的范围内凑试，以使过渡过程时间短，超调量小，控制质量满足生产要求。

经验凑试法的关键是"看曲线，调参数"。因此，必须弄清楚控制器参数变化对过渡过程曲线的影响关系。一般来说，在整定中，观察到曲线振荡很频繁，须把比例度 δ 增大以减少振荡；当曲线最大偏差大且趋于非周期过程时，须把比例度 δ 减小。当曲线波动较大时，应增大积分时间 T_I；而在曲线偏离给定值后，长时间回不来，则须减小积分时间 T_I，以加快消除余差的过程。如果曲线振荡得厉害，须把微分时间 T_D 减到最小，或者暂时不加微分作用，以免更加剧振荡；在曲线最大偏差大而衰减缓慢时，须增加微分时间 T_D。经过反复凑试，一直调到过渡过程振荡两个周期后基本达到稳定，品质指标达到工艺要求为止。

在一般情况下，比例度过小、积分时间过小或微分时间过大，都会产生周期性的激烈振荡。但是，积分时间过小引起的振荡，周期较长；比例度过小引起的振荡，周期较短；微分时间过大引起的振荡周期最短，如图 5-41 所示，曲线 a 的振荡是积分时间过小引起的，曲线 b 的振荡是比例度过小引起的，曲线 c 的振荡则是由于微分时间过大引起的。

比例度过小、积分时间过小和微分时间过大引起的振荡，还可以这样进行判别：从给定值指针动作之后，一直到测量指针发生动作，如果这段时间短，应把比例度增加；如果这段时间长，应把积分时间增大；如果时间最短，应把微分时间减小。

如果比例度过大或积分时间过大，都会使过渡过程变化缓慢，如何判别这两种情况呢？

一般地说，比例度过大，曲线波动较剧烈、不规则地较大地偏离给定值，而且，形状像波浪般的起伏变化，如图 5-42 曲线 a 所示。如果曲线通过非周期的不正常路径，慢慢地回复到给定值，这说明积分时间过大，如图 5-42 曲线 b 所示。应当注意，积分时间过大或微分时间过大，超出允许的范围时，不管如何改变比例度，都是无法补救的。

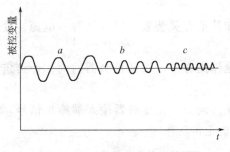

图 5-41　三种振荡曲线比较图

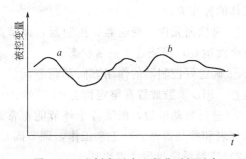

图 5-42　比例度过大、积分时间过大
时两种曲线比较图

② 经验凑试法还可以按下列步骤进行：先按表 5-5 中给出的范围把 T_I 定下来，如要引入微分作用，可取 $T_D=(1/3\sim1/4)T_I$，然后对 δ 进行凑试，凑试步骤与前一种方法相同。

一般来说，这样凑试可较快地找到合适的参数值。但是，如果开始 T_I 和 T_D 设置得不合适，则可能得不到所要求的记录曲线。这时应将 T_D 和 T_I 作适当调整，重新凑试，直至记录曲线合乎要求为止。

经验凑试法的特点是方法简单，适用于各种控制系统，因此应用非常广泛。特别是外界干扰作用频繁，记录曲线不规则的控制系统，采用此法最为合适。但是此法主要是靠经验，在缺乏实际经验或过渡过程本身较慢时，往往较为费时。为了缩短整定时间，可以运用优选法，使每次参数改变的大小和方向都有一定的目的性。值得注意的是，对于同一个系统，不同的人采用经验凑试法整定，可能得出不同的参数值，这是由于对每一条曲线的看法，有时会因人而异，没有一个很明确的判断标准，而且不同的参数匹配有时会使所得过渡过程衰减情况极为相近。例如，某初馏塔塔顶温度控制系统，如采用如下两组参数

$$\delta=15\% \qquad T_I=7.5min$$
$$\delta=35\% \qquad T_I=3min$$

系统都得到 10：1 的衰减曲线，超调量和过渡时间基本相同。

最后必须指出，在一个自动控制系统投运时，控制器的参数必须整定，才能获得满意的控制质量。同时，在生产进行的过程中，如果工艺操作条件改变，或负荷有很大变化，被控对象的特性就要改变，因此，控制器的参数必须重新整定。由此可见，整定控制器参数是经常要做的工作，对工艺操作人员与仪表技术人员来说，都是需要掌握的。

5.5.3　控制系统的投运

控制系统的投运是指系统按设计安装就绪或者经过停车检修以后，使控制系统投入使用的过程。无论采用什么样的控制仪表，控制系统的投运一般都要经过准备、手动操作、自动控制几个步骤。

自动运行的控制系统会出现这样那样的问题，工作人员的一项主要工作就是维护自动化系统的正常运行。

（1）控制系统运行前的准备工作

1）准备工作

控制系统投运准备工作包括以下几个方面。

① 熟悉工艺过程，了解工艺机理、各工艺变量间的关系、主要设备的功能、主要控制指标和要求等；

② 熟悉控制方案，对检测元件和调节阀的安装位置，管线走向等心中有数，掌握自动

化工具的操作方法；

③ 对检测元件、变送器、控制器，调节阀和其他有关装置，以及气源、电源、管路等进行全面检查，保证处于正常状态；

④ 确定好控制器的作用方向和调节阀的安全作用方向，选择控制器的内、外给定开关的位置，PID 参数放置在整定值上；

⑤ 进行联动试验，保证各个环节能正常工作。例如，在变送器输入端施加信号，观察显示仪表和控制器是否能正常工作，调节阀是否能正常动作。

2）控制系统投运注意事项

① 与工艺密切配合　要根据工艺设备、管道试压查漏要求，及时安装仪表、调整控制系统。

② 注意仪表对号入座　大修以后，由于拆卸仪表数量较多，一定要保证仪表，对号入座。

③ 注意仪表供电　确认通电接线符合要求，电压值与仪表要求一致后方可通电。

④ 气源排污　气源管道一般采用碳钢管，运行一段时间后会出现锈蚀。特别是开停车的影响，以及干燥用的硅胶时间长后产生的粉末，都会带入管内。气源排污首先从气源总管开始，然后是分管，最后至电气阀门定位器配置的过滤器减压阀。

⑤ 一次仪表的安装方向　对于孔板等节流装置信息与流体流动方向保持一致。

⑥ 注意清污　对于控制系统中的各个截止阀、节流装置、取压管等应及时清污。

⑦ 隔离液的注入　用隔离液加以保护的差压变送器，压力变送器等，在重新开车后要注意在导压管内加隔离液。

⑧ 防漏检查　对于导压管、气动信号线用肥皂水进行查漏。

⑨ 检查接线　检查仪表的接线是否符合设计要求，如热电偶的补偿导线的正负极性，热电阻的三线制连接等。

（2）控制系统的投运

准备工作完毕以后，就可正式投运。一般由于工艺贯通的需要，在自动控制系统运行之前检测系统早已投入使用，这里只需将控制器、变送器、调节阀等投运，并使整个系统正常运行。

图 5-43 所示为电动调节仪表构成的简单温度控制系统，下面简述其投运过程。

① 现场手动操作　先将切断阀 1 和阀 2 关闭，手动操作分路阀 3，待工况稳定后，转入手动遥控。

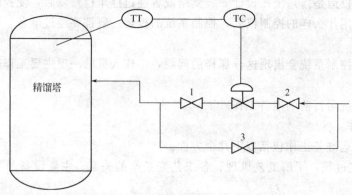

图 5-43　精馏塔塔顶温度简单控制系统

②手动遥控　用控制器自身的手操电路进行遥控。控制器处于手动状态，将阀1全开，然后慢慢地开大阀2和关小阀3，同时拨动控制器的操作机构，逐渐改变调节阀上的压力，使被控变量基本不变，直到副线阀3全关，切断阀2全开为止。待工况稳定后，即被控变量等于或接近设定值后，就可以进行从手动到自动的切换。

③切换到自动　按电动调节器手动切换到自动的要求做好准备，然后再切向自动，实现自动控制。

技能训练与思考题

1. 试述石油、化工生产中测量流量的意义。
2. 什么叫节流现象？流体经节流装置时为什么会产生静压差？
3. 试述差压式流量计测量流量的原理。并说明哪些因素对差压式流量计的流量测量有影响？
4. 原来测量水的差压式流量计，现在用来测量相同测量范围的油的流量，读数是否正确？为什么？
5. 什么叫标准节流装置？常用的标准节流装置有哪些？
6. 为什么说转子流量计是定压差式流量计？而差压式流量计是变压降式流量计？
7. 试述电远传转子流量计的工作过程。它是依靠什么来平衡的？
8. 试述差动变压器传送位移量的基本原理。
9. 涡轮流量计的工作原理及特点是什么？
10. 试简述漩涡流量计的工作原理及其特点。
11. 试简述漩涡频率的热敏检测法。
12. 靶式流量计的结构形式有哪些？
13. 电磁流量计的工作原理是什么？它对被测介质有什么要求？
14. 椭圆齿轮流量计的工作原理是什么？为什么齿轮旋转一周能排出4个半月形容积的液体体积？
15. 椭圆齿轮流量计的特点是什么？在使用中要注意什么问题？
16. 质量流量计有哪几种？
17. 选择被控变量时，一般要遵循哪些原则？
18. 选择操纵变量时，一般要遵循哪些原则？
19. 为什么要考虑控制器的作用方向？如何选择？
20. 被控对象、执行器、控制器的正、反作用各是怎样规定的？
21. 试确定题21图所示两个系统中执行器的气开、气关型式及控制器的正、反作用。

　（1）题21图（a）为一加热器出口物料温度控制系统，要求物料温度不能过高，否则容易分解；

　（2）题21图（b）为一冷却器出口物料温度控制系统，要求物料温度不能太低，否则容易结晶。

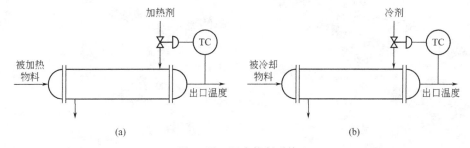

题21图　温度控制系统

22. 题22图为贮槽液位控制系统，为安全起见，贮槽内液体严格禁止溢出，试在下述两种情况下，分别确定执行器的气开、气关型式及控制器的正、反作用。

　（1）选择流入量 Q_i 为操纵变量；

（2）选择流出量 Q_o 为操纵变量。

23. 题 23 图所示为一锅炉汽包液位控制系统的示意图，要求锅炉不能烧干。试画出该系统的方块图，判断控制阀的气开、气关型式，确定控制器的正、反作用，并简述当加热室温度升高导致蒸汽蒸发量增加时，该控制系统是如何克服扰动的？

24. 题 24 图所示为精馏塔温度控制系统的示意图，它通过控制进入再沸器的蒸汽量实现被控变量的稳定。试画出该控制系统的方块图，确定控制阀的气开、气关型式和控制器的正、反作用，并简述由于外界扰动使精馏塔温度升高时该系统的控制过程（此处假定精馏塔的温度不能太高）。

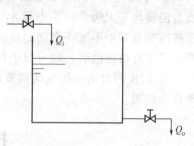

题 22 图　贮槽液位控制系统

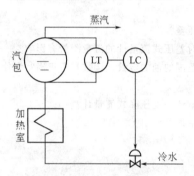

题 23 图　锅炉汽包液位控制系统

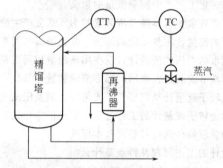

题 24 图　精馏塔温度控制系统

25. 控制器参数整定的任务是什么？工程上常用的控制器参数整定有哪几种方法？

26. 临界比例度的意义是什么？为什么工程上控制器采用的比例度要大于临界比例度？

27. 试述用衰减曲线法整定控制器参数的步骤及注意事项。

28. 如何区分由于比例度过小、积分时间过小或微分时间过大所引起的振荡过渡过程？

29. 经验凑试法整定控制器参数的关键是什么？

30. 控制系统的投运一般有几个步骤？

6 / 复杂控制

6.1 复杂控制系统

【能力目标】
- 了解精制盐水水位-流量串级控制系统
- 学会查阅资料

【知识目标】
- 了解复杂控制系统的种类
- 掌握串级控制系统
- 了解其他复杂的控制系统
- 掌握盐水串级控制系统的构成

6.1 复杂控制系统

简单控制系统的特点是组成简单，需要自动化仪表少，设备投资省，维修、投运和整定都比较简单，能解决生产中大量的定值控制问题，它是生产过程自动控制中最简单、最基本、应用最广的一种形式。生产过程中的控制有 70% 左右都是简单控制系统。然而，随着生产的发展，工艺的革新，生产过程的大型化和复杂化，必然导致对操作条件的要求更加严格，变量之间的关系更加复杂。同时，现代化生产往往对产品的质量提出更高的要求，例如甲醇精馏塔的温度偏离不允许超过 1℃，石油裂解气的深冷分离中，乙烯纯度要求达到 99.99%。此外，生产过程中的某些特殊要求，如物料配比、前后生产工序协调、安全生产软保护等问题，这些问题都是简单控制系统所不能胜任的，因此，相应地就出现了一些与简单控制系统不同的其他控制形式，这些控制系统统称为复杂控制系统。

复杂控制系统种类繁多，根据系统的结构和所担负的任务来分，常见的复杂控制系统有：串级、均匀、比值、分程、前馈、取代、多冲量等控制系统。本节的任务就是通过学习了解复杂控制系统有哪些，各自的结构功能是什么样的，为工艺生产过程中的控制做好准备。

6.1.1 串级控制系统

串级控制系统是在简单控制系统的基础上发展起来的，它是复杂控制系统中应用最为广泛的一种。当对象的滞后较大，干扰比较剧烈、频繁时，采用简单控制系统往往控制质量较差，满足不了工艺上的要求，这时，可考虑采用串级控制系统。

(1) 串级控制系统组成原理

为了说明串级控制系统的结构及其工作原理，下面先举一个例子。

管式加热炉是炼油、化工生产中重要装置之一。无论是原油加热或重油裂解，对炉出口温度的控制十分重要。将温度控制好，一方面可延长炉子寿命，防止炉管烧坏；另一方面可保证后面精馏分离的质量。为了控制原油出口温度，可以设置图 6-1 所示的温度控制系统，根据原油出口温度的变化来控制燃料阀门的开度，即改变燃料量来维持原油出口温度保持在工艺所规定的数值上，这是一个简单控制系统。

如果对温度的误差范围要求不高，而加热炉的燃料压力、燃料本身的热值波动不大，上述控制方案是可行的。但是在实际生产过程中，特别是当加热炉的燃料压力或燃料本身的热值有较大波动时，上述简单控制系统的控制质量往往很差，原料油的出口温度波动较大，难以满足生产上的要求。

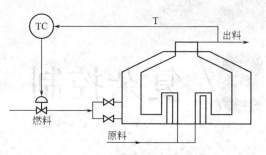

图 6-1　管式加热炉出口温度控制系统

为什么会产生上述情况呢？这是因为当燃料压力或燃料本身的热值变化后，先影响炉膛的温度，然后通过传热过程才能逐渐影响原料油的出口温度。这个通道容量滞后很大，时间常数约 15min，反应缓慢，而温度控制器 TC 是根据原料油的出口温度与给定值的偏差工作的。所以当干扰作用在对象上后，并不能较快地产生控制作用以克服干扰对被控变量的影响。由于控制不及时，所以控制质量很差。当工艺上要求原料油的出口温度非常严格时，上述简单控制系统是难以满足要求的。为了解决容量滞后问题，还需对加热炉的工艺作进一步分析。

管式加热炉内是一根很长的受热管道，它的热负荷很大。燃料在炉膛燃烧后，通过炉膛与原料油的温差将热量传给原料油。因此，燃料量的变化或燃料热值的变化，首先使炉膛温度发生变化。如果以炉膛温度作为被控变量组成单回路控制系统呢？当然这样做会使控制通道容量滞后减少，时间常数约为 3min。控制作用比较及时，但是炉膛温度毕竟不能真正代表原料油的出口温度。如果炉膛温度控制好了，其原料油的出口温度并不一定就能满足生产的要求，这是因为即使炉膛温度恒定的话，原料油本身的流量或入口温度变化仍会影响其出口温度。

为了解决管式加热炉的原料油出口温度的控制问题，人们在生产实践中，往往根据炉膛温度的变化，先改变燃料量，然后再根据原料油出口温度与其给定值之差，进一步改变燃料量，以保持原料油出口温度的恒定。模仿这样的人工操作就构成了以原料油出口温度为主要被控变量的炉出口温度与炉膛温度的串级控制系统，图 6-2 是这种系统的示意图。它的工作过程是这样的：在稳定工况下，原料油出口温度和炉膛温度都处于相对稳定状态，控制燃料油的阀门保持在一定的开度。假定在某一时刻，燃料油的压力和（或）热值（与组分有关）发生变化，这个干扰首先使炉膛温度 T_2 发生变化，它的变化促使控制器 T_2C 进行工作，改变燃料的加入量，从而使炉膛温度的偏差随之减少。与此同时，由于炉膛温度的变化，或由于原料油本身的进口流量或温度发生变化，会使原料油出口温度 T_1 发生变化。T_1 的变化通过控制器 T_1C 不断地去改变控制器 T_2C 的给定值。这样，两个控制器协同工作，直到原

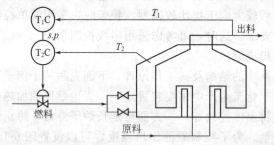

图 6-2　管式加热炉出口温度与炉膛温度串级控制系统

料油出口温度重新稳定在给定值时，控制过程才告结束。

上述串级控制系统的方块图见图 6-3。根据信号传递的关系，图 6-3 中将管式加热炉对象分为两部分。一部分为受热管道，图上标为温度对象 1（主对象），它的输出变量为原料油出口温度 T_1；另一部分为炉膛及燃烧装置，图上标为温度对象 2（副对象），它的输出变量为炉膛温度 T_2。干扰 F_2 表示燃料油压力、组分等的变化，它通过温度对象 2 首先影响炉膛温度 T_2，然后再通过温度对象 1 影响原料油出口温度 T_1。干扰 F_1 表示原料油本身的流量、进口温度等的变化，它通过温度对象 1 直接影响原料油出口温度 T_1。

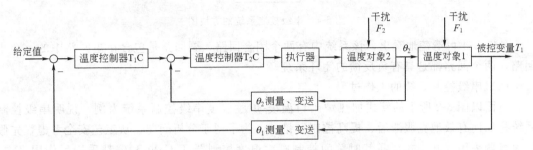

图 6-3　管式加热炉出口温度与炉膛温度串级控制系统方块图

从图 6-2 或图 6-3 可以看出，在这个控制系统中，有两个控制器 T_1C 和 T_2C，分别接收来自对象不同部位的测量信号 T_1 和 T_2。其中一个控制器 T_1C 的输出作为另一个控制器 T_2C 的给定值，而后者 T_2C 的输出直接控制执行器以改变操纵变量。从系统的结构来看，这两个控制器是串接工作的，因此，这样的系统称为串级控制系统。

为了更好地阐述和研究问题，这里介绍几个串级控制系统中常用的术语。

主变量　是工艺控制指标，在串级控制系统中起主导作用的被控变量，如上例中的原料油出口温度 T_1。

副变量　串级控制系统中为了稳定主变量或因某种需要而引入的辅助变量，如上例中的炉膛温度 T_2。副变量相当于主对象的操纵变量。

主对象　为主变量表征其特性的生产设备或生产过程，如上例中从炉膛温度检测点到炉出口温度检测点间的工艺生产设备，主要是指炉内原料油的受热管道，图 6-3 中标为温度对象 1。

副对象　为副变量表征其特性的工艺生产设备，如上例中执行器至炉膛温度检测点间的工艺生产设备，主要指燃料油燃烧装置及炉膛部分，图 6-3 中标为温度对象 2。

主控制器　按主变量的测量值与给定值的偏差而工作，其输出作为副变量给定值的控制器，称为主控制器（又名主导控制器），如上例中的温度控制器 T_1C。

副控制器　其给定值来自主控制器的输出，并按副变量的测量值与给定值的偏差而工作的控制器称为副控制器（又名随动控制器），如上例中的温度控制器 T_2C。

主回路　是由主变量的测量变送装置，主、副控制器，执行器和主、副对象构成的外回路，亦称外环或主环。或由主测量变送器、副回路、主控制器和主对象构成的回路。

副回路　是由副变量的测量变送装置，副控制器，执行器和副对象所构成的内回路，亦称内环或副环。

根据前面所介绍的串级控制系统的专用术语，各种具体对象的串级控制系统都可以画成如图 6-4 所示的典型形式的方块图。图中的主测量变送器和副测量变送器分别表示主变量和副变量的测量变送装置。

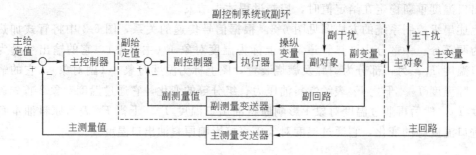

图 6-4　串级控制系统的方块图

从图 6-4 可清楚地看出，该系统中有两个闭合回路，副回路是包含在主回路中的一个小回路，两个回路都是具有负反馈的闭环系统。

（2）串级控制系统的工作过程

下面以图 6-2 所示的管式加热炉出口温度-炉膛温度串级控制系统为例，说明串级控制系统是如何有效地克服滞后、提高控制质量的。为了便于分析问题，从工艺安全考虑，先假定执行器采用气开型式，断气时关闭控制阀，温度控制器 T_1C 和 T_2C 都采用反作用（主、副控制器的正、反作用的选择原则后面再讨论）。下面分三种情况来分析该串级控制系统的工作过程。

1）干扰作用在副回路

若系统的干扰只作用在副回路，例如干扰只是燃料油的压力或组分波动时，亦即在图 6-3 所示的方块图中，干扰 F_1 不存在，只有 F_2 作用在温度对象 2 上，这时干扰进入副回路。若采用简单控制系统（见图 6-1），干扰 F_2 先引起炉膛温度 T_2 变化，然后通过管壁传热才能引起原料油出口温度 T_1 变化。只有当 T_1 变化以后，控制作用才能开始，因此控制迟缓、滞后大。设置了副回路后，干扰 F_2 引起 T_2 变化，温度控制器 T_2C 及时进行控制，使其很快稳定下来，如果干扰量小，经过副回路控制后，此干扰一般不会影响原料油出口温度 T_1；在大幅度的干扰下，其大部分影响为副回路所克服，能波及到原料油出口温度 T_1 也很小了。而此时原料油出口温度 T_1 的变化，再由主回路进一步控制，彻底消除干扰的影响，使被控变量回复到给定值。

由于副回路控制通道短，时间常数小，所以当干扰进入回路时，可以获得比单回路控制系统超前的控制作用，有效地克服燃料油压力或热值变化对原料油出口温度的影响，从而大大提高了控制质量。

2）干扰作用于主对象

假如干扰作用于主对象，例如，在某一时刻，原料油的进口流量或温度突然变化。即在图 6-3 所示的方块图中，F_2 不存在，只有 F_1 作用于温度对象 1 上。若 F_1 的作用使原料油出口温度 T_1 升高。这时温度控制器 T_1C 的测量值 T_1 增加，因 T_1C 是反作用控制器，所以 T_1C 的输出降低，即 T_2C 的给定值降低。由于这时炉膛温度 T_2 暂时还没有变，即 T_2C 的测量值 T_2 没有变，因而 T_2C 的输出将随着给定值的降低而降低（因为对于偏差来说，给定值降低相当于测量值增加，T_2C 是反作用的，故输出降低）。随着 T_2C 的输出降低，气开型阀门的开度也随之减小，于是燃料供给量减少，促使原料油出口温度降低直至恢复到给定值。在整个控制过程中，温度控制器 T_2C 的给定值不断变化，要求炉膛温度 T_2 也随之不断变化，这是为了维持 T_1 不变所必需的。如果由于干扰作用 F_1 的结果使 T_1 增加超过给定值，那么必须相应降低 T_2，才能使 T_1 回复到给定值。所以，在串级控制系统中，如果干扰作用于主对象，由于副回路的存在，可以及时改变副变量的数值，以达到稳定主变量的目的。

3）干扰同时作用于副回路和主对象

当干扰同时作用于副回路和主对象。即在图 6-3 所示的方块图中，F_1、F_2 同时存在，分别作用在主、副对象上。这时可以根据干扰作用下主、副变量变化的方向，分下面两种情况进行讨论。

① 一种是在干扰作用下，主、副变量的变化方向相同，即同时增加或同时减小。

例如在图 6-2 所示的温度-温度串级控制系统中，一方面由于燃料油压力增加（或热值增加）使炉膛温度 T_2 增加。同时由于原料油进口温度增加（或流量减少）而使原料油出口温度 T_1 增加。这时主控制器的输出由于 T_1 增加而减小。副控制器由于测量值 T_2 增加，给定值（即 T_1C 输出）减小，这时给定值和炉膛温度 T_2 之间的差值更大，副控制器的输出也就大大减小，使控制阀关得更小些，更多地减少燃料供给量，直至主变量 T_1 回复到给定值为止。由于此时主、副控制器的工作都是使阀门关小的，所以加强了控制作用，加快了控制过程。

② 一种情况是主、副变量的变化方向相反，一个增加，另一个减小。

例如在图 6-2 所示的温度-温度串级控制系统中，假定一方面由于燃料油压力升高（或热值增加）而使炉膛温度 T_2 增加，另一方面由于原料油进口温度降低（或流量增加）而使原料油出口温度 T_1 降低。这时主控制器的测量值 T_1 降低，其输出增大，这就使副控制器的给定值也随之增大，而这时副控制器的测量值 T_2 也在增大。如果两者增加量恰好相等，则偏差为零，这时副控制器输出不变，阀门不需动作；如果两者增加量虽不相等，由于能互相抵消掉一部分，因而偏差也不大，只要控制阀稍稍动作一点，即可使系统达到稳定。

通过以上分析可以看出，在串级控制系统中，由于引入一个闭合的副回路，不仅能迅速克服作用于副回路的干扰，而且对作用于主对象上的干扰也能加速克服过程。副回路具有先调、粗调、快调的特点；主回路具有后调、细调、慢调的特点，并对于副回路没有完全克服掉的干扰影响能彻底加以克服。因此，在串级控制系统中，由于主、副回路相互配合、相互补充，充分发挥了控制作用，大大提高了控制质量。

（3）串级控制系统的特点及适用范围

串级控制系统由于独特的系统结构，而具有以下几个特点。

1）分级控制思想

串级控制系统是将一个控制通道较长的对象分为两级，即主对象和副对象，分别构成主副回路，把大部分的干扰在第一级副环就基本克服掉，剩余的影响及其他干扰的综合影响再由第二级主环加以克服。

2）串级系统的结构组成

与简单控制系统不同，串级控制系统有两个闭合回路，即主回路和副回路；有两个控制器，即主控制器和副控制器；有两个测量变送器，即测量主变量和副变量；但是只有一个执行器，组成如图 6-4 所示的双闭合回路的串级控制系统。

3）串级控制系统工作方式

串级控制系统中，主、副控制器是串联工作的。主控制器的输出作为副控制器的给定值，系统通过副控制器的输出去操纵执行器动作，实现对主变量的定值控制。所以在串级控制系统中，主回路是个定值控制系统，而副回路是个随动控制系统。

如果把副环视为一个整体方块，主环就相当于一个简单控制系统。由于主回路工作于定值方式，因此，也可以认为串级控制系统就是定值控制系统。

4）控制效果好

和简单控制系统相比，串级控制系统由于副回路的引入，改善了对象的特性，使控制过程加快、加强，具有超前控制的作用，从而有效地克服滞后，提高了控制质量。串级控制系统由于增加了副回路，因此具有一定的自适应能力，可用于负荷和操作条件有较大变化的场合。

由于串级控制系统具有上述特点，所以当对象的滞后和时间常数很大，干扰作用强而频繁，负荷变化大，简单控制系统满足不了控制质量的要求时，可采用串级控制系统。

（4）串级控制系统副回路的设计

由于串级系统比单回路系统多了一个副回路，因此与单回路系统相比，串级系统具有一些单回路系统所没有的优点。然而，要发挥串级系统的优势，副回路的设计则是一个关键。副回路设计的合理，串级系统的优势会得到充分发挥，串级系统的控制质量将比单回路控制系统有明显的提高；副回路设计不合适，串级系统的优势将得不到发挥，控制质量的提高将不明显，甚至弄巧成拙，导致串级控制系统无法工作，这就失去设计串级控制系统的意义了。

所谓副回路的确定，实际上就是根据生产工艺的具体情况，选择一个合适的副变量，从而构成一个以副变量为被控变量的副回路。

为了充分发挥串级系统的优势，副回路的确定应考虑如下一些原则。

1）主、副变量间应有一定的内在联系

在串级控制系统中，副变量的引入往往是为了提高主变量的控制质量。因此，在主变量确定以后，选择的副变量应与主变量间有一定的内在联系。即副变量的变化应在很大程度上能影响主变量的变化。

选择串级控制系统的副变量一般有两类情况。一类情况是选择与主变量有一定关系的某一中间变量作为副变量，例如前面所讲的管式加热炉的温度串级控制系统中，选择的副变量是燃料进入量至原料油出口温度通道中间的一个变量，即炉膛温度。由于它的滞后小、反应快，可以提前预报主变量 T_1 的变化。因此控制炉膛温度 T_2 对平稳原料油出口温度 T_1 波动有着显著的作用。另一类情况是选择的副变量就是操纵变量本身，这样能及时克服它的波动，减少对主变量的影响。

举例说明　精馏塔塔釜温度-流量串级控制系统。

精馏塔塔釜温度与蒸汽流量串级控制系统的示意图见图 6-5。精馏塔塔釜温度是保证产品分离纯度（主要指塔底产品的纯度）的重要间接控制指标，一般要求它保持在一定的数值上。通常采用改变进入再沸器的加热蒸汽量来克服干扰（如精馏塔的进料流量、温度及组分的变化等）对塔釜温度的影响，从而保持塔釜温度的恒定。但是，由于温度对象滞后比较大，由加热蒸汽量到塔釜温度的通道比较长，当蒸汽压力波动比较厉害时，控制不及时，使控制质量不够理想。为解决这个问题，可以构成如图 6-5 所示的塔釜温度与加热蒸汽流量的串级控制系统。温度控制器 TC 的输出作为蒸汽流量控制器 FC 的给定值，即流量控制器的给定值应该由温度控制的需要来决定它应该"变"或"不变"，以及如何变化。通过这套串级控制系统，能够在塔釜温度稳定不变时，蒸汽流量能保持恒定值，而当温度在外来干扰作用下偏离给定值时，又要求蒸汽流量能作相应的变化，以使能量的需要与供给之间得到平衡，从而保持釜温在要求的数值上。在这个例子中，选择的副变量就是操纵变量（加热蒸汽量）本身。这样，当干扰来自蒸汽压力或流量的波动时，副回路能及时加以克服，以大大减少这种干扰对主变量的影响，使塔釜温度的控制质量得以提高。

2）要使系统的主要干扰被包含在副回路内

从前面的分析中已知，串级控制系统的副回路具有反应速度快、抗干扰能力强（主要指进入副回路的干扰）的特点。如果在确定副变量时，一方面能将对主变量影响最严重、变化最剧烈的干扰包含在副回路内，另一方面又使副对象的时间常数很小，这样就能充分利用副环的快速抗干扰性能，将干扰的影响抑制在最低限度。这样，主要干扰对主变量的影响就会大大减小，从而提高了控制质量。

例如在管式加热炉中，如果主要干扰来自燃料油的压力波动时，可以设置图 6-6 所示的加热炉原料油出口温度与燃料油压力串级控制系统。在这个系统中，由于选择了燃料油压力作为副变量，副对象的控制通道很短，时间常数很小，因此控制作用非常及时，比起图 6-2 所示的控制方案，能更及时有效地克服由于燃料油压力波动对原料油出口温度的影响，从而大大提高了控制质量。

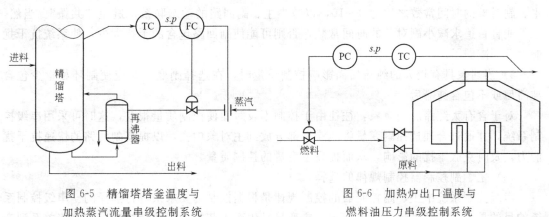

图 6-5　精馏塔塔釜温度与
加热蒸汽流量串级控制系统

图 6-6　加热炉出口温度与
燃料油压力串级控制系统

但是还必须指出，如果管式加热炉的主要干扰来自燃料油组分（或热值）波动时，就不宜采用图 6-6 所示的控制方案，因为这时主要干扰并没有被包含在副环内，所以不能充分发挥副环抗干扰能力强的这一优点。此时仍宜采用图 6-2 所示的温度-温度串级控制系统，选择炉膛温度作为副变量，这样，燃料油组分（或热值）波动的这一主要干扰也就被包含在副环内了。

3）在可能的情况下，应使副环包含更多的次要干扰

如果在生产过程中，除了主要干扰外，还有较多的次要干扰，或者系统的干扰较多且难于分出主要干扰与次要干扰，在这种情况下，选择副变量应考虑使副环尽量多包含一些干扰，这样可以充分发挥副环的快速抗干扰能力，以提高串级控制系统的控制质量。

比较图 6-2 与图 6-6 所示的控制方案，显然图 6-2 所示的控制方案中，其副环包含的干扰更多一些，凡是能影响炉膛温度的干扰都能在副环中加以克服，从这一点上来看，图 6-2 所示的串级控制方案似乎更理想一些。

需要说明的是，在考虑到使副环包含更多干扰时，也应同时考虑到副环的灵敏度。因为这两者经常是相互矛盾的。随着副回路包含干扰的增多，副环将随之扩大，副变量离主变量也就越近。这样一来，副对象的控制通道就变长，滞后也就增大，从而会削弱副回路的快速、有力控制的特性。例如对于管式加热炉，如采用图 6-2 所示的控制方案，当主要干扰来自燃料油的压力波动时，必须通过燃烧过程影响炉膛温度后，副回路方能施加控制作用来克服这一扰动的影响。而对于图 6-6 所示的控制方案，只要燃料油压力一波动，在尚未影响到

炉膛温度时，控制作用就已经开始。这对抑制扰动来说，就显得更为迅速、有力。

因此，在选择副变量时，既要考虑到使副环包含较多的干扰，又要考虑到使副变量不要离主变量太近，否则一旦干扰影响到副变量，很快也就会影响到主变量，这样副环的作用也就不大了。当主要干扰来自控制阀方面时，选择控制介质的流量或压力作为副变量来构成串级控制系统（如图6-5或图6-6所示）是很适宜的。

4）副变量的选择应考虑到主、副对象时间常数的匹配，以防"共振"的发生

在串级控制系统中，主、副对象的时间常数不能太接近。这一方面是为了保证副回路具有快速的抗干扰性能，另一方面是由于串级系统中主、副回路之间是密切相关的，副变量的变化会影响到主变量，而主变量的变化通过反馈回路又会影响到副变量。如果主、副对象的时间常数比较接近，那么主、副回路的工作频率也就比较接近，这样，一旦系统受到干扰，就有可能产生"共振"。而一旦系统发生"共振"，轻则会使控制质量下降，重则会导致系统的发散而无法工作。因此，必须设法避免共振的发生。所以，在选择副变量时，应注意使主、副对象的时间常数之比为3~10，以减少主、副回路的动态联系，避免"共振"。当然，也不能盲目追求减小副对象的时间常数，否则可能使副回路包含的干扰太少，使系统抗干扰能力反而减弱了。

5）当对象具有较大的纯滞后而影响控制质量时，在选择副变量时应使副环尽量少包含纯滞后或不包含纯滞后

对于含有大纯滞后的对象，往往由于控制不及时而使控制质量很差，这时可采用串级控制系统，并通过合理选择副变量将纯滞后部分放到主对象中去，以提高副回路的快速抗干扰能力，及时克服干扰的影响，从而提高主变量的控制质量。

（5）主、副控制器控制规律的选择

串级控制系统中主、副控制器的控制规律是根据控制的要求来进行选择的。串级控制系统的目的是为了高精度地稳定主变量。主变量是生产工艺的主要控制指标，它直接关系到产品的质量或生产的正常进行，工艺上对它的要求比较严格。一般来说，主变量不允许有余差。在串级控制系统中，稳定副变量并不是目的，设置副变量的目的就在于保证和提高主变量的控制质量。在干扰作用下，为了维持主变量的不变，副变量就要变。副变量的给定值是随主控制器的输出变化而变化的。所以，在控制过程中，对副变量的要求一般都不很严格，允许它有波动。

从串级控制系统结构上看，主回路是定值控制系统，主控制器起着定值控制的作用。为了主变量没有余差，主控制器通常都选用比例积分控制规律。对于对象控制通道容量滞后比较大的系统，例如温度对象或成分对象等，为了克服容量滞后，可以选择比例积分微分控制规律。副回路是随动控制系统，副变量的控制可以有余差，为了能够快速跟踪，最好不带积分作用，因为积分作用会使跟踪变得缓慢。副控制器的微分作用也是不需要的，因为当副控制器有微分作用时，一旦主控制器输出稍有变化，就容易引起控制阀大幅度地变化，这对系统的稳定是不利的。一般情况下，副控制器采用纯比例就可以了。

（6）主、副控制器正、反作用的选择

控制器作用方向的选择的依据是使系统为负反馈系统。

副控制器作用方向的选择要根据副回路的具体情况来选择，与主回路无关。副控制器的作用方向选择与简单控制系统的情况一样，按照使副控制回路成为一个负反馈系统的原则来确定的。

主控制器作用方向的选择完全由工艺情况确定，与执行器的气开、气关型式及副控制器

的作用方向完全无关。一般可按下述方法进行：当主、副变量在增加（或减小）时，如果由工艺分析得出，为使主、副变量减小（或增加），要求控制阀的动作方向是一致的时候，主控制器应选"反"作用；反之，则应选"正"作用。

根据以上分析，串级控制系统中主、副控制器正、反作用的选择可以按"先副后主"的顺序，即先确定执行器的气开、气关型式及副控制器的正、反作用，然后确定主控制器的作用方向；也可以按"先主后副"的顺序，即先按工艺过程特性的要求确定主控制器的作用方向，然后按一般单回路控制系统的方法再选定执行器的气开、气关型式及副控制器的作用方向。

【例 6-1】 试确定图 6-2 所示的管式加热炉温度-温度串级控制系统中主、副控制器的正、反作用。信号中断时，要防止烧坏炉子。

解： 副回路：

气源中断时，为了防烧坏炉子，停止供给燃料油，调节阀应该关闭，那么执行器应该选气开阀，是"正"方向。

当燃料量加大时，炉膛温度 T_2（副变量）是增加的，因此副对象是"正"方向。

副变送器是"正"方向。

为了使副回路构成一个负反馈系统，副控制器 T_2C 应选择"反"作用方向。只有这样，才能当炉膛温度受到干扰作用上升时，T_2C 的输出降低，从而使气开阀关小，减少燃料量，促使炉膛温度下降。

主控制器：

不论是主变量 T_1 或副变量 T_2 增加时，都要求关小控制阀，减少供给的燃料量，才能使 T_1 或 T_2 降下来，对控制阀动作方向的要求是一致的，所以此时主控制器 T_1C 应确定为"反"作用方向。

【例 6-2】 试确定图 6-5 所示的精馏塔塔釜温度与蒸汽流量的串级控制系统中主、副控制器的正、反作用。

解： 副回路：

基于工艺上的考虑，选择执行器为气关阀，是"反"方向。

当蒸汽流量加大时，管道蒸汽流量（副变量）是增加的，因此副对象是"正"方向。

副变送器是"正"方向。

为了使副回路是一个负反馈控制系统，副控制器 FC 的作用方向应选择为"正"作用。这时，当由于蒸汽压力波动而使蒸汽流量增加时，副控制器的输出就将增加，以使控制阀关小（因是气关阀），保证进入再沸器的加热蒸汽量不受或少受蒸汽压力波动的影响。这样，就充分发挥了副回路克服蒸汽压力波动这一干扰的快速作用，提高了主变量的控制质量。

主回路：

由于蒸汽流量（副变量）增加时，需要关小控制阀，塔釜温度（主变量）增加时，也需要关小控制阀，因此它们对控制阀的动作方向要求是一致的，所以主控制器 TC 也应为"反"作用方向。

（7）串级控制与主控的切换

在有些生产过程中，要求控制系统既可以进行串级控制，又可以实现主控制器单独工作，即切除副控制器，由主控制器的输出直接控制执行器（称为主控）。这就是说，若系统由串级切换为主控时，是用主控制器的输出代替原先副控制器的输出去控制执行器，而若系统由主控切换为串级时，是用副控制器的输出代替主控制器的输出去控制执行器。无论哪一种切换，都必须保证当主变量变化时，去控制阀的信号完全一致。

以图 6-2 所示的管式加热炉出口温度串级控制系统为例，当执行器为气开阀时，T_1C 和 T_2C 均为反作用。主变量 T_1 增加时，去执行器的气压信号是要求减小的。这样才能关小阀门，减少燃料供给量，以使温度 T_1 下降，当系统由串级切换为主控时，若 T_1 增加，要求主控制器的输出也减小，因此这时主控制器仍为反作用的，不需改变方向。相反，如果工艺要求执行器改为气关阀，那么 T_1C 为反作用，T_2C 为正作用。这时若系统为串级控制时，T_1 增加，T_2C 的输出即去执行器的信号是增加的，这样才能关小阀门，减少燃料供给量。若这时系统由串级切换为主控，为了保证在 T_1 增加时，主控制器的输出，即去执行器的信号仍是增加的，主控制器就必须是正作用，这样才能保证由串级改为主控后，控制系统（这时实际上是单回路的）是一个具有负反馈的闭环系统。

总之，系统串级与主控切换的条件是：当主变量变化时，串级时副控制器的输出与主控时主控制器的输出信号方向完全一致。根据这一条件可以断定：只有当副控制器为"反"作用时，才能在串级与主控之间直接进行切换，如果副控制器为"正"作用，则在串级与主控之间进行切换的同时，要改变主控制器的正、反作用。为了能使串级系统在串级与主控之间方便地切换，在执行器气开、气关型式的选择不受工艺条件限制，可以任选的情况下，应选择能使副控制器为反作用的那种执行器类型，这样就可免除在串级与主控切换时来回改变主控制器的正、反作用。

（8）控制器参数的工程整定

串级控制系统从整体上来看是个定值控制系统，要求主变量有较高的控制精度。但从副回路来看是个随动系统，要求副变量能准确、快速地跟随主控制器输出的变化而变化。只有明确了主、副回路的不同作用和对主、副变量的不同要求后，才能正确地通过参数整定，确定主、副控制器的不同参数，来改善控制系统的特性，获取最佳的控制过程。

串级控制系统主、副控制器的参数整定方法主要有下列两种。

1）两步整定法

按照串级控制系统主、副回路的情况，先整定副控制器，后整定主控制器的方法叫做两步整定法，整定过程是：

① 在工况稳定，主、副控制器都在纯比例作用运行的条件下，将主控制器的比例度先固定在 100% 的刻度上，逐渐减小副控制器的比例度，求取副回路在满足某种衰减比（如 4：1）过渡过程下的副控制器比例度和操作周期，分别用 $\delta_{2}s$ 和 $T_{2}s$ 表示。

② 在副控制器比例度等于 $\delta_{2}s$ 的条件下，逐步减小主控制器的比例度，直至主回路得到同样衰减比下的过渡过程，记下此时主控制器的比例度 $\delta_{1}s$ 和操作周期 $T_{1}s$。

③ 根据上面得到的 $\delta_{1}s$、$T_{1}s$、$\delta_{2}s$、$T_{2}s$，分别按表 6-2 和表 6-3 的规定关系计算主、副控制器的比例度、积分时间和微分时间。

④ 按"先副后主"、"先比例次积分后微分"的整定规律，将计算出的控制器参数加到控制器上。

⑤ 观察控制过程，适当调整，直到获得满意的过渡过程。

如果主、副对象时间常数相差不大，动态联系密切，可能会出现"共振"现象，主、副变量长时间地处于大幅度波动情况，控制质量严重恶化。这时可适当减小副控制器比例度或积分时间，以达到减小副回路操作周期的目的。同理，可以加大主控制器的比例度或积分时间，以期增大主回路操作周期，使主、副回路的操作周期之比加大，避免"共振"。这样做的结果会在一定程度上降低原先期望的控制质量。如果主、副对象特性太接近，则说明确定的控制方案欠妥当，副变量的选择不合适，这时就不能完全靠控制器参数的改变来避免"共振"了。

2）一步整定法

两步整定法虽能满足主、副变量的要求，但要分两步进行，需寻求两个 4∶1 的衰减振荡过程，比较繁琐。为了简化步骤，串级控制系统中主、副控制器的参数整定可以采用一步整定法。

所谓一步整定法，就是根据经验先将副控制器一次调好，不再变动，然后按一般单回路控制系统的整定方法直接整定主控制器参数。

一步整定法的依据是：在串级控制系统中，一般来说，主变量是工艺的主要操作指标，直接关系到产品的质量或生产过程的正常运行，因此，对它的要求比较严格。而副变量的设置主要是为了提高主变量的控制质量，对副变量本身没有很高的要求，允许它在一定范围内变化。因此，在整定时不必把过多的精力花在副环上。只要把副控制器的参数置于一定数值后，集中精力整定主环，使主变量达到规定的质量指标就行了。虽然按照经验一次设置的副控制器参数不一定合适，但是这没有关系，因为副控制器的放大倍数不合适，可以通过调整主控制器的放大倍数来进行补偿，结果仍然可以使主变量呈现 4∶1 （或 10∶1 ）衰减振荡过程。

经验证明，这种整定方法对于对主变量要求较高，而对副变量没有什么要求或要求不严格，允许它在一定范围内变化的串级控制系统，是很有效的。

（9）串级控制系统的投运

串级控制系统的投运方法有两种：先副后主和先主后副。一般多用前者。由于采用的仪表不一样，投运的具体方法也有些不同，但是大的方式是一样的，下面简单介绍。

① 先把各开关或旋钮置于正确位置（正、反作用开关等），主、副调节器均置于"手动"位置，主调的"内-外"设定开关设置于"内"，副调节器的则置于"外"（与主调节器输出相同），PID 可置于预定位置。

② 用副调节器的手操旋钮或手轮进行手动遥控，在主变量接近设定值，副变量也较平稳时，手操主调节器的输出，来调节副调节器的外设定值，使其等于副变量的值，当偏为零时，即可把副调节器的切换开关切向"自动"，完成了副调节器的手动向自动的无扰动转换。

③ 当副回路稳定，副变量等于它的设定值时，调节主调器的内设定旋钮或手轮，当手操的值与主变量相等时，也就是表上的设定值与测定值相等，即可将主调节器切向"自动"，至此，完成了串级控制系统的投运操作。

6.1.2　均匀控制系统

在石油、化工生产中，各生产设备都是前后紧密联系在一起的。前一设备的出料，往往是后一设备的进料，各设备的操作情况也是互相关联、互相影响的。均匀控制就是针对这样流程工业中协调前后工序的流量而提出。

（1）均匀控制系统原理

如图 6-7 所示的连续精馏的多塔分离过程就是一个最能说明问题的例子。甲塔的出料为乙塔的进料。对甲塔来说，为了稳定操作需保持塔釜液位稳定，为此必然频繁地改变塔底的排出量，即改变乙塔的进料量。而对乙塔来说，从稳定操作要求出发，希望进料量尽量不变或少变，这样甲、乙两塔间的供求关系就出现了矛盾。甲塔的液位需要稳定，乙塔的进料流量也需要稳定，按此设计的控制系统是相互矛盾的。如果采用图 6-7 所示的控制方案，两个控制系统是无法同时正常工作的。如果甲塔的液位上升，则液位控制器 LC 就会开大出料阀 1，而这将引起乙塔进料量增大，于是乙塔的流量控制器 FC 又要关小阀 2，其结果会使甲塔液位升高，出料阀 1 继续开大，如此下去，顾此失彼，解决不了供求之间的矛盾。

为了解决前后两个塔供求之间的矛盾，可在两塔之间设置一个中间缓冲贮罐，既满足甲塔控制液位的要求，又缓冲了乙塔进料流量的波动。但是由此会增加设备，使流程复杂化，也加大了投资，而且有些生产过程连续性生产要求高，不宜增设中间储罐。所以此法不能完全解决问题。因此，还需从自动控制方案设计上寻找解决的方法。能胜任此控制任务的控制系统就是均匀控制系统。

均匀控制系统就是把液位、流量统一在一个控制系统中，从控制系统内部解决工艺参数之间的矛盾。从工艺和设备上分析，塔釜有一定的容量，其容量虽不像贮罐那么大，但是液位并不要求保持在定值上，允许在一定的范围内变化。至于乙塔的进料，如不能做到定值控制，但若能使其缓慢变化，与进料流量剧烈的波动相比对乙塔的操作也是很有益的。为了解决前后工序供求矛盾，达到前后兼顾协调操作，使液位和流量均匀变化，为此组成的系统称为均匀控制系统。

均匀控制通常是对液位和流量两个变量同时兼顾，通过均匀控制，使两个互相矛盾的变量在控制过程中都应该是缓慢变化的，使两个参数都能满足工艺要求。

假设把图 6-7 中的流量控制系统删去，只剩下一个液位控制系统，见图 6-8，这时可能出现三种情况，见图 6-9。

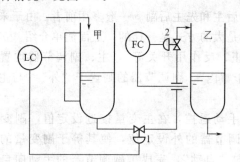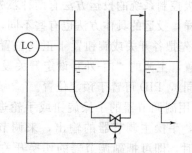

图 6-7　前后精馏塔之间的供求关系　　　　　图 6-8　甲塔液位控制系统

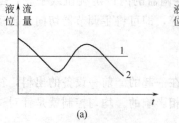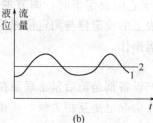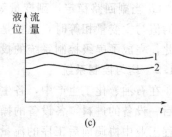

图 6-9　前后设备液位、流量关系关系

1—液位变化曲线；2—流量变化曲线

可以看出，图 6-9（a）中把液位控制成比较平稳的直线，因此下一设备的进料量必然波动很大，这样的控制过程只能看作液位的定值控制，而不能看作均匀控制；图 6-9（b）中把后一设备的进料量控制成比较平稳的直线，那么，前一设备的液位就必然波动很厉害，所以，它只能被看作是流量的定值控制。只有如图 6-9 （c）所示的液位和流量的控制曲线才符合均匀控制的要求，两者都有一定程度的波动，但波动都比较缓慢，符合均匀控制的要求。

（2）均匀控制系统的特点

① 控制结构上无特殊性。均匀控制系统可以是简单控制系统，例如图 6-7 所示。因此均匀控制是以控制目的而言的，而不是以结构来定的。所以，一个普通的均匀控制系统，能否实现均匀控制的目的，主要在于控制器的参数整定如何。可以说，均匀控制通过降低控制回路的灵敏度来获得的，而不是靠结构变化得到的。

② 前后互相联系又互相矛盾的两个变量应变化，并应保持在所允许的范围内变化。

（3）均匀控制方案

1）简单均匀控制方案

简单均匀控制系统采用单回路控制系统的结构形式，见图 6-8。外表看起来与简单的液位定值控制系统一样，但系统设计的目的不同。定值控制是通过改变排出流量来保持液位为给定值，而简单均匀控制是为了协调液位与排出流量之间的关系，允许它们都在各自许可的范围内作缓慢的变化。

简单均匀控制系统均匀控制的目标是通过控制器的参数整定来实现的。简单均匀控制系统中的控制器一般都是纯比例作用的，比例度的整定不能按 4:1 （或 10:1）衰减振荡过程来整定，而是将比例度整定得很大，以使当液位变化时，控制器的输出变化很小，排出流量只作微小缓慢的变化。有时为了克服连续发生的同一方向干扰所造成的过大偏差，防止液位超出规定范围，则引入积分作用。这时比例度一般大于 100%，积分时间也要放得大一些。至于微分作用，是和均匀控制的目的背道而驰的，故不采用。

2）串级均匀控制方案

简单均匀控制方案，虽然结构简单，但有局限性。当塔内压力或排出端压力变化时，即使控制阀开度不变，流量也会随阀前后压差变化而改变。等到流量改变影响到液位变化后，液位控制器才进行控制，显然这是不及时的。为了克服这一缺点，可在原方案基础上增加一个流量副回路，即构成串级均匀控制，见图 6-10。

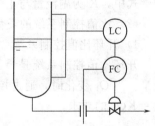

图 6-10　串级均匀控制

从图 6-10 中可以看出，在系统结构上它与串级控制系统是相同的。液位控制器 LC 的输出，作为流量控制器 FC 的给定值，用流量控制器的输出来操纵执行器。由于增加了副回路，可以及时克服由于塔内或排出端压力改变所引起的流量变化。这些都是串级控制系统的特点。但是，由于设计这一系统的目的是为了协调液位和流量两个变量的关系，使之在规定的范围内作缓慢的变化，所以本质上是均匀控制。

串级均匀控制系统也是通过控制器参数整定来实现均匀控制的。在串级均匀控制系统中，参数整定的目的不是使变量尽快地回到给定值，而是要求变量在允许的范围内作缓慢的变化。参数整定的方法也与一般的串级控制系统不同。一般串级控制系统的比例度和积分时间是由大到小地进行调整，串级均匀控制系统却正相反，是由小到大地进行调整。均匀控制系统的控制器参数数值一般都很大。

串级均匀控制系统的主、副控制器一般都采用纯比例作用的。只在要求较高时，为了防止偏差过大而超过允许范围，才引入适当的积分作用。

6.1.3　比值控制系统

（1）比值控制系统概述

在炼油、化工、天然气处理与加工及其他工业生产过程中，工艺上常需要将两种或两种以上的物料保持一定的比例关系，如果比例一旦失调，将影响生产或造成事故。例如，在重油气化的造气生产过程中，进入气化炉的氧气和重油流量应保持一定的比例，若氧油比过高，因炉温过高使喷嘴和耐火砖烧坏，严重时甚至会引起炉子爆炸；如果氧量过低，则生成的炭黑增多，还会发生堵塞现象。所以保持合理的氧油比，不仅为了使生产能正常进行，且对安全生产来说具有重要意义。在锅炉燃烧过程中，需要保持燃料量和空气按一定的比例进入炉膛，才能提高燃烧过程的经济性。再如许多化学反应过程的各种反应物间需要保持一定的比例，才能充分进行化学反应。这样类似的例子在各种工业生产中是大量存在的。

实现两个或两个以上参数符合一定比例关系的控制系统，称为比值控制系统。通常为流量比值控制系统。在需要保持比值关系的两种物料中，必有一种物料处于主导地位，这种物料称之为主物料，表征这种物料的参数称之为主动量，用 Q_1 表示。由于在生产过程控制中主要是流量比值控制系统，所以主动量也称为主流量；而另一种物料按主物料进行配比，在控制过程中随主物料而变化，因此称为从物料，表征其特性的参数称为从动量或副流量，用 Q_2 表示。一般情况下，总是以生产中主要物料定为主物料，如上例中的重油和燃料油均为主物料，而相应跟随变化的氧和空气则为从物料。在有些场合，以不可控物料作为主物料，用改变可控物料即从物料的量来实现它们之间的比值关系。

比值控制系统就是要实现副流量 Q_2 与主流量 Q_1 成一定比值关系，即

$$k = \frac{Q_1}{Q_2} \qquad\qquad (6\text{-}1)$$

式中，K 为副流量与主流量的流量比值，称为比值系数。

（2）比值控制系统的类型

1）开环比值控制系统

开环比值控制系统是最简单的比值控制方案，见图 6-11。图中 Q_1 是主流量，Q_2 是副流量。当 Q_1 变化时，通过控制器 FC 及安装在从物料管道上的执行器，来控制 Q_2，以满足 $Q_2 = KQ_1$ 的要求。

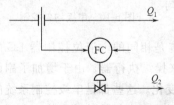

图 6-11　开环比值控制

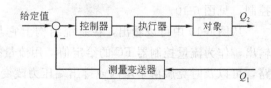

图 6-12　开环比值控制系统方块图

图 6-12 是该系统的方块图。从图中可以看到，该系统的测量信号取自主物料 Q_1，但控制器的输出却去控制从物料的流量 Q_2，整个系统没有构成闭环，所以是一个开环系统。

这种方案的优点是结构简单，只需一台纯比例控制器，其比例度可以根据比值要求来设定。但是如果仔细分析一下这种开环比值系统，其实质只能保持执行器的阀门开度与 Q_1 之间成一定比例关系。因此，当 Q_2 因阀门两侧压力差发生变化而波动时，系统不起控制作用，此时就保证不了 Q_2 与 Q_1 的比值关系了。也就是说，这种比值控制方案对副流量 Q_2 本身无抗干扰能力。所以这种系统只能适用于副流量较平稳且比值要求不高的场合。实际生产

过程中，Q_2 本身常常要受到干扰，因此生产上很少采用开环比值控制方案。

2）单闭环比值控制系统

单闭环比值控制系统是为了克服开环比值控制方案的不足，在开环比值控制系统的基础上，通过增加一个副流量的闭环控制系统而组成的，见图 6-13。图 6-14 是该系统的方块图。

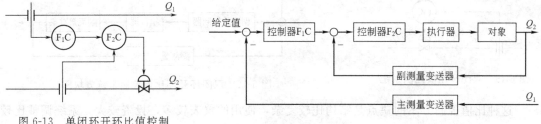

图 6-13 单闭环开环比值控制　　　　图 6-14 单闭环比值控制系统方块图

从图 6-13 中可以看出，单闭环比值控制系统与串级控制系统具有相类似的结构形式，但两者是不同的。单闭环比值控制系统的主流量 Q_1 相似于串级控制系统中的主变量，但主流量并没有构成闭环系统，Q_2 的变化并不影响到 Q_1。尽管它亦有两个控制器，但只有一个闭合回路，这就是两者的根本区别。

在稳定情况下，主、副流量满足工艺要求的比值，$Q_2/Q_1 = K$。当主流量 Q_1 变化时，经变送器送至主控制器 F_1C（或其他计算装置）。F_1C 按预先设置好的比值使输出成比例地变化，也就是成比例地改变副流量控制器 F_2C 的给定值，此时副流量闭环系统为一个随动控制系统，从而 Q_2 跟随 Q_1 变化，使得在新的工况下，流量比值 K 保持不变。当主流量没有变化而副流量由于自身干扰发生变化时，此副流量闭环系统相当于一个定值控制系统，通过控制克服干扰，使工艺要求的流量比值仍保持不变。

单闭环比值控制系统的优点是它不但能实现副流量跟随主流量的变化而变化，而且还可以克服副流量本身干扰对比值的影响，因此主、副流量的比值较为精确。另外，这种方案的结构形式较简单，实施起来也比较方便，所以得到广泛的应用，尤其适用于主物料在工艺上不允许进行控制的场合。

单闭环比值控制系统，虽然能保持两物料量比值一定，但由于主流量是不受控制的，当主流量变化时，总的物料量就会跟着变化。

3）双闭环比值控制系统

双闭环比值控制系统是为了克服单闭环比值控制系统主流量不受控制，生产负荷（与总物料量有关）在较大范围内波动的不足而设计的。它是在单闭环比值控制的基础上，增加主流量控制回路而构成的。

图 6-15 是它的原理图。从图可以看出，当主流量 Q_1 变化时，一方面通过主流量控制器 F_1C 对它进行控制，另一方面通过比值控制器 K（可以是乘法器）乘以适当的系数后作为副流量控制器的给定值，使副流量跟随主流量的变化而变化。

由图 6-16 可以看出，该系统具有两个闭合回路，分别对主、副流量进行定值控制。同时，由于比值控制器 K 的存在，使得主流量从受到干扰作用开始到重新稳定在给定值这段时间内，副流量能跟随主流量的变化而变化。这样不仅实现了比较精确的流量比值，而且也确保了两物料总量基本不变，这是它的一个主要优点。双闭环比值控制系统的另一个优点是提降负荷比较方便，只要缓慢地改变主流量控制器的给定值，就可以提升主流量，同时副流量也就自动跟踪提降，并保持两者比值不变。

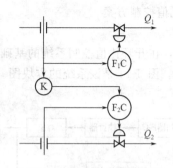

图 6-15　双闭环比值控制系统

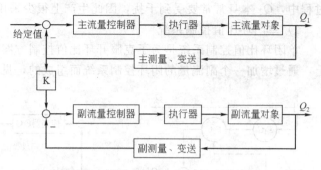

图 6-16　双闭环开环比值控制系统方块图

这种比值控制方案的缺点是结构比较复杂，使用的仪表较多，投资较大，系统调整比较麻烦。

双闭环比值控制系统主要适用于主流量干扰频繁、工艺上不允许负荷有较大波动或工艺上经常需要提降负荷的场合。在设计时，应通过适当选择主、副测量变送器的量程，使得比值系数 K 尽量接近于 1，以提高控制品质。

4）变比值控制系统

以上介绍的几种控制方案都是属于定比值控制系统。控制过程的目的是要保持主、从物料的比值关系为定值。但有些化学反应过程，要求两种物料的比值能灵活地随第三变量的需要而加以调整，这样就出现一种变比值控制系统。

例如，图 6-17 是变换炉的半水煤气与水蒸气的变比值控制系统的示意图。在变换炉生产过程中，半水煤气与水蒸气的量需保持一定的比值，但其比值系数要能随一段触媒层的温度变化而变化，才能在较大负荷变化下保持良好的控制质量。在这里，蒸汽与半水煤气的流量经测量变送后，送往除法器，计算得到它们的实际比值，作为流量比值控制器 FC 的测量值。而 FC 的给定值来自温度控制器 TC，最后通过调整蒸汽量（实际上是调整了蒸汽与半水煤气的比值）来使变换炉触媒层的温度恒定在规定的数值上。图 6-18 是该变比值控制系统的方块图。

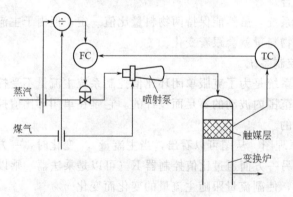

图 6-17　变比值控制系统

由图 6-18 可见，从系统的结构上来看，实际上是变换炉触媒层温度与蒸汽/半水煤气的比值串级控制系统。系统中控制器的选择：温度控制器 TC 按串级控制系统中主控制器要求选择，比值系统按单闭环比值控制系统来确定。

工业应用案例——变比值控制系统的典型应用

图 6-19 所示硝酸生产中氧化炉温度对氨气/空气串级控制系统就是变比值控制系统的一

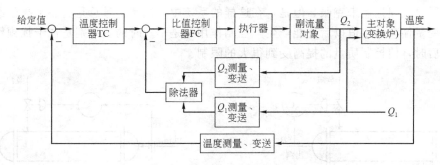

图 6-18　变比值控制系统的方块图

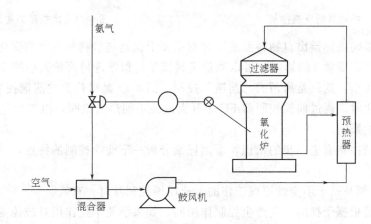

图 6-19　氧化炉温度对氨气/空气串级比值控制系统

个实例。

在硝酸生中产，氧化炉是关键设备之一，氨气和空气在铂触媒的作用下，在氧化炉内进行氧化反应

$$4NH_3+5O_2 \longrightarrow 4NO+6H_2O+Q$$

反应结果得到 NO 气体。氨氧化生成一氧化氮的过程是放热反应，温度是反应过程中的主要指标。工艺要求：氧化率达到 97% 以上，为此要将氧化炉温度控制在（840±5）℃。而影响温度的主要因素是氮气和空气的比值，保证了混合器氨、空气比值，基本控制了氧化炉的温度。当温度受其他扰动而发生改变时，则可以通过主控制器 TC 来改变氨量，即改变氨、空气比来补偿，满足工艺要求。

6.1.4　前馈控制系统

随着化工等生产过程工业不断发展，有些场合只采用一般的比例、积分、微分反馈控制系统很难满足工艺要求。这时，人们试图按照扰动量的变化来补偿其对被控变量的影响，从而达到被控变量完全不受扰动量影响的控制方式，这种按照扰动进行控制的控制方式称为前馈控制。目前前馈控制已在锅炉、精馏塔、换热器和化学反应器等设备上获得成功的应用。

（1）前馈控制系统及其特点

在大多数控制系统中，控制器是按照被控变量相对于给定值的偏差而进行工作的。控制作用影响被控变量，而被控变量的变化又返回来影响控制器的输入，使控制作用发生变化。这些控制系统都属于反馈控制。不论什么干扰，只要引起被控变量变化，都可以进行控制，这是反馈控制的优点。例如在图 6-20 所示的换热器出口温度的反馈控制中，所有影响被控变量 θ 的因素，如进料流量、温度的变化，蒸汽压力的变化等，它们对出口物料温度 θ 的影响都可以通过反馈控制来克服。但是，在这样的系统中，控制信号总是要在干扰已经造成影响，被控变量偏离给定值以后才能产生，控制作用总是不及时的。特别是在干扰频繁，对象有较大滞后时，使控制质量的提高受到很大的限制。

图 6-20　换热器的反馈控制　　　　　　　图 6-21　换热器的前馈控制

如果已知影响换热器出口物料温度变化的主要干扰是进口物料流量的变化，为了及时克服这一干扰对被控变量 θ 的影响，可以测量进料流量，根据进料流量大小的变化直接去改变加热蒸汽量的大小，这就是所谓的"前馈"控制。图 6-21 是换热器的前馈控制系统示意图。当进料流量变化时，通过前馈控制器 FC 去开大或关小加热蒸汽阀，以克服进料流量变化对出口物料温度的影响。

为了对前馈控制有进一步的认识，下面仔细分析一下前馈控制的特点，并与反馈控制作一简单的比较。

1）前馈控制是基于不变性原理工作的，比反馈控制及时、有效。

前馈控制是根据干扰的变化产生控制作用的。如果能使干扰作用对被控变量的影响与控制作用对被控变量的影响在大小上相等、方向上相反的话，就能完全克服干扰对被控变量的影响。

① 反馈控制的依据是被控变量与给定值的偏差，检测的信号是被控变量，控制作用发生时间是在偏差出现以后。

② 前馈控制的依据是干扰的变化，检测的信号是干扰量的大小，控制作用的发生时间是在干扰作用的瞬间而不需等到偏差出现之后。

2）前馈控制属于"开环"控制系统

反馈控制系统是一个闭环控制系统，而前馈控制是一个"开环"控制系统，这也是它们两者的基本区别。由图 6-21 可以看出，在前馈控制系统中，被控变量根本没有被检测。

当前馈控制器按扰动量产生控制作用后，对被控变量的影响并不返回来影响控制器的输入信号—扰动量，所以整个系统是一个开环系统。

前馈控制系统是一个开环系统，这一点从某种意义上来说是前馈控制的不足之处。反馈控制由于是闭环系统，控制结果能够通过反馈获得检验，而前馈控制其控制效果并不通过反馈来加以检验。如上例中，根据进口物料流量变化这一干扰施加前馈控制作用后，出口物料的温度（被控变量）是否达到所希望的温度是不可知的。因此，要想综合设计一个合适的前馈控制作用，必须对被控对象的特性作深入的研究和彻底的了解。

3）前馈控制使用的是视对象特性而定的"专用"控制器

一般的反馈控制系统均采用通用类型的 PID 控制器，而前馈控制要采用专用前馈控制器（或前馈补偿装置）。对于不同的对象特性，前馈控制器的控制规律将是不同的。为了使干扰得到完全克服，干扰通过对象的干扰通道对被控变量的影响，应该与控制作用（也与干扰有关）通过控制通道对被控变量的影响大小相等、方向相反。所以，前馈控制器的控制规律取决于干扰通道的特性与控制通道的特性。对于不同的对象特性，就应该设计具有不同控制规律的控制器。

4）一种前馈作用只能克服一种干扰

由于前馈控制作用是按干扰进行工作的，而且整个系统是开环的，因此根据一种干扰设置的前馈控制就只能克服这一干扰对被控变量的影响，而对于其他干扰，由于这个前馈控制器无法感受到，也就无能为力了。而反馈控制只用一个控制回路就可克服多个干扰，所以说这一点也是前馈控制系统的一个弱点。

（2）前馈控制的主要形式

1）单纯的前馈控制形式

前面列举的图 6-20 所示的换热器出口物料温度控制就属于单纯的前馈控制系统，它是按照干扰的大小来进行控制的。根据对干扰补偿的特点，可分为静态前馈控制和动态前馈控制。

① 静态前馈控制系统　在图 6-20 中，前馈控制器的输出信号是按干扰的大小随时间变化的，它是干扰量和时间的函数。而当干扰通道和控制通道动态特性相同时，便可以不考虑时间函数，只按静态关系确定前馈控制作用。静态前馈是前馈控制中的一种特殊形式。如当干扰阶跃变化时，前馈控制器的输出也为一个阶跃变化。图 6-22 中，如果主要干扰是进料流量的波动 ΔQ_1，那么前馈控制器的输出 Δmf 为

$$\Delta mf = K_f(\Delta Q_1) \tag{6-2}$$

式中　K_f——前馈控制器的比例系数。

这种静态前馈实施起来十分方便，用常规仪表中的比值器或比例控制器即可作为前馈控制器使用，K_f 为其比值或比例系数。

② 动态前馈控制系统　静态前馈控制只能保证被控变量的静态偏差接近或等于零，并不能保证动态偏差达到这个要求。故必须考虑对象的动态特性，从而确定前馈控制器的规律，才能获得动态前馈补偿。

2）前馈-反馈控制

前面已经谈到，前馈与反馈控制的优缺点是相对应的。若将它们组合起来，取长补短，使前馈控制用来克服主要干扰，反馈控制用来克服其他的多种干扰，两者协同工作，一定能提高控制质量。

图 6-22 所示的换热器前馈控制系统，仅能克服由于进料量变化对被控变量 θ 的影响。如果还同时存在其他干扰，例如进料温度、蒸汽压力的变化等，它们对被控变量 θ 的影响，通过这种单纯的前馈控制系统是得不到克服的。因此，往往用"前馈"来克服主要干扰，再用"反馈"来克服其他干扰，组成如图 6-22 所示的前馈-反馈控制系统。

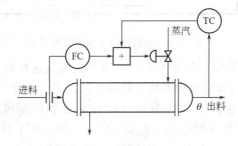

图 6-22　换热器的前馈-反馈控制

图 6-22 中的控制器 FC 起前馈控制作用，用来克服由于进料量波动对被控变量 θ 的影

响，而温度控制器 TC 起反馈控制作用，用来克服其他干扰对被控变量 θ 的影响，前馈和反馈控制共同改变加热蒸汽量，以使出料温度 θ 维持在给定值上。

图 6-23 是前馈-反馈控制系统方块图，从图中可以看出，前馈-反馈控制系统虽然也有两个控制器，但在结构上与串级控制系统是完全不同的。串级控制系统是由内、外（或主、副）两个反馈回路所组成；而前馈-反馈控制系统是由一个闭环反馈回路和另一个开环的补偿回路叠加而成。

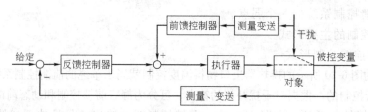

图 6-23　前馈-反馈控制系统方块图

（3）前馈控制的应用场合

前馈控制主要的应用场合有下面几种。

① 干扰幅值大而频繁，对被控变量影响剧烈，仅采用反馈控制达不到要求的对象。

② 主要干扰是可测而不可控的变量。所谓可测，是指干扰量可以运用检测变送装置将其在线转化为标准的电信号或气信号。但目前对某些变量，特别是某些成分量还无法实现上述转换，也就无法设计相应的前馈控制系统。所谓不可控，主要是指这些干扰难以通过设置单独的控制系统予以稳定，这类干扰在连续生产过程中是经常遇到的，其中也包括一些虽能控制但生产上不允许控制的变量，例如负荷量等。

③ 当对象的控制通道滞后大，反馈控制不及时，控制质量差，可采用前馈或前馈-反馈控制系统，以提高控制质量。

6.1.5　分程控制系统

（1）概述

在反馈控制系统中，通常都是一台控制器的输出只控制一台控制阀。在分程控制系统中，一台控制器的输出可以同时控制两台甚至两台以上的控制阀。在这里，控制器的输出信号被分割成若干个信号范围段，由每一段信号去控制一台控制阀。由于是分段控制，故取名为分程控制系统。分程控制系统的方块图如图 6-24 所示。

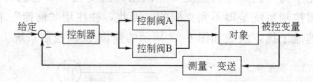

图 6-24　分程控制系统的方块图

分程控制系统中控制器输出信号的分段一般是由附设在控制阀上的阀门定位器来实现的。阀门定位器相当于一台可变放大系数、且零点可以调整的放大器。如果在分程控制系统中，采用了两台分程阀，在图 6-24 中分别为控制阀 A 和控制阀 B。将执行器的输入信号20～100kPa 分为两段，要求 A 阀在 20～60kPa 信号范围内作全行程动作（即由全关到全开或由全开到全关）；B 阀在 60～100kPa 信号范围内作全行程动作。那么，就可以对附设在控制阀 A、B 上的阀门定位器进行调整，使控制阀 A 在 20～60kPa 的输入信号下走完全行程，使控制阀 B 在 60～100kPa 的输入信号下走完全行程。这样一来，当控制器输出信号在小于

60kPa 范围内变化时，就只有控制阀 A 随着信号压力的变化改变自己的开度，而控制阀 B 则处于某个极限位置（全开或全关），其开度不变。当控制器输出信号在 60～100kPa 范围内变化时，控制阀 A 因已移动到极限位置开度不再变化，控制阀 B 的开度却随着信号大小的变化而变化。

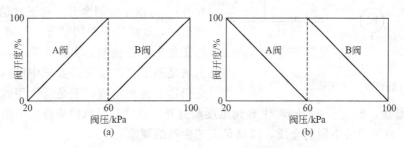

图 6-25　控制阀同向动作

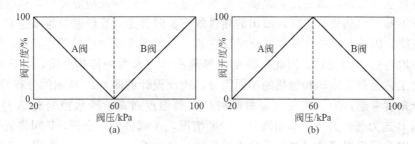

图 6-26　控制阀异向动作

分程控制系统，就控制阀的开、关型式可以划分为两类：一类是两个控制阀同向动作，即随着控制器输出信号（即阀压）的增大或减小，两控制阀都开大或关小，其动作过程如图 6-25 所示，其中图（a）为气开阀的情况，图（b）为气关阀的情况。另一类是两个控制阀异向动作，即随着控制器输出信号的增大或减小，一个控制阀开大，另一个控制阀则关小，如图 6-26 所示，其中图（a）是 A 为气关阀、B 为气开阀的情况，图（b）是 A 为气开阀、B 为气关阀的情况。

分程阀同向或异向动作的选择问题，要根据生产工艺的实际需要来确定。

（2）分程控制的应用场合

1）用于扩大控制阀的可调比（范围）R，改善控制品质

有时生产过程要求有较大范围的流量变化，但是控制阀的可调范围是有限制的（国产统一设计柱塞控制阀可调范围 $R = Q_{max}/Q_{min} = 30$）。若采用一个控制阀，能够控制的最大流量和最小流量相差不可能太悬殊，满足不了生产上流量大范围变化的要求，这时可考虑采用两个控制阀并联的分程控制方案。

现以锅炉蒸汽减压系统为例。锅炉产汽压力为 10MPa，是高压蒸汽，而生产上需要的是压力平稳的 4MPa 中压蒸汽。为此，需要通过节流减压的方法将 10MPa 的高压蒸汽节流减压成 4MPa 的中压蒸汽。在选择控制阀口径时，为了适应大负荷下蒸汽供应量的需要，控制阀的口径就要选择得很大。然而，在正常情况下，蒸汽量却不需要这么大，这就要将阀关小。也就是说，正常情况下控制阀只在小开度下工作。而大阀在小开度下工作时，除了阀特性会发生畸变外，还容易产生噪声和振荡，这样就会使控制效果变差，控制质量降低。为解决这一矛盾，可采用两台控制阀，构成分程控制方案，如图 6-27 所示。

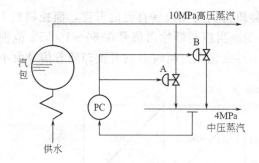

图 6-27　锅炉蒸汽减压系统分程控制方案

在该分程控制方案中采用了 A、B 两台控制阀，根据工艺要求，两只阀均选择为气开阀。其中 A 阀在控制器输出压力为 20~60kPa 时，从全关到全开，B 阀在控制器输出压力为 60~100kPa 时由全关到全开。在正常情况下，即小负荷时，B 阀处于关闭状态，只通过 A 阀开度的变化来进行控制。当大负荷时，A 阀已全开仍满足不了蒸汽量的需要，中压蒸汽管线的压力仍达不到给定值，于是反作用式的压力控制器 PC 输出增加，超过了 60kPa，使 B 阀也逐渐打开，以弥补蒸汽供应量的不足。

2）用于控制两种不同的介质，以满足工艺生产的要求

在某些间歇式生产的化学反应过程中，当反应物料投入设备后，为了使其达到反应温度，往往在反应开始前，需要给它提供一定的热量。一旦达到反应温度后，就会随着化学反应的进行而不断放出热量，这时，放出的热量如不及时移走，反应就会越来越剧烈，甚至会有爆炸的危险。因此，对这种间歇式化学反应器，既要考虑反应前的预热问题，又需要考虑反应过程中取走热量的问题。因此，需要配置蒸汽和冷水两种传热介质，并分别安装控制阀，以满足工艺上需要冷却和加热的不同需要。为此设计的图 6-28 所示的分程控制系统。

从安全角度考虑，为了避免气源故障时反应器温度过高，冷水控制阀 A 选为气关式，蒸汽控制阀 B 选为气开式。一旦出现供气中断情况，A 阀将处于全开，B 阀将处于全关。这样，就不会因为反应器温度过高而导致生产事故。温度控制器 TC 选反作用，两阀的分程情况如图 6-29 所示。

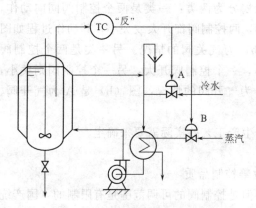

图 6-28　间歇反应器分程控制

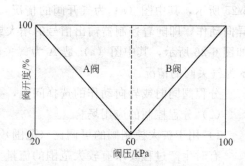

图 6-29　A、B 阀特性图

该系统的工作过程如下：

反应器在进行化学反应前的升温阶段，由于温度测量值小于给定值，控制器 TC 为反作用，控制器这时的输出较大（大于 60kPa），因此，A 阀将关闭，B 阀被打开，此时蒸汽通入热交换器使循环水被加热，循环热水再通入反应器夹套为反应物加热，以便使反应物温度慢慢升高。

当反应物温度达到反应温度时，化学反应开始，于是就有热量放出，反应物的温度将逐渐升高。由于控制器 TC 是反作用的，故随着反应物温度的升高，控制器的输出逐渐减小。与此同时，B 阀将逐渐关闭。待控制器输出小于 60kPa 以后，B 阀全关，A 阀则逐渐打开。这时，反应器夹套中流过的将不再是热水而是冷水。这样一来，反应所产生的热量就不断为

冷水所移走，从而达到维持反应温度不变的目的。

间隙反应器分程控制系统的方块图如图 6-30 所示。

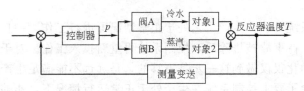

图 6-30　间隙反应器分程控制方块图

3）用作生产安全的防护措施

在各类炼油或石油化工厂中，有许多存放各种油品或石油化工产品的贮罐。这些油品或石油产品不宜与空气长期接触，因为空气中的氧气会使油品氧化而变质，甚至引起爆炸。为此，常常在贮罐上方充以惰性气体 N_2，以使油品与空气隔绝，通常称之为"氮封"。为了保证空气不进贮罐，一般要求氮气压力应保持为微正压。

这里需要考虑的问题就是贮罐中物料量的增减会导致氮封压力的变化。当向外抽取物料时，氮封压力会下降，如不及时向贮罐中补充 N_2，贮罐就有被吸瘪的危险。而当向贮罐中进料时，氮封压力又会上升，如不及时排出贮罐中一部分 N_2 气体，贮罐就可能被鼓坏。这两种现象都不允许出现，这就必须设法维持贮罐中氮封压力，可采用如图 6-31 所示的分程控制方案。

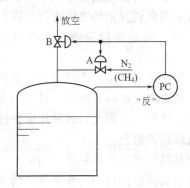

图 6-31　贮罐氮封分程控制方案

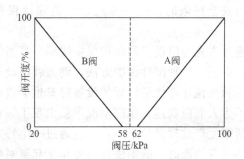

图 6-32　氮封分程阀特性图

本方案中采用的 A 阀为气开式，B 阀为气关式，它们的分程特性如图 6-32 所示。

当贮罐压力升高时，测量值将大于给定值，压力控制器 PC 的输出将下降，这样 A 阀将关闭，而 B 阀将打开，于是通过放空的办法将贮罐内的压力降下来。当贮罐内压力降低，测量值小于给定值时，控制器输出将变大，此时 B 阀将关闭而 A 阀将打开，于是 N_2 气体被补充加入贮罐中，以提高贮罐的压力。

为了防止贮罐中压力在给定值附近变化时 A、B 两阀的频繁动作，可在两阀信号交接处设置一个不灵敏区，如图 6-32 所示。方法是通过阀门定位器的调整，使 B 阀在 20～57kPa 信号范围内从全开到全关，使 A 阀在 62～100kPa 信号范围内从全关到全开，而当控制器输出压力在 57～62kPa 范围变化时，A、B 两阀都处于全关位置不动。这样做的结果，对于贮罐这样一个空间较大，因而时间常数较大、且控制精度不是很高的具体压力对象来说，是有益的。因留有这样一个不灵敏区之后，将会使控制过程变化趋于缓慢，系统更为稳定。

在油田联合站内，有许多用于污水处理的贮罐，为了防止空气中的氧气在污水中加速罐体腐蚀，一般在污水罐上方充以天然气（CH_4），以使污水与空气隔绝，通常称之为"气封"。其控制方案与前面"氮封"相同。

6.1.6　选择性控制系统

（1）基本概念

通常自动控制系统只能在生产工艺处于正常情况下进行工作。一旦生产出现事故，控制器就得改为手动，待事故被排除后，控制系统再重新投入工作。对于现代化大型生产过程来说，生产过程自动化仅仅做到这一步是不够的，是远远不能满足生产要求的。在这些大型工业生产过程中，除了要求控制系统在生产处于正常运行情况下，能够克服外界干扰，维持生产的平稳运行外，当生产操作达到安全极限时，控制系统应有一种应变能力，能采取相应的保护措施，促使生产操作离开安全极限，返回到正常情况，或者使生产暂时停止下来，以防事故的发生或进一步扩大。像大型压缩机的防喘振措施、精馏塔的防液泛措施等都属于非正常生产过程的保护性措施。

属于生产保护性措施有两类：一类是硬保护措施；一类是软保护措施。

所谓硬保护措施就是当生产操作达到安全极限时，有声、光警报产生。这时，或是由操作工将控制器切换到手动，进行手动操作、处理；或是通过专门设置的联锁保护线路，实现自动停车，达到生产安全的目的。就人工保护来说，由于大型工厂生产过程的强化，限制性条件多而严格，生产安全保护的逻辑关系往往比较复杂，即使编写出详尽的操作规程，人工操作也难免出错。此外，由于生产过程进行的速度往往很快，操作人员的生理反应难于跟上，因此，一旦出现事故状态，情况十分紧急，容易出现手忙脚乱的情况，某个环节处理不当，就会使事故扩大。因此，在遇到这类问题时，常常采用联锁保护的办法进行处理。当生产达到安全极限时，通过专门设置的联锁保护线路，能自动地使设备停车，达到保护的目的。

通过事先专门设置的联锁保护线路，虽然能在生产操作达到安全极限时起到安全保护的作用，但是，这种硬性保护方法，动辄就使设备停车，这必然会影响到生产。对于大型连续生产过程来说，即使是短暂的设备停车也会造成巨大的经济损失。因此，这种硬保护措施已逐渐不为人们所欢迎，相应情况下就出现了一种生产的软保护措施。

所谓生产的软保护措施，就是通过一个特定设计的自动选择性控制系统，当生产短期内处于不正常情况时，既不使设备停车又起到对生产进行自动保护的目的。在这种自动选择性控制系统中，已经考虑到了生产工艺过程限制条件的逻辑关系。当生产操作条件趋向限制条件时，一个用于控制不安全情况的控制方案将自动取代正常情况下工作的控制方案。直到生产操作重新回到安全范围时，正常情况下工作的控制方案又自动恢复对生产过程的正常控制。因此，这种选择性控制系统有时被称为取代控制系统或自动保护控制系统。某些选择性控制系统甚至可以使开、停车这样的工作都能够由系统控制自动地进行而无需人参与。

要构成选择性控制，生产操作必须要具有一定选择性的逻辑关系。而选择性控制的实现则需要靠具有选择功能的自动选择器（高值选择器或低值选择器）或有关的切换装置（切换器、带电接点的控制器或测量仪表）来完成。

选择性控制系统在结构上的最大特点是有一个选择器，通常是两个输入信号，一个输出信号，如图 6-33。对于高选器（HS），输出信号 Y 等于 X_1 和 X_2 中数值较大的一个，如 $X_1 = 5mA$，$X_2 = 4mA$，$Y = 5mA$。对于低选器（LS），输出信号 Y 等于 X_1 和 X_2 中数值较小的一个。

高选器时，正常工艺情况下参与控制的信号应该比较强，如设为 X_1，则 X_1 应明显大于 X_2。出现不正常工艺时，X_2 变得大于 X_1，高选器输出 Y 转而等于 X_2；待工艺恢复正常

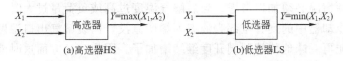

图 6-33　高选器和低选器

后，X_2 又下降到小于 X_1，Y 又恢复为选择 X_1。这就是选择性控制原理。低选器与此相仿。

（2）选择性控制系统的类型

1）开关型选择性控制系统

在这一类选择性控制系统中，一般有 A、B 两个可供选择的变量。其中一个变量 A 假定是工艺操作的主要技术指标，它直接关系到产品的质量或生产效率；另一个变量 B，工艺上对它只有一个限值要求，只要不超出限值，生产就是安全的，一旦超出这一限值，生产过程就有发生事故的危险。因此，在正常情况下，变量 B 处于限值以内，生产过程就按照变量 A 来进行连续控制。一旦变量 B 达到极限值时，为了防止事故的发生，所设计的选择性控制系统将通过专门的装置（电接点、信号器、切换器等）切断变量 A 控制器的输出，而将控制阀迅速关闭或打开，直到变量 B 回到限值以内时，系统才自动重新恢复到按变量 A 进行连续控制。

开关型选择性控制系统一般都用作系统的限值保护。

图 6-34 所示的丙烯冷却器的控制可作为一个应用的实例。

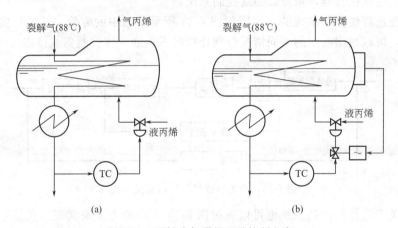

图 6-34　丙烯冷却器的两种控制方案

在乙烯分离过程中，裂解气经五段压缩后其温度已达 88℃。为了进行低温分离，必须将它的温度降下来，工艺要求降到 15℃ 左右。为此，工艺上采用了丙烯冷却器这一设备。在冷却器中，利用液态丙烯低温下蒸发吸热的原理，达到降低裂解气温度的目的。

为了使得经冷却器后的裂解气达到一定温度，一般的控制方案是选择经冷却后的裂解气温度为被控变量，以液态丙烯流量为操纵变量，组成如图 6-34（a）所示的温度控制系统。

图 6-34（a）所示的方案实际上是通过改变换热面积的方法来达到控制温度的目的。当裂解气出口温度偏高时，控制阀开大，液态丙烯流量就随之增大，冷却器内丙烯的液位将会上升，冷却器内列管被液态丙烯淹没的数量则增多，换热面积就增大，丙烯气化所带走的热量将会增多，因而裂解气温度就会下降。反过来，当裂解气出口温度偏低时，控制阀关小，丙烯液位则下降，换热面积就减小，丙烯气化带走热量也减小，裂解气温度则上升。因此，通过对液态丙烯流量的控制就可以达到维持裂解气出口温度不变的目的。

　　然而，有一种情况必须加以考虑。当裂解气温度过高或负荷量过大时，控制阀将要大幅度地被打开。当冷却器中的列管全部为液态丙烯所淹没，而裂解气出口温度仍然降不到希望的温度时，就不能再一味地使控制阀开度继续增加了。因为，一方面这时液位继续升高已不再能增加换热面积，换热效果也不再能够提高，再增加控制阀的开度，冷剂量液态丙烯将得不到充分的利用；另一方面液位的继续上升，会使冷却器中的丙烯蒸发空间逐渐减小，甚至会完全没有蒸发空间，以至于使气相丙烯会出现带液现象。气相丙烯带液进入压缩机将会损坏压缩机，这是不允许的。为此，必须对图 6-34（a）所示的方案进行改造，即需要考虑到当丙烯液位上升到极限情况时的防护性措施，于是就构成了如图 6-34（b）所示的裂解气出口温度与丙烯冷却器液位的开关型选择性控制系统。

　　方案（b）是在方案（a）的基础上增加了一个带上限节点的液位变送器（或报警器）和一个连接于温度控制器 TC 与执行器之间的电磁三通阀。上限节点一般设定在液位总高度的 75％左右。在正常情况下，液位低于 75％，节点是断开的，电磁阀失电，温度控制器的输出可直通执行器，实现温度自动控制。当液位上升达到 75％时，这时保护压缩机不致受损坏已变为主要矛盾。于是液位变送器的上限节点闭合，电磁阀得电而动作，将控制器输出切断，同时使执行器的膜头与大气相通，使膜头压力很快下降为零，控制阀将很快关闭（对气开阀而言），这就终止了液态丙烯继续进入冷却器。待冷却器内液态丙烯逐渐蒸发，液位缓慢下降到低于 75％时，液位变送器的上限节点又断开，电磁阀重新失电，于是温度控制器的输出又直接送往执行器，恢复成温度控制系统。

　　此开关型选择性控制系统的方块图如图 6-35 所示。图中的方块"开关"实际上是一只电磁三通阀，可以根据液位的不同情况分别让执行器接通温度控制器或接通大气。

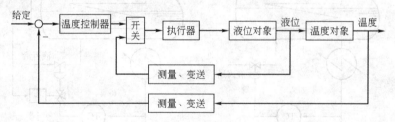

图 6-35　开关型选择性控制系统方块图

　　上述开关型选择性控制系统也可以通过图 6-36 所示的方案来实现。在该系统中采用了一台信号器和一台切换器。

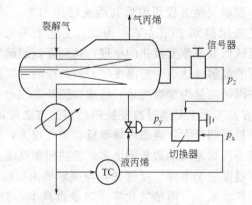

图 6-36　开关型选择性控制系统

信号器的信号关系是：

当液位低于 75% 时，输出 $p_2 = 0$；

当液位达到 75% 时，输出 $p_2 = 0.1\text{MPa}$。

切换器的信号关系是：

当 $p_2 = 0$ 时，$p_y = p_x$；

当 $p_2 = 0.1\text{MPa}$ 时，$p_y = 0$。

在信号器与切换器的配合作用下，当液位低于 75% 时，执行器接收温度控制器来的控制信号，实现温度的连续控制；当液位达到 75% 时，执行器接收的信号为零，于是控制阀全关，液位则停止上升并缓慢下降，这就防止了气丙烯带液现象的发生，对后续的压缩机起着保护作用。

2）连续型选择性控制系统

连续型选择性控制系统与开关型选择性控制系统的不同之处就在于：当取代作用发生后，控制阀不是立即全开或全关，而是在阀门原来的开度基础上继续进行连续控制。因此，对执行器来说，控制作用是连续的。

在连续型选择性控制系统中，一般具有两台控制器，它们的输出通过一台选择器（高选器或低选器）后，送往执行器。这两台控制器，一台在正常情况下工作，另一台在非正常情况下工作。在生产处于正常情况下，系统由用于正常情况下工作的控制器进行控制；一旦生产出现不正常情况时，用于非正常情况下工作的控制器将自动取代正常情况下工作的控制器对生产过程进行控制；直到生产恢复到正常情况，正常情况下工作的控制器又取代非正常情况下工作的控制器，恢复对生产过程的控制。

举例说明如下。在大型合成氨工厂中，蒸汽锅炉是一个很重要的动力设备，它直接担负着向全厂提供蒸汽的任务。它正常与否，将直接关系到合成氨生产的全局。因此，必须对蒸汽锅炉的运行采取一系列保护性措施。锅炉燃烧系统的选择性控制系统就是这些保护性措施项目之一。

蒸汽锅炉所用的燃料为天然气或其他燃料气。在正常情况下，根据产汽压力来控制所加的燃料量。当用户所需蒸汽量增加时，蒸汽压力就会下降。为了维持蒸汽压力不变，必须在增加供水量的同时相应地增加燃料气量。当用户所需蒸汽量减少时，蒸汽压力就会上升，这时就得减少燃料气量。研究燃料气压力对燃烧过程的影响发现：进入炉膛燃烧的燃气压力不能过高，当燃料气压力过高时，就会产生脱火现象。一旦脱火现象发生，大量燃料气就会因未燃烧而导致烟囱冒黑烟，这不但会污染环境，更严重的是燃烧室内积存大量燃料气与空气混合物，会有爆炸的危险。为了防止脱火现象的产生，在锅炉燃烧系统中采用了如图 6-37

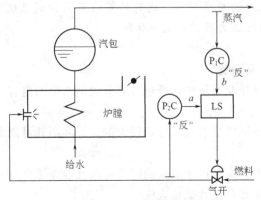

图 6-37　辅助锅炉压力取代控制方案

所示的蒸汽压力与燃料气压力的自动选择性控制系统。

图中采用了一台低选器（LS），通过它选择蒸汽压力控制器 P_1C 与燃料气压力控制器 P_2C 之一的输出送往设置在燃料气管线上的控制阀。

低选器的特性是：它能自动地选择两个输入信号中较低的一个作为它的输出信号。

本系统的方块图如图 6-38 所示。

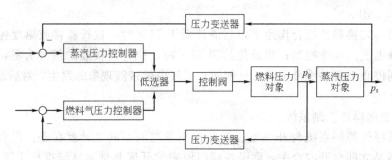

图 6-38　蒸汽压力与燃料气压力选择性控制系统方块图

在正常情况下，燃料气压力低于给定值，燃料气压力控制器 P_2C 所感受到的是负偏差，由于 P_2C 是反作用（根据系统控制要求决定的）控制器，因此它的输出 a 将呈现为高信号。而与此同时蒸汽压力控制器 P_1C 的输出 b 则呈现为低信号。这样，低选器 LS 将选中 b 作为输出，也即此时执行器将根据蒸汽压力控制器的输出而工作，系统实际上是一个以蒸汽压力作为被控变量的单回路控制系统。

当燃料气压力升高（由于控制阀开大引起的）到超过给定值时，由于燃料气压力控制器 P_2C 的比例度一般都设置得比较小，一旦出现这种情况时，它的输出 a 将迅速减小，这时将出现 b＞a，于是低选器 LS 将改选 a 信号作为输出送往执行器。此时防止脱火现象产生已经上升为主要矛盾，因此，系统将改为以燃料气压力为被控变量的单回路控制系统。

待燃料气压力下降到低于给定值时，a 又迅速升高成为高信号，此时蒸汽压力控制器 P_1C 的输出 b 又成为低信号了，于是蒸汽压力控制器将迅速取代燃料气压力控制器的工作，系统又将恢复以蒸汽压力作为被控变量的正常控制了。

📢 注意之处

当系统处于燃料气压力控制时，蒸汽压力的控制质量将会明显下降，但这是为了防止事故发生所采取的必要的应急措施，这时的蒸汽压力控制系统实际上停止了工作，被属于非正常控制的燃料气压力控制系统所取代。

3）混合型选择性控制系统

在这种混合型选择性控制系统中，既包含有开关型选择的内容，又包含有连续型选择的内容。

例如，锅炉燃烧系统既考虑脱火又考虑回火的保护问题就可以通过设计一个混合型选择性控制系统来解决。

关于燃料气管线压力过高会产生脱火的问题前面已经作了介绍。然而当燃料气管线压力过低时又会出现什么现象和产生什么危害呢？

当燃料气压力不足时，燃料气管线的压力就有可能低于燃烧室压力，这样就会出现危险的回火现象，危及燃料气罐使之发生燃烧和爆炸。因此，回火现象和脱火现象一样，也必须设法加以防止。为此，可在图 6-37 所示的蒸汽压力与燃料气压力连续型选择性控制系统的基础上增加一个防止燃料气压力过低的开关型选择的内容，如图 6-39 所示。

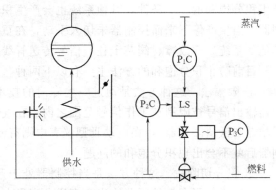

图 6-39　混合型选择性控制方案

在本方案中增加了一个带下限节点的压力控制器 P₃C 和一台电磁三通阀。当燃料气压力正常时，下限节点是断开的，电磁阀失电，低选器 LS 的输出可以通过电磁阀，送往执行器。

一旦燃料气压力下降到极限值时，为防止回火的产生，下限节点接通，电磁阀通电，于是便切断了低选器 LS 送往执行器的信号，并同时使控制阀膜头与大气相通，膜头内压力迅速下降到零，于是控制阀将关闭（气开阀），回火事故将不致发生。当燃料气压力上升达到正常时，下限节点又断开，电磁阀失电，于是低选器的输出又被送往执行器，恢复成图 6-38 所示的蒸汽压力与燃料气压力连续型选择性控制方案。

（3）积分饱和及其防止

1）积分饱和的产生及其危害性

一个具有积分作用的控制器，当其处于开环工作状态时，如果偏差输入信号一直存在，那么，由于积分作用的结果，将使控制器的输出不断增加或不断减小，一直达到输出的极限值为止，这种现象称之为"积分饱和"。产生积分饱和的条件有三个：

其一是控制器具有积分作用；

其二是控制器处于开环工作状态；

其三是控制器的输入偏差信号长期存在。

在选择性控制系统中，任何时候选择器只能选中两个控制器的其中一个，被选中的控制器其输出送往执行器，而未被选中的控制器则处于开环工作状态。这个处于开环工作状态下的控制器如果具有积分作用，在偏差长期存在的条件下，就会产生积分饱和。

当控制器处于积分饱和状态时，它的输出将达到最大或最小的极限值，该极限值已超出执行器的有效输入信号范围。对于气动薄膜控制阀来说，有效输入信号范围为 20～100kPa，也就是说，当输入由 20kPa 变化到 100kPa 时，控制阀就可以由全开变为全关（或由全关变为全开），当输入信号在这个范围以外变化时，控制阀将停留在某一极限位置（全开或全关）不再变化。由于控制器处于积分饱和状态时，它的输出已超出执行器的有效输入信号范围，所以当它在某个时刻重新被选择器选中，需要它取代另一个控制器对系统进行控制时，它并不能立即发挥作用。这是因为要它发挥作用，必须等它退出饱和区，即输出慢慢返回到执行器的有效输入范围以后，才能使执行器开始动作，因而控制是不及时的。这种取代不及时（或者说取代虽然及时，但真正发挥作用不及时）有时会给系统带来严重的后果，甚至会造成事故，因而必须设法防止和克服。

2）抗积分饱和措施

前面已经分析过，产生积分饱和有三个条件：即控制器具有积分作用、偏差长期存在和控制器处于开环工作状态。需要指出，除选择性控制系统会产生积分饱和现象外，只要满足产生积分饱和的三个条件，其他系统也会产生积分饱和问题。如用于控制间歇生产过程的控制器，当生产停下来而控制器未切入手动，在重新开车时，控制器就会有积分饱和的问题，其他如系统出现故障、阀芯卡住、信号传送管线泄漏等都会造成控制器的积分饱和问题。

目前防止积分饱和的方法主要有以下两种。

① 限幅法　这种方法是通过一些专门的技术措施对积分反馈信号加以限制，从而使控制器输出信号被限制在工作信号范围之内。在气动和电动Ⅱ型仪表中有专门的限幅器（高值限幅器和低值限幅器），在电动Ⅲ型仪表中则有专门设计的限幅型控制器。采用这种专用控制器后就不会出现积分饱和的问题。

② 积分切除法　这种方法是当控制器处于开环工作状态时，就将控制器的积分作用切除掉，这样就不会使控制器输出一直增大到最大值或一直减小到最小值，当然也就不会产生积分饱和问题了。

在电动Ⅲ型仪表中有一种 PI-P 型控制器就属于这一类型。当控制器被选中处于闭环工作状态时，就具有比例积分控制规律；而当控制器未被选中处于开环工作状态时，仪表线路具有自动切除积分作用的功能，结果控制器就只具有比例控制作用。这样就不能向最大或最小两个极端变化，积分饱和问题也就不存在了。

6.1.7　多冲量控制系统

（1）概述

冲量即变量的意思。多冲量控制系统，也就是多变量控制系统。多冲量控制系统的称谓来自于热电行业的锅炉液位控制系统。冲量本身的含义应为作用时间短暂的不连续的量，多冲量控制系统的名称本身并不确切，但由于在锅炉液位控制中已习惯使用这一名称，所以就沿用了。

多冲量控制系统在锅炉给水系统控制中应用比较广泛。下面以锅炉液位控制为例来说明多冲量控制系统的工作原理。

在锅炉的正常运行中，汽包水位是重要的操作指标，给水控制系统的作用就是自动控制锅炉的给水量。使其适应蒸发量的变化，维持汽包水位在允许的范围内。

（2）单冲量液位控制系统

图 6-40 是锅炉液位单冲量控制系统的示意图。它实际上是根据汽包液位的信号来控制给水量的，属于简单的单回路控制系统。其优点是结构简单、使用仪表少。主要用于蒸汽负荷变化不剧烈、控制要求不十分严格的小型锅炉。它的缺点是不能适应蒸汽负荷的剧烈变化。在燃料量不变的情况下，倘若蒸汽负荷突然有较大幅度的增加，由于汽包内蒸汽压力瞬时下降，汽包内的沸腾状况突然加剧，水中的气泡迅速增多，将水位抬高，形成了虚假的水位上升现象。因为这种升高的液位并不反映汽包中贮水量的真实变化情况，所以称为"虚假液位"。这种"虚假液位"会使阀门产生误动作，不但不开大给水阀门，补充由于蒸汽负荷量增加而引起的汽包内贮水量的减少，维持锅炉的水位，反而却根据"虚假液位"的信号去关小控制阀，减少给水流量。显然，这将引起锅炉汽包水位大幅度的波动。严重的甚至会使汽包水位降到危险的程度，以致发生事故。为了克服这种由于"虚假液位"而引起的控制系统的误动作，可引入双冲量控制系统。

（3）双冲量液位控制系统

图 6-41 是锅炉液位的双冲量控制系统示意图。这里的双冲量是指液位信号和蒸汽流量信号。当控制阀选为气关阀，液位控制器 LC 选为正作用时，其运算器中的液位信号运算符号应为正，以使液位增加时关小控制阀；蒸汽流量信号运算符号应为负，以使蒸汽流量增加

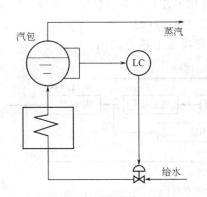

图 6-40　单冲量控制系统

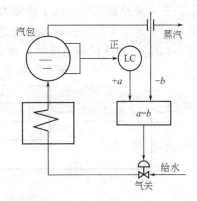

图 6-41　双冲量控制系统

时开大控制阀，满足由于蒸汽负荷增加时对增大给水量的要求。图 6-42 所示是双冲量控制系统的方块图。

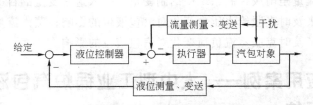

图 6-42　双冲量控制系统方块图

由图 6-42 可见，从结构上来说，双冲量控制系统实际上是一个前馈-反馈控制系统。当蒸汽负荷的变化引起液位大幅度波动时，蒸汽流量信号的引入起着超前控制作用（即前馈作用），它可以在液位还未出现波动时提前使控制阀动作，从而减少因蒸汽负荷量的变化而引起的液位波动，改善控制品质。

影响锅炉汽包液位的因素还包括供水压力变化。当供水压力变化时，会引起供水流量变化，进而引起汽包液位的变化。双冲量控制系统对这种干扰的克服是比较迟缓的。它要等到汽包液位变化以后再由液位控制器来调整，使进水阀开大或关小。所以，当供水压力扰动比较频繁时，双冲量液位控制系统的控制质量较差，这时可采用三冲量液位控制系统。

（4）三冲量液位控制系统

图 6-43 是锅炉液位的三冲量控制系统示意图。在系统中除了液位与蒸汽流量信号外，再增加一个供水流量的信号。它有助于及时克服由于供水压力波动而引起的汽包液位的变

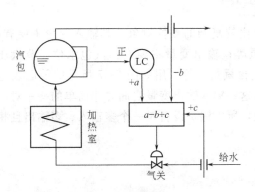

图 6-43　三冲量控制系统

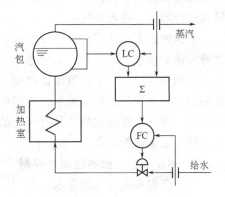

图 6-44　三冲量控制系统的实施方案

化。由于三冲量控制系统的抗干扰能力和控制品质都比单冲量、双冲量控制要好，所以用得比较多，特别是在大容量、高参数的近代锅炉上，应用更为广泛。

图 6-44 是三冲量控制系统的一种实施方案，图 6-45 是它的方块图。

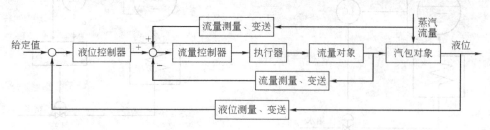

图 6-45　三冲量控制系统方块图

由图 6-45 可见，这实质上是前馈-串级控制系统。在这个系统中，是根据三个变量（冲量）来进行控制的。其中汽包液位是被控变量，也是串级控制系统中的主变量，是工艺的主要控制指标；给水流量是串级控制系统中的副变量，引入这一变量的目的是为了利用副回路克服干扰的快速性来及时克服给水压力变化对汽包液位的影响；蒸汽流量是作为前馈信号引入的，其目的是为了及时克服蒸汽负荷变化对汽包液位的影响。

6.2　工业应用案例——大中型工业锅炉汽包液位的检测与控制系统

大中型工业锅炉是化工、炼油、发电等工业生产过程中必不可少的重要动力设备，它的作用是生产出高温高压的蒸汽，给后续工段提供作功和加热用的原料。大中型锅炉的控制是相当典型的一个控制系统，它包括汽包液位控制、燃烧过程控制、蒸汽压力控制等多个控制回路，属于比较复杂的控制对象，而其中的汽包液位控制由于对象特性特殊，控制方法有效成为经典的控制系统实例。

6.2.1　大中型工业锅炉的工艺过程

常见的锅炉设备的主要工艺流程如图 6-46 所示。由图可知，燃料和热空气按一定比例送入燃烧室燃烧，生产的热量传递给蒸汽发生系统，产生饱和蒸汽 D_S。饱和蒸汽经过热器后形成一定气温的过热蒸汽 D，汇集至蒸汽母管。压力为 P_M 的过热蒸汽，经负荷设备控制供给负荷设备用。与此同时，燃烧过程中产生的烟气，除将饱和蒸汽变成过热蒸汽外，还分别经过省煤器和空气预热器对锅炉给水和燃烧用空气进行预热，以充分利用热能，最后经引风机送往烟囱，排入大气。

从锅炉的生产过程和设备情况看，它是一个比较复杂的被控对象，其输入变量主要有：负荷、锅炉给水、燃料量、减温水、送风和引风等；输出变量主要有：汽包水位、蒸汽压力、过热蒸汽温度、炉膛负压、过剩空气（烟气含氧量）等。用如图 6-47 所示的简图表达它的输入输出变量之间的关系。由图可以看出，这些输入输出变量之间并非简单的一一对应的关系，而是相互关联的，具有一定的耦合特性，所以锅炉设备是一个多输入、多输出且相互关联的复杂被控对象。

6.2.2　锅炉汽包水位的检测与控制

（1）汽包水位的控制要求

汽包是锅炉的重要组成部分，其水位高低会影响整个系统的安全性。如果水位过低，则

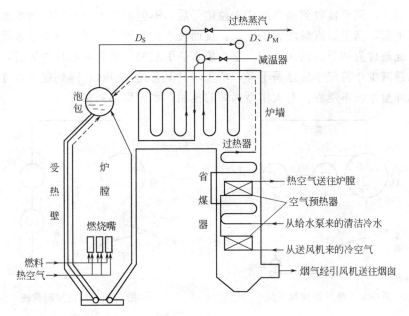

图 6-46 锅炉设备的主要工艺流程图

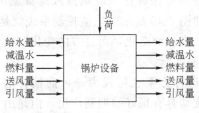

图 6-47 锅炉对象简图

由于汽包内的水量较少，而气化速度快，若控制不及时，就会在很短的时间内使汽包内的水全部气化，导致锅炉烧坏和爆炸；水位过高将会影响汽包的水汽分离效果，产生蒸汽带液现象，会使过热器管壁结垢导致损坏，同时过热蒸汽温度急剧下降，该蒸汽作为汽轮机动力的话，还会损坏汽轮机叶片，如果有大量的水进入蒸汽管道，还会导致蒸汽管道爆管的严重后果。可以看出，汽包的水位直接影响锅炉运行的安全性与经济性，是锅炉运行的一个非常重要的指标，无论过高或过低都会引起极为严重的后果，对它的控制必须及时迅速；给水量的变化将直接影响汽包水位，同时还对蒸汽压力、过热蒸汽温度等产生间接影响。所以，要想精确地对锅炉的所有输出量进行控制是一个比较困难的事。在目前控制系统中，大多数情况是对锅炉进行适当的假设后，将锅炉设备控制划为若干独立个子系统，通过各个子系统分别对相应的变量进行控制，一般不需考虑变量之间的相互影响，从而使锅炉控制变得比较简单。

（2）汽包水位的控制方案

1）单冲量控制系统

控制汽包水位时常选给水量作为操作变量，由此可组成如图 6-48 所示的普通单冲量控制系统。这里指的单冲量即汽包水位。这种控制系统是典型的单回路控制系统。对于部分小型锅炉来说，由于蒸发量少，水在汽包内停留时间较长，所以在蒸汽负荷变化时，假水位的现象并不显著，如果使用单冲量控制系统配用联锁报警装置，也能够保证系统的安全性操作，满足生产的要求。而大中型锅炉的蒸发量相当大，当蒸汽负荷突然大幅度增加时，假水位现象比较明显，调节器收到错误的假水位信号后，不但不开大给水阀增加给水量，以维持锅炉的物料平衡，满足蒸汽量增大的要求，反而关小调节阀的开度，减少给水量。

这种情况被称为调节器的误动作，是由假水位引起的。等到假水位消失后，由于蒸汽量增加而送水量减少，将使水位显著下降，严重时甚至会使汽包水位降到危险程度以致发生事故。因此单冲量系统不能胜任对大中型锅炉的控制，水位得不到保证。

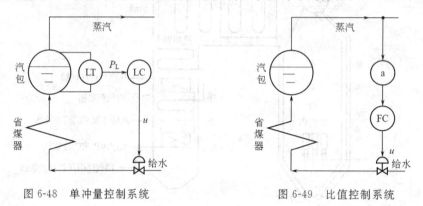

图 6-48　单冲量控制系统　　　　　　　图 6-49　比值控制系统

2）比值控制系统

从物料平衡的角度来看，只要保证任一时刻蒸汽流量流出量与给水流量之间是等量关系，就能保证水位的恒定。如图 6-49 所示的比值控制系统就是建立在这样的控制思想上的。这样，给水量随着蒸汽负荷的变化而变化，而且方向变化和数量是完全相同的，可以避免在单冲量方案出现的调节器误动作。

从图 6-49 中可以看出，这种方案也可视为一种前馈补偿方案，补偿器就是比值器口。此方案对于蒸汽负荷方面的扰动具有很好的抑制作用，但是由于没有真正监视水位的变化情况，所以由其他扰动引起的水位变化完全不得而知，也就不可能对其他的扰动影响进行调节，所以只能是一种探讨型方案，不能应用在实际系统中。

3）双冲量控制系统

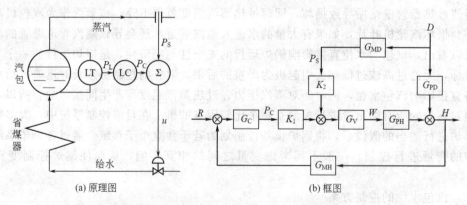

（a）原理图　　　　　　　　　　　　　　（b）框图

图 6-50　双冲量控制系统原理图与框图

综合单冲量控制系统和比值控制系统的特点，不难设计出如图 6-50 所示的双冲量控制系统。该系统是在单冲量控制系统的基础上适当引入了对蒸汽流量的监视，起到对水位的校正作用，就可以大大减弱假水位引起的调节器误动作。图 6-50（a）是双冲量控制系统的原理图，图 6-50（b）是其框图。由图知，这其实是一个前馈与单回路的复合控制系统。其控制思路是：测量出蒸汽负荷的大小，根据物料平衡原理，只要给水量与蒸发量完全相等，那么水位将保持不变，从而克服假水位的影响，也就是利用前馈控制抑制负荷扰动；其他干扰因素引起的水位变化则由反馈控制来克服。这样的设计思路不仅能削弱调节器的误动作，还能使调节阀动作及时、水位波动减弱，起到改善控制品质的作用。

技能训练题与思考题

1. 什么叫串级控制？画出一般串级控制系统的典型方块图。
2. 串级控制系统有哪些特点？主要使用在什么场合？
3. 串级控制系统中的主、副变量应如何选择？
4. 为什么说串级控制系统中的主回路是定值控制系统，而副回路是随动控制系统？
5. 为什么在一般情况下，串级控制系统中的主控制器应选择 PI 或 PID 作用的，而副控制器选择 P 作用的？
6. 串级控制系统中主、副控制器的参数整定有哪两种主要方法？试分别说明之。
7. 题 7 图所示为聚合釜温度控制系统。
   (1) 这是一个什么类型的控制系统？试画出它的方块图。
   (2) 如果聚合釜的温度不允许过高，否则易发生事故，试确定控制阀的气开、气关型式。
   (3) 确定主、副控制器的正、反作用。
   (4) 简述当冷却水压力变化时的控制过程。
   (5) 如果冷却水的温度是经常波动的，上述系统应如何改进？
   (6) 如果选择夹套内的水温作为副变量构成串级控制系统，试画出它的方块图，并确定主、副控制器的正、反作用。

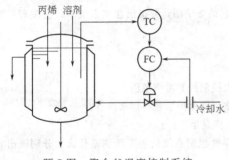

题 7 图　聚合釜温度控制系统

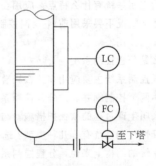

题 9 图　串级均匀控制系统

8. 均匀控制系统的目的和特点是什么？
9. 题 9 图是串级均匀控制系统示意图，试画出该系统的方块图，并分析这个方案与普通串级控制系统的异同点。如果控制阀选择为气开式，试确定 LC 和 FC 控制器的正、反作用。
10. 什么叫比值控制系统？
11. 画出单闭环比值控制系统的方块图，并分析为什么说单闭环比值控制系统的主回路是不闭合的？
12. 试简述题 12 图所示单闭环比值控制系统，在 Q_1 和 Q_2 分别有波动时控制系统的控制过程。

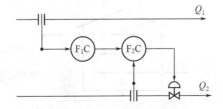

题 12 图　单闭环比值控制系统

13. 与开环比值控制系统相比，单闭环比值控制系统有什么优点？

14. 试画出双闭环比值控制系统的方块图。与单闭环比值控制系统相比，它有什么特点？使用在什么场合？

15. 什么是变比值控制系统？

16. 在题 16 图所示的控制系统中，被控变量为精馏塔塔底温度，控制手段是改变进入塔底再沸器的热剂流量，该系统采用 2℃ 的气态丙烯作为热剂，在再沸器内释热后呈液态进入冷凝液贮罐。试分析。

　　(1) 该系统是一个什么类型的控制系统？试画出其方块图。

　　(2) 若贮罐中的液位不能过低，试确定调节阀的气开、气关型式及控制器的正、反作用型式。

　　(3) 简述系统的控制过程。

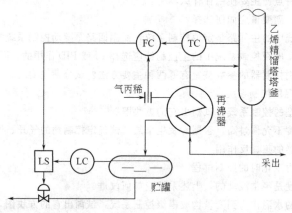

题 16 图　精馏塔控制系统

17. 前馈控制系统有什么特点？应用在什么场合？

18. 在什么情况下要采用前馈-反馈控制系统，试画出它的方块图，并指出在该系统中，前馈和反馈作用各起什么作用？

19. 什么是分程控制系统？

20. 分程控制系统主要应用在什么场合？

21. 采用两个控制阀并联的分程控制系统为什么能扩大控制阀的可调范围？

22. 什么叫生产过程的软保护措施？与硬保护措施相比，软保护措施有什么优点？

23. 选择性控制系统有哪几种类型？选择性控制系统的特点是什么？

24. 从系统的结构上来说，分程控制系统与连续型选择性控制系统的主要区别是什么？分别画出它们的方块图。

25. 什么是控制器的"积分饱和"现象？产生积分饱和的条件是什么？

26. 积分饱和的危害是什么？有哪几种主要的抗积分饱和措施？

27. 什么是多冲量控制系统？

28. 题 28 图为一原油管式加热炉，工艺要求用瓦斯与燃料油加热，使原油出口温度保持恒定。为了节省燃料油，要求尽量采用瓦斯气供热，只有当瓦斯气不足以提供所需热量时，才以燃料油作为补充。请设计出分程控制系统。

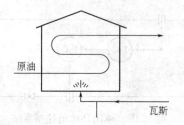

题 28 图　原油管式加热炉

7/ 计算机控制系统

7.1 计算机控制系统简述

自动控制的实现最初靠采用模拟技术的模拟控制系统完成。由于模拟控制器是纯硬件的，一般只能完成简单的控制规律。随着现代工业生产技术的飞跃发展、生产装置的规模不断扩大、生产技术及工艺过程愈趋复杂，常规模拟控制仪表存在难以克服的弊病，首先控制功能过于单一，难以实现某些复杂控制功能；其次是难于集中操作和监视，长达几十米的高密集排列仪表屏，操作和调整都很难，常规模拟控制仪表已不能适应生产过程自动化的更高要求。

数字计算机的出现和发展，在科学技术上引起了一场深刻的革命。数字计算机以其信息处理能力、逻辑判断和快速数值计算等方面得到了广泛地应用，而且在自动控制和自动化领域中也得到了越来越多地应用。数字计算机在自动控制中的基本应用就是直接参与控制，承担了控制系统中控制器的任务，从而形成了计算机控制系统。计算机控制系统正逐步取代传统的模拟控制系统，应用于工业生产自动化过程中。

计算机控制系统就是以计算机为主体，即以计算机为主要控制装置的控制系统。

7.1.1 计算机控制系统的工作原理

为了说明计算机控制系统的工作原理，图 7-1 给出了典型单回路计算机控制系统原理图。

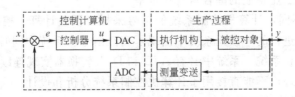

图 7-1 典型单回路计算机控制系统原理图

计算机控制系统的工作过程可以分为 3 步：

① 实时数据采集 以一定的采样间隔对被控变量 y 进行测量和变送。

② 实时控制决策 把采集的被控变量 y 与给定值 x 进行比较计算误差 e，按预定的控制规律计算控制量 u。

③ 实时控制输出 将实时计算获得的控制量 u 输出到执行机构去影响被控变量，完成一次控制。

计算机控制系统就是不断重复上述过程，最终使控制系统按预定的品质指标要求工作。计算机控制系统控制的每一步都需要计算机通过执行程序来完成，而对一个 CPU 来说，一个时刻只能执行某一指令，因此以上 3 步是循环进行的，控制是间断的。模拟控制系统的控制过程也包含以上 3 步，但它们在时间上是连续、并行的进行，无法分解。这是计算机控制系统和模拟控制系统的不同之处。

由于工业生产工程中的被控对象是物理对象，也称作模拟对象，即对象的状态变化是时间的连续函数，而计算机本身只能接受数字量，所以计算机控制系统中的计算机与被控对象之间的信息传递必须经由 A/D 转换器和 D/A 转换器完成。测量变送单元用于将被控对象的被控量转变为 A/D 转换器能接受的信号。执行机构则用来接受来自控制器的 D/A 转换器送出的控制量，并作用于被控对象。这是计算机控制系统与模拟控制系统的另一个不同。

在完成上述基本闭环实时控制任务的同时，由于计算机具有强大的数据处理能力，还能实时对系统设备的状态实施监视，一旦出现异常情况可及时报警。此外，计算机控制系统具有通信网络功能，可使计算机控制系统连成网络。

7.1.2　计算机控制的主要特点

对比以计算机为主要控制设备的计算机控制系统与模拟（连续）控制系统的工作过程，计算机控制有以下显著特点。

① 利用计算机的快速运算能力，一台计算机通过分时工作可控制多个回路，还可同时实现 DDC、顺序控制、监督控制等多种控制功能。其系统功能价格比较高。

② 利用计算机的存储记忆、数字运算和 CRT 显示功能，可同时实现控制器、指示器、手操器以及记录仪等多种模拟仪表的功能，且便于集中监视和操作，可减轻工作人员的劳动强度。

③ 利用计算机强大实时信息处理能力，可实现模拟控制难以实现的各种先进复杂的控制策略，如自适应、最优、多变量、模型预测、智能控制等，从而可获得比常规控制更好的控制性能，甚至还可实现对难以控制的复杂被控对象（如多变量系统、大滞后系统以及某些时变系统和非线性系统）的有效控制。

④ 调试、整定灵活方便。控制策略和控制算法及其参数的改变和整定，只要通过修改软件和键盘操作即可实现，不需要更换或变动任何硬件，系统适应性强。

⑤ 利用网络分布结构可构成计算机控制管理集成系统，实现工业生产与经营的控制管理一体化，大大提高工业企业的综合自动化水平。

⑥ 与模拟控制不同，计算机控制系统的信号采样、误差计算、控制量的计算和输出都是以一定的时间间隔进行的，因此系统中出现了离散信号。系统中同时存在着连续型和离散型两类信号，属于混合系统。系统中必有 A/D 和 D/A 转换器实现连续信号与离散信号相互转换。连续系统控制理论不能直接用于计算机控制系统分析和设计。

7.1.3　计算机控制系统的组成

计算机控制系统的组成与连续模拟控制系统的组成类似，也是有被控对象、测量变送单元、执行机构以及控制计算机等组成，其中控制计算机包括数字计算机、D/A、A/D 转换器等主要部件。

从图 7-1 可见，简单地讲，计算机控制系统是由控制计算机和生产过程两大部分组成的。控制计算机是计算机控制系统中的核心装置，是系统中信号处理和决策的机构，相当于控制系统的神经中枢。生产过程包含了被控对象、执行机构、测量变送等装置。

如果把计算机系统中的广义被控对象（即生产过程）看作是计算机的外部设备，则计算机控制系统其实就是计算机系统，其和一般计算机系统一样，是由硬件和软件两部分组成。

（1）硬件组成

计算机控制系统的硬件主要由主机、外部设备、过程输入/输出通道和生产过程组成，如图 7-2 所示。

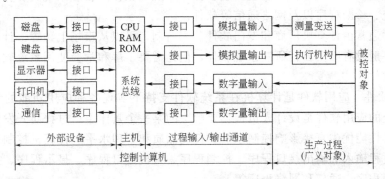

图 7-2 计算机控制系统硬件组成框图

① 主机（高质量计算机） 包括中央处理器 CPU 和内存储器 RAM、ROM，通过系统总线连接而成，是整个控制系统的核心。控制系统通过主机执行程序（预先存放在内存中）来实现控制所必需的数据采集、处理和输出，系统中的其他设备都在它的指挥下工作。

② 外部设备

◆ 输入设备 如键盘、鼠标等，用来输入（修改）程序、数据和操作命令。

◆ 输出设备 如 CRT 显示器、LCD 或 LED 显示器、打印机等，以字符、图形、表格等形式反映被控对象的运行工况和有关的控制信息。

◆ 外存储器 如硬盘和软盘，具有输入和输出功能，用来存放程序和数据，作为内存储器的后备存储器。

◆ 通信设备 用来与其他相关计算机控制系统或管理系统进行联网通信，形成规模更大、功能更强的网络分布式计算机控制系统。

以上的常规外部设备通过接口与主机连接便构成通用计算机，但这样的计算机不能直接用于自动控制，还需配备过程输入/输出通道构成控制计算机。

③ 过程输入/输出通道 过程输入/输出通道是计算机与生产过程之间的桥梁和纽带。计算机与生产过程之间的信息传递都是通过过程输入/输出通道进行的。过程输入/输出通道分为模拟量和数字量两大类型。

需要注意的是，作为一台控制计算机，过程输入/输出通道是必不可少的，而前面提到的一般外部设备不一定都要具备，而是根据具体的控制系统来决定需要有哪些外设。例如，用单片机构成的控制系统一般不带机械硬盘、软盘，通常也没有 CRT 显示器。

④ 生产过程 生产过程包括被控对象及其测量变送仪表和执行装置。测量变送仪表将被控对象需要监控的各种参数（如 T、P、Q、L 等）转换为电的模拟信号（或数字信号）；执行机构将计算机经模拟量通道输出的模拟控制信号转换为相应的控制动作，去改变被控对

象的被控量。

（2）软件组成

仅由硬件构成的计算机控制系统同其他计算机系统一样，只是一个硬壳而已，必须配备相应的软件系统才能实现预期的各种自动化功能。软件是计算机工作程序的统称，软件系统即程序系统，是实现预期信息处理功能的各种程序的集合。计算机控制系统的软件程序不仅决定其硬件功能的发挥，也决定了控制系统的控制品质和操作管理水平。

软件通常由系统软件和应用软件组成。

① 系统软件　系统软件是计算机的通用性、支撑性软件，是为用户使用、管理、维护计算机提供方便的程序的总称。它主要包括操作系统、数据库管理系统、各种计算机语言编译和调试系统、诊断程序以及网络通信等软件。

系统软件通常由计算机厂商和专门软件公司研制，可以从市场上购置。计算机控制系统的设计人员一般没有必要自行研制系统软件，但是需要了解和学会使用系统软件，才能更好地开发应用软件。

② 应用软件　应用软件是计算机在系统软件支持下实现各种应用功能的专用程序。计算机控制系统的应用软件是设计人员根据要解决的某一个具体生产过程而开发的各种控制和管理程序。其性能优劣直接影响控制系统的控制品质和管理水平。计算机控制系统的应用软件一般包括过程输入和输出接口程序、控制程序、人机接口程序、显示程序、打印程序、报警和故障联锁程序、通信和网络程序等。

一般情况下，应用软件应由计算机控制系统设计人员根据所确定的硬件系统和软件环境来开发编写。

综上所述，要构成计算机控制系统，一方面要利用设备（硬件）构成信息流通的渠道，另一方面还要考虑采用何种控制规律来满足控制要求，并把它编成程序（软件）来支持系统运行。

7.2　计算机控制系统的典型应用分类

微型计算机控制系统与其所控制的生产对象密切相关，控制对象不同，控制系统也不同。根据应用特点、控制方案、控制目标和系统构成，微型计算机控制系统大体上可分为以下几种类型：操作指导控制系统、直接数字控制系统（DDC）、计算机监督控制系统（SCC）、分布式控制系统（DCS）、现场总线控制系统（FCS）。下面分别进行介绍。

（1）操作指导控制（Operation Guide Control）

操作指导控制系统又称数据采集和监视系统，是计算机应用于工业生产过程最早也是最简单的一种形式，其系统构成如图7-3所示。所谓操作指导是指计算机只对系统过程参数进行收集、加工处理，然后输出数据，但输出的数据不直接用来控制生产对象，操作人员根据这些数据进行必要的操作。

操作指导控制系统的基本功能是监测与操作指导。系统的结构特点是只用到过程输入通道，用于采集被控对象的状态，而不直接控制被控对象。严格说，这种系统不属于计算机控制系统，计算机并不直接参与控制。这种系统虽然简单，但是后面介绍的各种计算机控制系统的基础。

监测功能：计算机通过过程输入通道（AI、DI）实时采集被控对象运行参数，经适当运算处理（如数字滤波、仪表误差修正、量纲变换、超限比较等），以数字、图表或图形曲

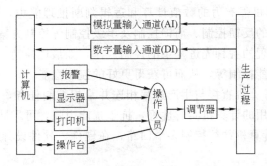

图 7-3　操作指导控制（OGC）系统的构成

线等形式，通过显示器实时反映被控对象运行工况信息，供操作人员对被控对象运行工况进行全面监视。并在某些重要参数发生超限等异常情况时，发出声、光报警信号，提醒工作人员，确保安全工作。

这种应用方式主要是利用计算机实现集中监视，方便操作人员及时了解现场生产状况，或为操作人员系统地提供现场情况的资料。

操作指导功能：计算机根据所采集的数据，按照工艺要求，基于预先建立的数学模型和控制优化算法计算出各控制量应用的合适或最优的数值，并在显示器上显示或打印机打印出来，供操作人员作为改变各模拟控制器设定值或操作执行机构的依据。也就是说，用于提供操作人员选择最优操作条件和操作方案，所以计算机起了操作指导作用。

操作指导控制系统的优点是，结构简单，控制灵活安全（因为计算机给出的操作指导，操作人员认为不合适时可不采纳），节省常规显示记录仪表，降低操作人员劳动强度。其缺点是人工控制，控制性能受人的生理条件限制，故控制速度和精确度都有限，且不能同时操作各个回路，它相当于模拟仪表控制系统的手动与半自动工作方式。

（2）直接数字控制 DDC（Direct Digital Control）系统

直接数字控制 DDC（Direct Digital Control）系统是用一台微型机对多个被控参数进行巡回检测，检测结果与给定值进行比较，再按 PID 规律或直接数字控制方法进行控制运算，然后把结果输出到执行机构，对生产过程进行控制，使被控参数稳定在给定值上，其系统构成如图 7-4 所示。

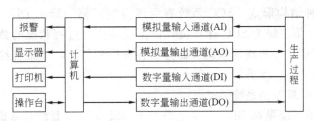

图 7-4　直接数字控制（DDC）系统的构成

在 DDC 系统中，用计算机代替常规模拟控制器，作为数字控制器，直接控制被控对象（执行机构）。很明显，DDC 系统是闭环控制。实际上，在操作指导控制系统里加入过程输出通道就构成了 DDC 系统。DDC 系统是最重要的一类计算机控制系统，也是最常见的计算机控制系统。

DDC 系统的工作过程是，计算机先通过过程输入通道实时采集被控对象运行参数，然后按给定值和预定控制规律计算出控制信号，并由过程输出通道直接控制执行机构，使被控量达到要求。

　　DDC 系统利用计算机强有力的数值计算和逻辑判断推理能力，不需要变更硬件，通过软件不仅可以实现常规的反馈控制、前馈控制及串级控制等控制方案，而且可以方便灵活地实现模拟控制器难以实现的各种先进复杂的控制规律，如最优控制、自适应控制、多变量控制、模型预测控制、智能控制等，从而可获得更好的控制性能。

　　由于 DDC 系统中计算机直接与生产过程相连并承担控制任务，且生产现场一般环境恶劣、干扰多，故要求选用的计算机实时性好，抗干扰能力强，可靠性高。为充分发挥计算机的利用率，一台 DDC 计算机往往控制多个回路，在硬件、软件设计时要保证系统在规定时间内完成所有控制任务。

　　过去由于计算机价格昂贵，为与常规仪表控制竞争，一台 DDC 计算机控制的回路达上百个，危险高度集中，因此对控制系统的可靠性要求高，即早期计算机的价格和可靠性限制了 DDC 系统的广泛应用。近年来，微机价格下降，可靠性提高，使 DDC 系统控制回路数急剧下降，并得到广泛应用。

　　(3) 计算机监督控制 (Supervisory Computer Control，SCC) 系统

　　DDC 系统控制方式中，设定值是预先设定的，不能根据生产过程工艺信息和生产条件的改变及时得到修正。即 DDC 系统不能使生产过程处于最优工况 (如最低成本、最低能耗、最高产量等)。

　　SCC 系统中，计算机根据反映被控对象运行工况的数据和预先给定的数字模型及性能目标函数，按照预先确定的优化算法或监督规则，通过计算机的计算和推理判断，为控制器 (模拟控制器或 DDC 计算机) 提供最优设定值，或修改控制规律中的某些参数或某些控制约束条件等，使生产过程处于最优工况。

　　SCC 系统较 DCC 系统更接近生产变化的实际情况，它不仅可以进行给定值控制，还可以进行顺序控制、最优控制、自适应控制等。操作指导控制系统中调整控制器设定值或操作执行机构的是人，监督计算机控制系统中由计算机通过输出通道改变模拟控制器的设定值，由于调整设定值的过程是自动进行的，避免了人为因素的影响。故 SCC 系统可以看作是操作指导系统和 DDC 系统的综合与发展。

　　SCC 系统的主要作用是改变下位控制器的设定值，故又称设定值控制 (Set Point Control，SPC) 系统。

　　SCC 系统有两种结构形式，SCC 系统有两级控制，第一级用 DDC 计算机或模拟调节器，完成直接控制；第二级为 SCC 计算机，根据反映生产过程状况的数据和数学模型进行必要的计算，给 DDC 计算机或模拟调节器提供各种控制信息，如最佳给定值和最优控制量等。如图 7-5 (a) 和 (b) 所示。

　　① SCC＋DDC 分级控制系统

　　图 7-5 (a) 所示系统是在 DDC 系统上添加了一级 SCC 监督级计算机构成的，其实际上是一个二级控制系统。SCC 监控级是上位机，DDC 级是下位机，两级间由通信接口交换信息。

　　SCC 级计算机完成系统优化运算并发送最优给定值给 DDC 级计算机。除了优化计算外，SCC 级计算机还可以完成对生产过程的监控。

　　DDC 级计算机用来把给定值与测量值 (数字量) 进行比较，其偏差由 DDC 级计算机进行数字控制运算，然后经 D/A 转换器和多路开关分别控制多个执行机构进行调节。

　　当 DDC 级计算机出现故障时，SCC 级计算机可以接替 DDC 级计算机完成 DDC 级计算机的控制功能。

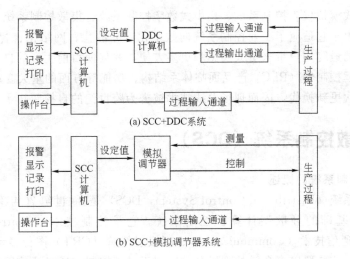

图 7-5　计算机监督控制（SCC）系统的构成

② SCC＋模拟调节器系统

图 7-5（b）所示系统是在模拟调节器控制的基础上添加了 SCC 级计算机构成的。

SCC 级监督计算机的作用是收集检测信号及管理命令，然后按一定的数字模型计算后，输出设定值到模拟调节器。此设定值在模拟调节器中与检测值进行比较，其偏差值经模拟调节器计算后输出到执行机构，以达到调节生产过程的目的。这样，系统就可根据生产工况的变化，不断改变设定值，达到实现最优控制的目的。

一般的模拟系统是不能改变给定值的，故这种系统特别适合老企业的技术改造，既用上了原有的模拟调节器，又实现了最佳给定值控制，即实现了优化控制和监控功能。

当 SCC 级计算机出现故障时，生产过程的控制由模拟控制器完成。

由于 SCC 级计算机承担了优化控制、先进控制和管理任务，信息处理量大，人机交互频繁，需采用功能强大的计算机并有完善的外部设备。控制效果很大程度上取决于所采用的数学模型与算法，考虑因素越多，模型与算法越复杂，对所采用计算机的计算能力、存储容量等性能的要求超高。

SCC 系统中监督控制方式的控制效果依赖于生产过程数学模型的准确性。该数学模型一般按照某个目标函数设计。如这个数学模型能使某个目标函数达到最优状态，SCC 系统就能实现最优控制。如数学模型不准确，则控制效果变差。由于生产过程的复杂性，其数学模型的建立较困难，故 SCC 系统实现起来较困难。另外，在实现过程中，因涉及建模与优化，应用软件开发的工作量较大。

（4）集散/分散/分布控制系统（Distributed Control System，DCS）

集散控制系统是 20 世纪 70 年代中期发展起来的一种全新分布式控制系统，它从模拟电动控制仪表的操作习惯出发，融入计算机技术、控制技术、网络通信技术和 CRT 显示技术的发展成果，总的设计思想是将生产管理数据集中显示，而将生产过程控制分散实施，表现为集中管理、分散控制的明显的特点，因此称为"集散控制系统"。DCS 系统具有极高的可靠性和系统组合、扩展的高度灵活性，而且使危险性分散了。DCS 系统系统由于其突出的优越性，已在生产过程中得以广泛应用。

（5）现场总线控制系统（Fieldbus Control System，FCS）

现场总线控制系统（Fieldbus Control System，FCS）是继基地式气动仪表控制系统、电动单元组合式模拟仪表控制系统、集中式数字控制系统、集散控制系统（DCS）后的新一代控制系统。由于它适应了工业控制系统向数字化、分散化、网络化、智能化发展的方向，给自动化系统的最终用户带来更大实惠和更多方便，并促使目前生产的自动化仪表、集散控制系统、可编程控制器（PLC）产品面临体系结构、功能等方面的重大变革，导致工业自动化产品的又一次更新换代，因而现场总线技术被誉为跨世纪的自控新技术。

7.3　集散控制系统（DCS）

7.3.1　集散控制系统的概述

集散控制系统（Distributed Control System，DCS）是 20 世纪 70 年代中期发展起来的以微处理器为基础的分散型计算机控制系统。它是控制技术（Control）、计算机技术（Computer）、通信技术（Communication）、阴极射线管（CRT）图像显示技术和网络技术相结合的产物。该装置以多台微处理机分散应用于过程控制，通过通信网络、CRT 显示器、键盘、打印机等设备实现高度集中的操作、显示和管理和分散控制的一种全新的分布式计算机控制系统。

计算机控制发展初期，控制计算机采用的是中、小型计算机，价格昂贵，为充分发挥其功能，对复杂生产对象的控制都是采用集中控制方式，一台计算机控制多个设备、多条回路，以便充分利用计算机。这种方式中计算机的可靠性对整个生产过程举足轻重，一旦计算机故障，对生产过程影响极大。如采用冗余技术，另外增加备用计算机，这样不仅维修工作量大，而且成本将成倍增加，如果工厂的生产规模不大，则经济性更差。

随着功能完善、价格低廉的微型机、微处理器的出现，可用分散在不同地点的若干台微型机分摊原先由一台中、小型计算机完成的控制与管理任务，并用数据通信技术把这些计算机互连，构成网络式计算机控制系统。人们按控制功能或按区域将微处理机进行分散配置，每个微处理机只需控制少数几个回路，使危险性大大分散。系统又使用若干彩色图像显示器进行监视和操作，并运用通信网络，将各微机连接起来，它比常规模拟仪表有更强的通信、显示、控制功能，又比集中过程控制计算机安全可靠。这是一种分散型多微处理机综合过程控制系统，这种系统具有网络分布结构，所以称为分散（分布）控制系统。但在自动化行业更多称其为集散控制系统，因为集散控制反映了分散控制系统的重要特点：操作管理功能的集中和控制功能的分散（集中管理，分散控制）。也就是说，整个生产过程中，由于生产过程复杂，设备分布广，其中各工序、各设备同时并行工作，且基本上是独立的，故系统很复杂，用分散控制代替集中控制，可避免传输误差及系统的复杂化。

7.3.2　集散控制系统的发展

1975 年，美国霍尼韦尔（Honey Well）公司首次研制出了 TDC2000 集散型控制系统，这是一个具有许多微处理器的分级控制系统，以分散的控制设备来适应分散的过程对象。

从 1975 年美国霍尼韦尔第一套 DCS 诞生后，世界各国也相继推出了自己的第一代集散型控制系统。比较著名的有美国福克斯波罗（FOXBORO）公司的 Spectrum 系统、美国贝利控制（Bailey Controls）公司的 Network90，英国肯特（Kent）公司的 P4000，德国西门子（Siemens）公司的 Teleperm 等，日本东芝、日立、横河等公司也推出了各自的 DCS 系统。

20 世纪 80 年代，随着微处理器运算能力的增强，超大规模集成电路集成度的提高和成本的降低，给过程控制的发展带来的新的面貌，使得过去难以想象的功能付诸了实施，推动着以微处理器为基础的过程控制设备和集散型控制系统、可编程序控制器、可编程序调节器和变送器等同步发展。在这一时期中出现了第二代、第三代 DCS 产品。20 世纪 90 年代，DCS 发展很快，出现了生产过程控制系统与信息管理系统紧密结合的管控一体化的新一代 DCS。DCS 向综合性、开放化发展，在大型 DCS 进一步完善和提高的同时，还发展了小型 DCS，并采用了人工智能技术等。

（1）第一代 DCS（初创期）

是指从其诞生的 1975～1980 年间出现的第一批系统，以 Honey well 的 TDC-2000 为代表，还有横河公司的 Yawpark 系统，FoXboro 公司的 Spectrum 系统等。第一代 DCS 是由过程控制单元、数据采集单元、CRT 操作站、上位管理计算机及连接各个单元和计算机的高速数据通道等五个部分组成，奠定了 DCS 的基础体系结构。

（2）第二代 DCS（成熟期）

是指 1980～1985 年间出现的各种系统，以 Honey Well 的 TDC-3000 为代表，还有 Fisher 公司的 PROVOX、Taylor 公司的 MOD300 等。第二代最大的特点就是引入了局域网（LAN）作为系统骨干，按照网络节点的概念组织过程控制站、中央操作站、系统管理站及网关，使得系统的规模、容量进一步增加，系统的扩充有更大的余地，也更加方便。

（3）第三代 DCS（扩展期）

以 1987 年 FoXboro 公司的推出的 I/A Series 为代表，该系统采用 ISO 标准 MAP 网络。这个时期的 DCS 在功能上实现了进一步扩展，增加了上层网络，将生产的管理功能纳入到系统中，形成了直接控制、监督控制和协调优化、上层管理三层功能结构；在网络方面，各个厂家以普遍采用了标准的网络产品；由 IEC61131-3 所定义的五种组态语言为大多数 DCS 厂家所采纳；在构成系统的产品方面，除现场控制站基本上还是各个 DCS 厂家的专有产品外，人机界面工作站、服务器和各种功能站的硬件和基础软件，如操作系统等，已全部采用了市场采购的商品，使系统成本大大降低，DCS 已逐步成为大众产品，在越来越多的应用中取代仪表控制系统成为控制系统的主流。

（4）新一代 DCS

其技术特点包括全数字化、信息化和集成化。DCS 发展到第三代，尽管采用了一系列的新技术，但是生产现场层仍然没有摆脱沿用了几十年的常规仪表。生产现场层的模拟仪表与 DCS 各层形成极大的反差和不协调，并制约了 DCS 的发展。因此，将现场模拟仪表改为现场数字仪表，并用现场总线互联。

7.3.3　集散控制系统的组成

据不完全统计，迄今全世界已开发了各种类型的集散控制系统千余种。虽然各个企业推出的系统各具特色，但是它们在系统组成和控制功能方面都有共同的特点。集散控制系统一般由三部分组成：过程控制单元（下位机）、操作管理站（上位机）和通信系统。一个典型的 DCS 的基本结构如图 7-6 所示。

（1）过程控制单元

过程控制单元是 DCS 的核心部分，又称基本控制器或闭环控制站，主要完成连续控制功能、顺序控制功能、算法运算功能、报警检查功能、过程 I/O 功能、数据处理功能和通信功能。提供的控制算法和数学运算有：PID、非线性增益、位式控制、选择性控制、函数计算和 smith 预估等。

（2）操作管理站

作为 DCS 的人机接口，操作站是一台功能强大的计算机，可以进行监视、操作和控制；

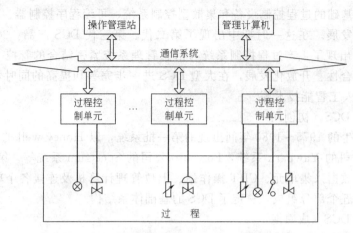

图 7-6　集散控制系统（DCS）的基本结构

控制工程师可以实现控制系统组态、系统的生产和维护。作为管理计算机，它可以通过通信接口与通信系统相连，采集各种信息，用高级语言编程，执行工厂的集中管理和实现最优控制、顺序控制、后台计算和软件开发等特殊功能。

（3）通信系统

是具有高速通信能力的信息总线，可由双绞线、同轴光缆或光纤构成。为实现数据的合理有效传送，通信系统必须具有一定的网络结构，并遵循一定的网络通信协议。

早期的 DCS 通信系统采用专门的通信协议，因此对系统互连极为不便，现在逐步采用标准的通信协议。

DCS 的通信系统是分层的网络结构，最高层是工厂主干网络，负责中控室与上级管理计算机的连接，数据量大，对实时性要求相对较低，通常采用宽带通信网络，如以太网。第二层为过程控制网络，负责中控室各装置间的互连，要求实时性高；最底层为现场总线网络，负责现场仪表之间及其与中控室设备的互连，对实时性要求苛刻。

7.3.4　典型的 DCS 体系结构

典型的 DCS 体系结构分为三层，如图 7-7 所示。第一层为分散过程控制级；第二层为集中操作监控级；第三层为综合信息管理级。层间由高速数据通路 HW 和局域网络 LAN 两级通信线路相连，级内各装置之间由本级的通信网络进行通信联系。

（1）分散过程控制级

分散过程控制级是 DCS 的基础层，它向下直接面向工业对象，其输入信号来自于生产过程现场的传感器（如热电偶、热电阻等）、变送器（如温度、压力、液位、流量等）及电气开关（输入触点）等，其输出去驱动执行器（如调节阀、电磁阀、电机等），完成生产过程的数据采集、闭环调节控制、顺序控制等功能；其向上与集中操作监控级进行数据通信，接收操作站下传加载的参数和操作命令，以及将现场工作情况信息整理后向操作站报告。

构成这一级的主要装置有：现场控制站，可编程控制器，智能调节器及其他测控装置。

1）现场控制站

现场控制站具有多种功能——集连续控制、顺序控制、批量控制及数据采集功能为一身。

① 现场控制站的硬件构成

现场控制站一般是标准的机柜式机构，柜内由电源、总线、I/O 模件、处理器模件、通

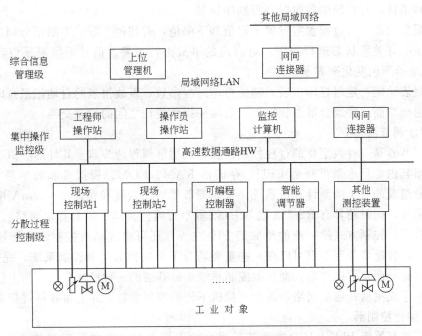

图 7-7 分散控制系统体系结构

信模件等部分组成。

　　一般在机柜的顶部装有风扇组件，其目的是带走机柜内部电子部件所散发出来的热量；机柜内部设若干层模件安装单元，上层安装处理器模件和通信模件，中间安装 I/O 模件，最下边安装电源组件。机柜内还设有各种总线，如电源总线、接地总线、数据总线、地址总线、控制总线等。现场控制站的电源不仅要为柜内提供电源，还要为现场检测器件提供外供电源，这两种电源必须互相隔离，不可共地，以免干扰信号通过电源回路耦合到 I/O 通道中去。

　　一个现场控制站中的系统结构如图 7-7 所示，包含一个或多个基本控制单元，基本控制单元是由一个完成控制或数据处理任务的处理器模件以及与其相连的若干个输入/输出模件所构成的（有点类似于 IPC）。基本控制单元之间，通过控制网络 Cnet 连接在一起，Cnet 网络上的上传信息通过通信模件，送到监控网络 Snet，同理 Snet 的下传信息，也通过通信模件和 Cnet 传到各个基本控制单元。在每一个基本控制单元中，处理器模件与 I/O 模件之间的信息交换由内部总线完成。内部总线可能是并行总线，也可能是串行总线。近年来，多采用串行总线。

　　② 现场控制站的软件功能。

　　现场控制站的主要功能有 6 种，即数据采集功能、DDC 控制功能、顺序控制功能、信号报警功能、打印报表功能、数据通信功能。

　　数据采集功能：对过程参数，主要是各类传感变送器的模拟信号进行数据采集、变换、处理、显示、存储、趋势曲线显示、事故报警等。

　　DDC 控制功能：包括接受现场的测量信号，进而求出设定值与测量值的偏差，并对偏差进行 PID 控制运算，最后求出新的控制量，并将此控制量转换成相应的电流送至执行器驱动被控对象。

　　顺序控制功能：通过来自过程状态输入输出信号和反馈控制功能等状态信号，按预先设定的顺序和条件，对控制的各阶段进行顺序控制。

信号报警功能：对过程参数设置上限值和下限值，若超过上限或下限则分别进行越限报警；对非法的开关量状态进行报警；对出现的事故进行报警。信号的报警是以声音、光或CRT屏幕显示颜色变化来表示。

打印报表功能：定时打印报表；随机打印过程参数；事故报表的自动记录打印。

数据通信功能：完成分散过程控制级与集中操作监控之间的信息交换。

2）智能调节器

智能调节器是一种数字化的过程控制仪表，也称可编程调节器。其外形类似于一般的盘装仪表，而其内部是由微处理器 CPU、存储器 RAM、ROM、模拟量和数字量 I/O 通道、电源等部分组成的一个微型计算机系统。智能调节器可以接受和输出 4～20mA 模拟量信号和开关量信号，同时还具有 RS-232 或 RS-485 等串行通信接口。一般有单回路、2 回路或 4回路的调节器，控制方式除一般的单回路 PID 之外，还可组成串级控制、前馈控制等复杂回路。因此，智能调节器不仅可以在一些重要场合下单独构成复杂控制系统，完成 1～4 个过程控制回路，而且可以作为大型分散控制系统中最基层的一种控制单元，与上位机（即操作监控级）连成主从式通信网络，接受上位机下传的控制参数，并上报各种过程参数。

3）可编程控制器

可编程控制器即 PLC，与智能调节器最大的不同点是：它主要配制的是开关量输入、输出通道，用于执行顺序控制功能。在新型的 PLC 中，也提供了模拟量输入输出及 PID 控制模块，而且均带有 RS-485 标准的异步通信接口。同智能调节器一样，PLC 的高可靠性和不断增强的功能，使它既可以在小型控制系统中担当控制主角，又可以作为大型分散控制系统中最基层的一种控制单元。

（2）集中操作监控级

集中操作监控级是面向现场操作员和系统工程师的，如图 7-7 所示的中间层。这一级配有技术手段先进，功能强大的计算机系统及各类外部装置，通常采用较大屏幕、较高分辨率的图形显示器和工业键盘，计算机系统配有较大存储容量的硬盘或软盘，另外还有功能强大的软件支持，确保工程师和操作员对系统进行组态、监视和操作，对生产过程实行高级控制策略、故障诊断、质量评估等。集中操作监控级以操作监视为主要任务：把过程参数的信息集中化，对各个现场控制站的数据进行收集，并通过简单的操作，进行工程量的显示、各种工艺流程图的显示、趋势曲线的显示以及改变过程参数（如设定值、控制参数、报警状态等信息）；另一个任务是兼有部分管理功能：进行控制系统的组态与生成。

构成这一级的主要装置有：面向操作人员的操作员操作站、面向监督管理人员的工程师操作站、监控计算机及层间网络连接器。一般情况下，一个 DCS 系统只需配备一台工程师站，而操作员站的数量则需要根据实际要求配置。

1）操作员操作站

DCS 的操作员站是处理一切与运行操作有关的人-机界面功能的网络节点，其主要功能就是使操作员可以通过操作员站及时了解现场运行状态、各种运行参数的当前值、是否有异常情况发生等。并可通过输出设备对工艺过程进行控制和调节，以保证生产过程的安全、可靠、高效、高质。

① 操作员站的硬件　操作员站由 IPC 或工作站、工业键盘、大屏幕图形显示器和操作控制台组成，这些设备除工业键盘外，其他均属通用型设备。目前 DCS 一般都采用 IPC 来作为操作员站的主机及用于监控的监控计算机。

操作员键盘多采用工业键盘，它是一种根据系统的功能用途及应用现场的要求进行设计的专用键盘，这种键盘侧重于功能键的设置、盘面的布置安排及特殊功能键的定义。

由于 DCS 操作员的主要工作基本上都是通过 CRT 屏幕、工业键盘完成的，因此，操作控制台必须设计合理，使操作员能长时间工作不感吃力。另外在操作控制台上一般还应留有安放打印机的位置，以便放置报警打印机或报表打印机。

作为操作员站的图形显示器均为彩色显示器，且分辨率较高、尺寸较大。

打印机是 DCS 操作员站的不可缺少的外设。一般的 DCS 配备两台打印机，一台为普通打印机，用于生产记录报表和报警列表打印；另一台为彩色打印机，用来拷贝流程画面。

② 操作员站的功能　操作员站的功能主要是指正常运行时的工艺监视和运行操作，主要由总貌画面、分组画面、点画面、流程图画面、趋势曲线画面、报警显示画面及操作指导画面 7 种显示画面构成。

2）工程师操作站

工程师站是对 DCS 进行离线的配置、组态工作和在线的系统监督、控制、维护的网络节点。其主要功能是提供对 DCS 进行组态，配置工具软件即组态软件，并通过工程师站及时调整系统配置及一些系统参数的设定，使 DCS 随时处于最佳工作状态之下。

① 工程师站的硬件　对系统工程师站的硬件没有什么特殊要求，由于工程师站一般放在计算机房内，工作环境较好，因此不一定非要选用工业型的机器，选用普通的微型计算机或工作站就可以了，但由于工程师站要长期连续在线运行，因此其可靠性要求较高。目前，由于计算机制造技术的巨大进步，便得 IPC 的成本大幅下降，因而工程师站的计算机也多采用 IPC。

其他外设一般采用普通的标准键盘、图形显示器，打印机也可与操作员站共享。

② 工程师站的功能　系统工程师站的功能主要包括对系统的组态功能及对系统的监督功能。

组态功能：工程师站的最主要功能是对 DCS 进行离线的配置和组态工作。在 DCS 进行配置和组态之前，它是毫无实际应用功能的，只有在对应用过程进行了详细的分析、设计并按设计要求正确地完成了组态工作之后，DCS 才成为一个真正适合于某个生产过程使用的应用控制系统。系统工程师在进行系统的组态工作时，可依照给定的运算功能模块进行选择、连接、组态和设定参数，用户无须编制程序。

监督功能：与操作员站不同，工程师站必须对 DCS 本身的运行状态进行监视，包括各个现场 I/O 控制站的运行状态、各操作员站的运行情况、网络通信情况等。一旦发现异常，系统工程师必须及时采取措施，进行维修或调整，以使 DCS 能保证连续正常运行，不会因对生产过程的失控造成损失。另外还具有对组态的在线修改功能，如上、下限定值的改变，控制参数的修整，对检测点甚至对某个现场 I/O 站的离线直接操作。

在集中操作监控级这一层，当被监控对象较多时还配有监控计算机；当需要与上下层网络交换信息时还需配备网间连接器。

（3）综合信息管理级

这一级主要由高档微机或小型机担当的管理计算机构成，如图 7-7 所示的顶层部分。DCS 的综合信息管理级实际上是一个管理信息系统（Management Information System，简称 MIS），由计算机硬件、软件、数据库、各种规程和人共同组成的工厂自动化综合服务体系和办公自动化系统。

MIS 是一个以数据为中心的计算机信息系统。企业 MIS 可粗略地分为市场经营管理、生产管理、财务管理和人事管理四个子系统。子系统从功能上说应尽可能独立，子系统之间通过信息而相互联系。

DCS 的综合信息管理级主要完成生产管理和经营管理功能。比如进行市场预测，经济信息分析；对原材料库存情况、生产进度、工艺流程及工艺参数进行生产统计和报表；进行长期性的趋势分析，作出生产和经营决策，确保最优化的经济效益。

目前国内使用的 DCS 重点主要放在底层与中层二级上。

（4）通信网络系统

DCS 各级之间的信息传输主要依靠通信网络系统来支持。通信网分成低速、中速、高速通信网络。低速网络面向分散过程控制级；中速网络面向集中操作监控级；高速网络面向管理级。

用于 DCS 的计算机网络在很多方面的要求不同于通用的计算机网络。它是一个实时网络，也就是说网络需要根据现场通信的实时性要求，在确定的时限内完成信息的传送。

根据网络的拓扑结构，DCS 的计算机网络大致可分为星型、总线型和环型结构三种。DCS 厂家常采用的网络结构是环型网和总线型网，在这两种结构的网络中，各个节点可以说是平等的，任意两个节点之间的通信可以直接通过网络进行，而不需要其他节点的介入。

在比较大的分散控制系统中，为了提高系统性能，也可以把集中网络结构合理地运用于一个系统中，以充分利用各网络结构的优点。

7.3.5　典型产品介绍——浙大中控 WebField JX-300XP 系统

JX-300XP 系统是 SUPCON WebField 系列控制系统十余年成功经验的总结，吸收了近年来快速发展的通信技术、微电子技术，充分应用了最新信号处理技术、高速网络通信技术、可靠的软件平台和软件设计技术以及现场总线技术，采用了高性能的微处理器和成熟的先进控制算法，全面提高了 JX-300XP 的功能和性能，能适应更广泛更复杂的应用要求，成为一个全数字化、结构灵活、功能完善的开放式集散控制系统。JX-300XP DCS 体系结构如图 7-8 所示。

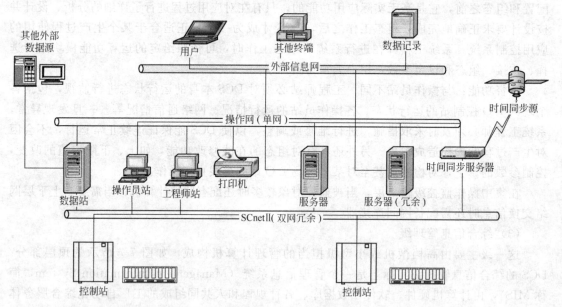

图 7-8　JX-300XP DCS 体系结构

（1）系统基本硬件组成

SUPCON JX-300XP 主要有现场控制站、操作站、工程师站、过程控制网络等组成。

1）控制站

控制站是系统中直接与现场打交道的 I/O 处理单元，完成整个工业过程的实时监控功能。通过软件设置和硬件的不同配置完成不同功能的控制结构，如过程控制站、逻辑控制站、数据采集站。

控制站主要是由机柜、机笼、供电单元和各类卡件（包括主控制卡、数据转发卡和各种信号输入/输出卡）组成，其核心是主控制卡。主控制卡通常插在过程控制站最上部机笼内，通过系统内高速数据网络——SBUS 扩充各种功能，实现现场信号的输入输出，同时完成过程控制中的数据采集、回路控制、顺序控制以及包括优化控制等各种控制算法。

① 控制站机柜　机柜是用来安放控制站各部件的主体，主要放置机笼、端子板、交换机、电源模块和配电箱等。机柜有以下几种类型：I/O 端子板机柜、端子板和机笼混装机柜、机笼机柜、辅助机柜。

② 机笼　机笼分为电源机笼和卡件机笼。

电源机笼主要用来放置电源模块，一个机柜中只有一个电源机笼，一个电源机笼最多可以配置 4 个电源模块，其中 2 个电源模块输出 5V 电压，2 个电源模块输出 24V 电压，它们一起给整个系统的卡件和端子板以及母板等进行供电。

卡件机笼主体是由金属框架和母板构成，母板上安装有欧插，方便卡件插拔。同一控制站的各个机笼通过 SBUS 网络相连。它主要放置各类卡件，1 个卡件机笼中有 20 个槽位，可放置 2 块主控制卡、2 块数据转发卡、16 块 I/O 卡件。

③ 电源模块　电源模块的作用是将 220V AC 转化成 5V DC 或 24V DC。电源模块的面板上都有故障指示灯，当供电模块出现故障时，相应的电压指示灯会熄灭，故障指示灯会亮红灯。

为保证系统安全的可靠运行，我们要求 AC 配电必须冗余，即需要有 2 路电源对系统进行供电。推荐供电方式为：2 路 220V AC 交流电冗余配电，一路通过 UPS 供电，一路通过市电给系统直接供电。

④ 控制站卡件　位于控制站卡件机笼内，主要由主控制卡、数据转发卡和 I/O 卡组成。控制站内所有的卡件，都按智能化要求设计，系统内部实现了全数字化的数据传输而后信息处理。所有卡件采用统一外形尺寸，都具有 LED 的卡件的状态指示和故障指示功能，如电源指示、工作/备用指示、运行指示、故障指示、通信指示灯。

2）操作员站

它是由工业 PC、CRT、键盘、鼠标、打印机等组成的人-机系统，是操作人员完成过程监控管理任务的环境。采用高性能工控机、卓越的流程图、多窗口画面显示功能，实现生产过程信息的集中显示、集中操作、集中管理。

3）工程师站

它是为自动化专业工程技术人员设计的，内装有相应的组态平台，用组态平台生成适合于生产工艺要求的应用系统，包括系统生成、结构定义、操作组态、流程图画面组态、报表程序编制等。

4）过程控制网络

用以实现操作站、工程师站、现场控制站的连接，完成信息、控制命令的传输，它采用双重化冗余设计。

（2）系统软件组成

JX-300XP 系统组态软件包括基本组态软件、流程图制作软件、报表制作软件、SCX 语言编程软件、图形化编程软件、SOE 事故顺序查看软件、OPC SERVER 通信接口软件等。各功能软件之间通过对象连接与嵌入技术，动态地实现模块间各种数据、信息通信、控制和管理。

实时监控软件的人机界面完全符合 Windows 的图形用户界面标准，中文界面，易学易用。所有的命令都以直观形象的功能图标表示，支持标准键盘和鼠标，并配置专用操作员键盘，其上设有灵活的快捷键。利用鼠标和键盘的操作，可以快速地完成指定的任务。操作员可以通过专用的薄膜键盘或鼠标，任意切换各种操作画面，包括系统总貌、流程图、控制分组、调整画面、趋势图、报警一览、故障诊断等，极为方便。

（3）功能特点

SUPCON JX-300XP 具备了大型分散系统所具有的安全性、冗余功能、网络扩展功能、集成的用户界面及信息存取功能；除了具有模拟量信号输入输出、数字量信号输入输出、回路控制等常规的 DCS 功能外，还具有高速数字量处理、高速顺序事件记录、可编程逻辑控制等特殊功能；它不仅提供了功能块图、梯形图等直观的图形组态工具，还提供了开发复杂高级控制算法（如模糊控制）的 C 语言编程环境；系统规模变换灵活，可以实现从一个单元的过程控制，到全厂范围的自动化集成控制等。

7.4 现场总线控制系统（FCS）

现场总线控制系统（Fieldbus Control System，FCS）是由现场总线和现场设备组成的控制系统，这是继电式气动仪表控制系统、电动单元组合式模拟仪表控制系统、集中式数字控制系统、集散控制系统 DCS 后的新一代控制系统。由于它适应了工业控制系统向数字化、分散化、网络化、智能化发展的方向，给自动化系统的最终用户带来更大实惠和更多方便，并促使目前生产的自动化仪表、集散控制系统、可编程控制器（PLC）产品面临体系结构、功能等方面的重大变革，导致工业自动化产品的又一次更新换代，因而现场总线技术被誉为跨世纪的自控新技术。

7.4.1 现场总线概述

随着控制、计算机、通信、网络等技术的发展，信息交换的领域正在迅速覆盖从工厂的现场设备层到控制、管理的各个层次，从工段、车间、工厂、企业乃至世界各地的市场。信息技术的飞速发展，引起了自动化系统结构的变革，逐步形成以网络集成自动化系统为基础的企业信息系统。现场总线（Fieldbus）就是顺应这一形势发展起来的新技术。

（1）现场总线

现场总线是应用在生产现场、在微机化测量控制设备之间实现双向串行多节点数字通信的系统，也被称为开放式、数字化、多点通信的底层控制网络。它在制造业、流程工业、交通、楼宇等方面的自动化系统中具有广泛的应用前景。

现场总线技术将专用微处理器置入传统的测量控制仪表，使它们各自都具有了数字计算和数字通信能力，采用双绞线等作为总线，把多个测量控制仪表连接成的网络系统，并按公开、规范的通信协议，在位于现场的多个微机化测量控制设备之间以及现场仪表与远程监控计算机之间，实现数据传输与信息交换，形成各种适应实际需要的自动控制系统。简而言之，它把单个分散的测量控制设备变成网络节点，以现场总线为纽带，把它们连接成可以相互沟通信息、共同完成自控任务的网络系统与控制系统。它给自动化领域带来的变化，正如众多分散的计算机被网络连接在一起，使计算机的功能、作用发生的变化。现场总线则使自控系统与设备具有了通信能力，把它们连接成网络系统，加入到信息网络的行列。因此把现场总线技术说成是一个控制技术新时代的开端并不过分。

现场总线是 20 世纪 80 年代中期在国际上发展起来的。随着微处理器与计算机功能的不断增强和价格的急剧降低，计算机与计算机网络系统得到迅速发展，而处于生产过程底层的测控自动化系统，采用一对一连线，用电压、电流的模拟信号进行测量控制，或采用自封闭式的集散系统，难以实现设备之间以及系统与外界之间的信息交换，使自动化系统成为"自动化孤岛"。要实现整个企业的信息集成，要实施综合自动化，就必须设计出一种能在工业现场环境运行的、性能可靠、造价低廉的通信系统，形成工厂底层网络，完成现场自动化设备之间的多点数字通信，实现底层现场设备之间以及生产现场与外界的信息交换。

现场总线就是在这种实际需求的驱动下应运而生的。它作为过程自动化、制造自动化、楼宇、交通等领域现场智能设备之间的互连通信网络，沟通了生产过程现场控制设备之间及其与更高控制管理层网络之间的联系，为彻底打破自动化系统的信息孤岛创造了条件。

现场总线控制系统既是一个开放通信网络，又是一种全分布控制系统。它作为智能设备的联系纽带，把挂接在总线上、作为网络节点的智能设备连接为网络系统，并进一步构成自动化系统，实现基本控制、补偿计算、参数修改、报警、显示、监控、优化及控管一体化的综合自动化功能，这是一项以智能传感器、控制、计算机、数字通信、网络为主要内容的综合技术。

由于现场总线适应了工业控制系统向分散化、网络化、智能化发展的方向，它一经产生便成为全球工业自动化技术的热点，受到全世界的普遍关注。现场总线的出现，导致目前生产的自动化仪表、集散控制系统、可编程控制器在产品的体系结构、功能结构方面的较大变革，自动化设备的制造厂家被迫面临产品更新换代的又一次挑战。传统的模拟仪表将逐步让位于智能化数字仪表，并具备数字通信功能。出现了一批集检测、运算、控制功能于一体的变送控制器；出现了可集检测温度、压力、流量于一身的多变量变送器；出现了带控制模块和具有故障信息的执行器；并由此大大改变了现有的设备维护管理方法。

（2）现场总线的发展

20 世纪 50 年代以前，由于当时的生产规模较小，检测控制仪表尚处于发展的初级阶段，所采用的仅仅是安装在生产设备现场、只具备简单测控功能的基地式气动仪表，其信号仅在本仪表内起作用，一般不能传送给别的仪表或系统，即各测控点只能成为封闭状态，无法与外界沟通信息，操作人员只能通过生产现场的巡视，了解生产过程的状况。

随着生产规模的扩大，操作人员需要综合掌握多点的运行参数与信息，需要同时按多点的信息实行操作控制，于是出现了气动、电动系列的单元组合式仪表，出现了集中控制室。生产现场各处的参数通过统一的模拟信号，如 0.02～0.1MPa 的气压信号，0～10mA，4～20mA 的直流电流信号，1～5V 直流电压信号等，送往集中控制室。操作人员可以坐在控制室纵观生产流程各处的状况，可以把各单元仪表的信号按需要组合成复杂控制系统。

由于模拟信号的传递需要一对一的物理连接，信号变化缓慢，提高计算速度与精度的开销、难度都较大，信号传输的抗干扰能力也较差，人们开始寻求用数字信号取代模拟信号，出现了直接数字控制。由于当时的数字计算机技术尚不发达，价格昂贵，人们企图用一台计算机取代控制室的几乎所有的仪表盘，出现了集中式数字控制系统。但由于当时数字计算机的可靠性还较差，一旦计算机出现某种故障，就会造成所有控制回路瘫痪、生产停工的严重局面，这种危险也集中的系统结构很难为生产过程所接受。

　　随着计算机可靠性的提高，价格的大幅度下降，出现了数字调节器、可编程控制器以及由多个计算机递阶构成的集中管理、分散控制相结合的集散控制系统。这就是今天正在被许多企业采用的 DCS 系统。DCS 系统中，测量变送仪表一般为模拟仪表，因而它是一种模拟数字混合系统。这种系统在功能、性能上较模拟仪表、集中式数字控制系统有了很大进步，可在此基础上实现装置级、车间级的优化控制。但是，在 DCS 系统形成的过程中，由于受计算机系统早期存在的系统封闭这一缺陷的影响，各厂家的产品自成系统，不同厂家的设备不能互连在一起，难以实现互换与互操作，组成更大范围信息共享的网络系统存在很多困难。

　　新型的现场总线控制系统则突破了 DCS 系统中通信由专用网络的封闭系统来实现所造成的缺陷，把基于封闭、专用的解决方案变成了基于公开化、标准化的解决方案，即可以把来自不同厂商而遵守同一协议规范的自动化设备，通过现场总线网络连接成系统，实现综合自动化的各种功能；同时把 DCS 集中与分散相结合的集散系统结构，变成了新型全分布式结构，把控制功能彻底下放到现场，依靠现场智能设备本身便可实现基本控制功能。

　　现场总线之所以具有较高的测控能力指数，一是得益于仪表的微机化，二是得益于设备的通信功能。把微处理器置入现场自控设备、使设备具有数字计算和数字通信能力，一方面提高了信号的测量、控制和传输精度，同时为丰富控制信息的内容，实现其远程传送创造了条件。在现场总线的环境下，借助设备的计算、通信能力，在现场就可进行许多复杂计算，形成真正分散在现场的完整的控制系统，提高控制系统运行的可靠性。还可借助现场总线网段以及与之有通信连接的其他网段，实现异地远程自动控制，如操作远在数百公里之外的电气开关等。还可提供传统仪表所不能提供的如阀门开关动作次数、故障诊断等信息，便于操作管理人员更好、更深入地了解生产现场和自控设备的运行状态。

　　1984 年，美国仪表协会（ISA）下属的标准与实施工作组中的 ISA/SP50 开始制定现场总线标准；1985 年，国际电工委员会决定由 Proway Working Group 负责现场总线体系结构与标准的研究制定工作；1986 年，德国开始制定过程现场总线（Process Fieldbus）标准，简称为 PROFIBUS，由此拉开了现场总线标准制定及其产品开发的序幕。

　　1992 年，由 Siemens，Rosemount，ABB，Foxboro，Yokogawa 等 80 家公司联合，成立了 ISP（Interoperable System Protocol）组织，着手在 PROFIBUS 的基础上制定现场总线标准。1993 年，以 Honeywell，Balley 等公司为首，成立了 World FIP（Factory Instrumentation Protocol）组织，有 120 多个公司加盟该组织，并以法国标准 FIP 为基础制定现场总线标准。此时各大公司均已清醒地认识到，现场总线应该有一个统一的国际标准，现场总线技术势在必行。但总线标准的制定工作并非一帆风顺，由于行业与地域发展历史等原因，加之各公司和企业集团受自身商业利益的驱使，致使总线的标准化工作进展缓慢。

　　1994 年，ISP 和 World FIP 北美部分合并，成立了现场总线基金会（Fieldbus Foundation，简标 FF），推动了现场总线标准的制定和产品开发，于 1996 年第一季度颁布了低速总线 H1 的标准，安装了示范系统，将不同厂商的符合 FF 规范的仪表互连为控制系统和通信网络，使 H1 低速总线开始步入实用阶段。

　　与此同时，在不同行业还陆续派生出一些有影响的总线标准。它们大都在公司标准的基础上逐渐形成，并得到其他公司、厂商、用户以至于国际组织的支持。如德国 Bosch 公司推出 CAN（Control Area Network），美国 Echelon 公司推出的 LonWorks 等。大千世界，众多行业，需求各异，加上要考虑已有各种总线产品的投资效益和各公司的商业利益，预计在今后一段时期内，会出现几种现场总线标准共存、同一生产现场有几种异构网络互连通信的局面。但发展共同遵从的统一的标准规范，真正形成开放互连系统，是大势所趋。

（3）现场总线的特点

① 系统的开放性　　开放是指对相关标准的一致性、公开性，强调对标准的共识与遵从。一个开放系统，是指它可以与世界上任何地方遵守相同标准的其他设备或系统连接。通信协议一致公开，各不同厂家的设备之间可实现信息交换。现场总线开发者就是要致力于建立统一的工厂底层网络的开放系统。用户可按自己的需要和考虑，把来自不同供应商的产品组成大小随意的系统。通过现场总线构筑自动化领域的开放互连系统。

② 互可操作性与互用性　　互可操作性，是指实现互连设备间、系统间的信息传送与沟通；而互用则意味着不同生产厂家的性能类似的设备可实现相互替换。

③ 现场设备的智能化与功能自治性它将传感测量、补偿计算、工程量处理与控制等功能分散到现场设备中完成，仅靠现场设备即可完成自动控制的基本功能，并可随时诊断设备的运行状态。

④ 系统结构的高度分散性　　现场总线已构成一种新的全分散性控制系统的体系结构。从根本上改变了现有 DCS 集中与分散相结合的集散控制系统体系，简化了系统结构，提高了可靠性。

⑤ 对现场环境的适应性　　工作在生产现场前端，作为工厂网络底层的现场总线，是专为现场环境而设计的，可支持双绞线、同轴电缆、光缆、射频、红外线、电力线等，具有较强的抗干扰能力，能采用两线制实现供电与通信，并可满足本质安全防爆要求等。

⑥ 节省硬件数量与投资　　由于现场总线系统中分散在现场的智能设备能直接执行多种传感、控制、报警和计算功能，因而可减少变送器的数量，不再需要单独的调节器、计算单元等，也不再需要 DCS 的信号调理、转换、隔离等功能单元及其复杂接线，还可以用工控PC 机作为操作站，从而节省了一大笔硬件投资，并可减少控制室的占地面积。

⑦ 节省安装费用　　现场总线系统的接线十分简单，一对双绞线或一条电缆上通常可挂接多个设备，因而电缆、端子、槽盒、桥架的用量大大减少，连线设计与接头校对的工作量也大大减少。当需要增加现场控制设备时，无需增设新的电缆，可就近连接在原有的电缆上，既节省了投资，也减少了设计、安装的工作量。据有关典型试验工程的测算资料表明，可节约安装费用 60％以上。

⑧ 节省维护开销　　由于现场控制设备具有自诊断与简单故障处理的能力，并通过数字通信将相关的诊断维护信息送往控制室，用户可以查询所有设备的运行，诊断维护信息，以便早期分析故障原因并快速排除，缩短了维护停工时间，同时由于系统结构简化，连线简单而减少了维护工作量。

⑨ 用户具有高度的系统集成主动权　　用户可以自由选择不同厂商所提供的设备来集成系统。避免因选择了某一品牌的产品而被"框死"了使用设备的选择范围，不会为系统集成中不兼容的协议、接口而一筹莫展。使系统集成过程中的主动权牢牢掌握在用户手中。

⑩ 提高了系统的准确性与可靠性　　由于现场总线设备的智能化、数字化，与模拟信号相比，它从根本上提高了测量与控制的精确度，减少了传送误差。同时，由于系统的结构简化，设备与连线减少，现场仪表内部功能加强，减少了信号的往返传输，提高了系统的工作可靠性。

7.4.2　现场总线控制系统的结构

现场总线既是开放的通信网络，又可组成全分布的控制系统，用现场总线把组成控制系统的各种传感器、控制器、执行器等连接起来就构成了 FCS。

FCS 的体系结构见图 7-9。比较对照图 7-7DCS 体系结构图，FCS 主要表现在以下六个方面。

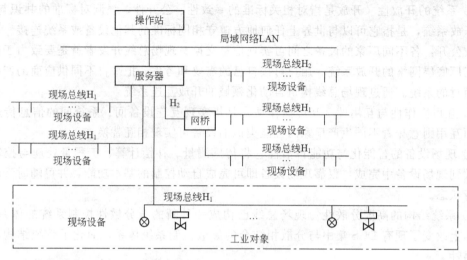

图 7-9　现场总线控制系统体系结构

（1）现场通信网络

现场总线作为一种数字式通信网络一直延伸到生产现场中的现场设备，使以往（包括 DCS）采用点到点式的模拟量信号传输或开关量信号的单向并行传输变为多点一线的双向串行数字式传输。

（2）现场设备互连

现场设备是指连接在现场总线上的各种仪表设备，按功能可分为变送器、执行器、服务器和网桥、辅助设备等，这些设备可以通过一对传输线即现场总线直接在现场互连，相互交换信息，这在 DCS 中也是不可以的。现场设备如下。

① 变送器　常用的变送器有温度、压力、流量、物位、分析等，每类又有多个品种。这种智能型变送器既有检测、变换和补偿功能，又有 PID 控制和运算功能。

② 执行器　常用的执行器有电动和气动两大类，每类又有多个品种。执行器的基本功能是控制信号的驱动和执行，还内含调节阀的输出特性补偿、PID 控制和运算，另外还有阀门特性自动校验和自动诊断功能。

③ 服务器和网桥　服务器下接 H_1 和 H_2，上接局域网 LAN（Local Area Network）；网桥上接 H_2，下接 H_1。

④ 辅助设备　辅助设备有 H_1/气压转换器、H_1/电流转换器、电流/H_1 转换器、安全栅、总线电源、便携式编程器等。

（3）互操作性

现场设备种类繁多，没有任何一家制造厂可以提供一个工厂所需的全部现场设备。所以，不同厂商产品的交互操作与互换是不可避免的。用户不希望为选用不同的产品而在硬件或软件上花力气，而希望选用各厂商性能价格比最优的产品集成在一起，实现"即接即用"，能对不同品牌的现场设备统一组态，构成所需要的控制回路。

（4）分散功能块

FCS 废弃了传统的 DCS 输入/输出单元和控制站，把 DCS 控制站的功能块分散地分配给现场仪表，从而构成虚拟控制站。由于功能分散在多台现场仪表中，并可统一组态，用户可以灵活选用各种功能块构成所需控制系统，实现彻底的分散控制。

（5）现场总线供电

现场总线除了传输信息之外，还可以完成为现场设备供电的功能。总线供电不仅简化了系统的安装布线，而且还可以通过配套的安全册实现本质安全系统，为现场总线控制系统在易燃易爆环境中应用奠定了基础。

（6）开放式互连网络

现场总线为开放式互连网络，既可与同层网络互连，也可与不同层网络互连。现场总线协议不像 DCS 那样采用封闭专用的通信协议，而是采用公开化、标准化、规范化的通信协议，只要符合现场总线协议，就可以把不同制造商的现场设备互连成系统。开放式互连网络还体现在网络数据库的共享，通过网络对现场设备和功能块统一组态。

7.4.3 现场总线控制系统的组成

Smar 公司是生产 FCS 最早的生产厂家，下面以此为例介绍 FCS 的组成。

（1）FCS 的硬件组成

和传统的 DCS 控制系统不同，FCS 是总线网络，所有现场表都是一个网络节点，并挂接在总线上，每一个节点都是一个智能设备，因此 FCS 中已经不存在现场控制站，只需要工业 PC 即可。在现场总线控制系统中，以微处理器为基础的现场仪表已不再是传统意义上的变送或执行单元，而是同时起着数据采集、控制、计算、报警、诊断、执行和通信的作用。每台仪表均有自己的地址与同一通道上的其他仪表进行区分。所有现场表均可采用总线供电方式，即电源线和信号线共用一对双绞线。

1）接口设备

接口设备主要指各种计算机和计算机与现场总线之间的接口卡件。

① PC 机　一般的工业 PC，带有大屏幕显示器、打印机、工业键盘和鼠标。另配有净化电源、UPS 电源、操作台、操作椅等，置于操作室内。

② 过程控制接口卡（PCI）PCI（Process Control Interface）是一种高性能接口卡，把先进的过程控制与多通道通信、管理融为一体。该接口卡插在 PC 底板上，一台 PC 最多可插 8 卡。

③ 串行接口（BC1）　BC1 是 Smar 入口级的现场总线网络与 PC 机之间的智能接口，具有一个 Master 的特点，它直接把 PC 机的串行口（RS232）接口到现场总线 H1 通道，由 PC 为其供电。用做便携式现场总线组态器及小工厂监控。软件为 Windows 平台。

2）现场总线仪表

Smar 公司共有五种现场总线仪表，三种输入仪表：双通道温度变送器 TT3022、差压变送器 LD302 和三通道输入电流变换器 IF302；两种输出仪表：三通道输出电流变换器 FI302；输出气压信号变换器 FP302。

① 双通道温度变送器 TT302　它将两路的温度信号引入现场总线，在现场完成两路的温度信号到现场总线的转换。具有冷端温度补偿，TC 及 RTD 线性化，对特殊传感器有常规线性化模拟输入。

② 差压变送器 LD302　它将一路的压力或差压信号引入现场总线，在现场完成压力信号到现场总线的转换。用于测量液体、气体或蒸汽的表压（M1～M6）、差压（D1～D4）或绝压（A2～A5）；或用于流量（孔板）、液位（L2～L4）的测量。其测量部分利用的是电容式差压变送器原理。

③ 三通道输入电流变换器 IF302　它将三路的电流（4～20mA 或 0～20mA）信号引入现场总线，用于将某些电Ⅲ型仪表的信号或其他标准信号引入现场总线网络。

④ 三通道输出电流变换器 FI302　它将现场总线的数字信号转换成三路的电流（4～20mA）信号，用于现场总线系统对电动调节阀、电气转换器或其他执行器（如变频调速器）的控制。

⑤ 输出气压信号变换器 FP302　它将现场总线的数字信号转换成一路标准气压信号（0.02～0.1MPa），用于现场总线系统对气动调节阀或气动执行器的控制。注意要外接 0.14MPa（20PSI）的气源。

3）外围设备

如果要构成一个现场总线控制系统，除了接口设备和现场总线仪表之外，还需要有一些辅助部件，例如：电缆、电源、阻抗匹配器、端子、接线盒、安全栅及重发器等。

（2）FCS 的软件组成

现场总线系统最具特色的是它的通信部分的硬软件。但当现场信号传入计算机后，还要进行一系列的处理。它作为一个完整的控制系统，仍然需要具有类似于 DCS 或其他计算机控制系统那样的控制软件、人机接口软件。当然，现场总线控制系统软件有继承 DCS 等控制软件的部分，也有在它们的基础上前进发展和具有自己特色的部分。现场总线控制系统软件是现场总线控制系统集成、运行的重要组成部分。

FCS 的软件体系主要由组态软件、监控软件、设备管理软件组成。

1）现场总线组态软件 SYSCON

组态软件包括通信组态与控制系统组态。生成各种控制回路，通信关系。明确系统要完成的控制功能，各控制回路的组成结构，各回路采取的控制方式与策略；明确节点与节点间的通信关系。以便实现各现场仪表之间、现场仪表与监控计算机之间以及计算机与计算机之间的数据通信。

Smar 公司的现场总线组态软件 SYSCON 是一个强有力的对用户非常友好的软件工具，安装在控制站的工控机中，支持 Windows 95/98，通过一台 PC 可以对基于 FieldBus 的系统及现场总线仪表进行组态、维护和操作。既可以在线组态，也可以离线组态。

组态步骤是：首先进行系统组态、分配地址和指定位号；然后进行现场总线仪表中的功能块组态、连接和参数设置；最后通过安装在工控机中的 PCI 卡，按照预先设定的地址，下装到挂接在每个通道上的现场总线仪表中。下装完成的同时，现场总线仪表便可在 Master 的调度下实现网络通信并进行控制。

2）常用功能块

在 PCI 卡和每台现场总线仪表中均内置有许多功能模块，每个功能块根据专门的算法及内部设置的控制参数处理输入，产生的输出便于其他功能块应用。这些模块包括 AI（模拟输入）、AO（模拟输出）、PID（PID 运算）、ISS（输入选择）、ARTH（算术）、INTG（累积）、CHAR（特征化）和 SPLT（输出选择）功能块等 17 种。用户可以通过策略组态软件 SYSCON 对这些功能模块进行灵活连接来实现自己的控制策略。

3）监控软件

监控软件是必备的直接用于生产操作和监视的控制软件包，其功能十分丰富，流行的有：FIX、INTOUCH、AIMAX、VISCON 等。

7.4.4　典型产品介绍——几种有影响的现场总线技术

（1）基金会现场总线

基金会现场总线（FF，Foundation Fieldbus）是在过程自动化领域得到广泛支持和具有良好发展前景的技术。其前身是以美国 Fisher-Rosemount 公司为首，联合 Foxboro、横河、ABB、西门子等 80 家公司制订的 ISP 协议和以 Honeywell 公司为首，联合欧洲等地的 150 家公司制订的 world FIP 协议。这两大集团于 1994 年 9 月合并，成立了现场总线基金会，致力于开发出国际上统一的现场总线协议。它以 ISO/OSI 开放系统互连模型为基础，取其物理层、数据链路层、应用层为 FF 通信模型的相应层次，并在应用层上增加了用户层。用户层主要针对自动化测控应用的需要，定义了信息存取的统一规则，采用设备描述语言规定了通用的功能块集。由于这些公司是该领域自控设备的主要供应商，对工业底层网络的功能需求了解透彻，也具备足以左右该领域现场自控设备发展方向的能力，因而由它们组成的基金会所颁布的现场总线规范具有一定的权威性。

基金会现场总线分低速 H_1 和高速 H_2 两种通信速率。H_1 的传输速率为 31.25Kbps，通信距离可达 1900m（可加中继器延长），可支持总线供电，支持本质安全防爆环境，H_2 的传输速率可为 1Mbps 和 2.5Mbps 两种，其通信距离分别为 750m 和 500m。物理传输介质可支持双绞线、光缆和无线发射，协议符合 IEC1158-2 标准。其物理媒介的传输信号采用曼彻斯特编码。

基金会现场总线的主要技术内容包括 FF 通信协议；用于完成开放互连模型中第 2～7 层通信协议的通信栈（Communication Stack）；用于描述设备特征、参数、属性及操作接口的 DDL 设备描述语言、设备描述字典；用于实现测量、控制、工程量转换等应用功能的功能块；实现系统组态、调度、管理等功能的系统软件技术以及构筑集成自动化系统、网络系统的系统集成技术。1996 年在芝加哥举行的 ISA96 展览会上，由现场总线基金会组织实施，首次向世界展示了来自 40 多家厂商的 70 多种符合 FF 协议的产品，并将这些分布在不同楼层展览大厅不同展台上的 FF 展品，用醒目的橙红色电缆，互连为七段现场总线的演示系统，各展台现场设备之间可实地进行现场互操作，展现了基金会现场总线的基本概貌。

（2）LonWorks

LonWorks 是又一具有强劲实力的现场总线技术。它是由美国 Echelon 公司推出并由它与摩托罗拉、东芝公司共同倡导，于 1990 年正式公布而形成的。它采用了 ISO/OSI 模型的全部七层通信协议，采用了面向对象的设计方法，通过网络变量把网络通信设计简化为参数设置，其通信速率从 300bps 至 1.5Mbps 不等，直接通信距离可达 2700m（78Kbps，双绞线）；支持双绞线、同轴电缆、光纤、射频、红外线、电力线等多种通信介质，并开发了相应的本质安全防爆产品，被誉为通用控制网络。

LonWorks 技术所采用的 LonTalk 协议被封装在称之为 Neuron 的神经元芯片中而得以实现。集成芯片中有 3 个 8 位 CPU，一个用于完成开放互连模型中第 1 和第 2 层的功能，称为媒体访问控制处理器，实现介质访问的控制与处理；第二个用于完成第 3～6 层的功能，称为网络处理器，进行网络变量的寻址、处理、背景诊断、路径选择、软件计时、网络管理，并负责网络通信控制，收发数据包等。第三个是应用处理器，执行操作系统服务与用户代码。芯片中还具有存储信息缓冲区，以实现 CPU 之间的信息传递，并作为网络缓冲区和应用缓冲区。

Echelon 公司的技术策略是鼓励各 OEM 开发商运用 LonWorks 技术和神经元芯片，开发自己的应用产品，据称目前已有 2600 多家公司在不同程度上卷入了 LonWorks 技术，1000 多家公司已经推了 LonWorks 产品，并进一步组织起 LonMARK 互操作协会，开发推广 LonWorks 技术与产品。它已被广泛应用在楼宇自动化、家庭自动化、保安系统、办公设备、交通运输、工业过程控制等行业。另外，在开发智能通信接口、智能传感器方面，Lonworks 神经元芯片也具有独特的优势。

（3）PROFIBUS

PROFIBUS 是德国国家标准 DIN19245 和欧洲标准 EN50170 的现场总线标准。由 PROFIBUS-DP，PROFIBUS-FMS，PROFIBUS-PA 组成了 PROFIBUS 系列。DP 型用于分散外设间的高速数据传输，适合于加工自动化领域的应用。FMS 意为现场信息规范，PROFIBUS-FMS 适用于纺织、楼宇自动化、可编程控制器、低压开关等。而 PA 型则是用于过程自动化的总线类型，它遵从 IEC1158-2 标准。该项技术是由西门子公司为主的十几家德国公司、研究所共同推出的。它采用了 OSI 模型的物理层、数据链路层。FMS 还采用了应用层。传输速率为 9.6Kbps～12Mbps，最大传输距离在 12Mbps 时为 100m；1.5Mbps 时为 400m；可用中继器延长至 10km。其传输介质可以是双绞线，也可以是光缆，最多可挂接 127 个站点，可实现总线供电与本质安全防爆。

（4）CAN

CAN 是控制局域网络（Control Area Network）的简称，最早由德国 BOSCH 公司推出，用于汽车内部测量与执行部件之间的数据通信。其总线规范现已被 ISO 国际标准组织制订为国际标准。由于得到了 Motorola、Intel、Philip、Siemence、NEC 等公司的支持，它广泛应用在离散控制领域。CAN 协议也是建立在国际标准组织的开放系统互连模型基础上的，不过，其模型结构只有三层，即只取 OSI 底层的物理层、数据链路层和顶层的应用层。其信号传输介质为双绞线。通信速率最高可达 1Mbps/40m，直接传输距离最远可达 10km/5Kbps。可挂接设备数最多可达 110 个。

CAN 的信号传输采用短帧结构，每一帧的有效字节数为 8 个，因而传输时间短，受干扰的概率低。当节点严重错误时，具有自动关闭的功能，以切断该节点与总线的联系，使总线上的其他节点及其通信不受影响，具有较强的抗干扰能力。

（5）HART

HART 是 Highway Addressable Remote Transducer 的缩写，最早由 Rosemount 公司开发并得到八十多家著名仪表公司的支持，于 1993 年成立了 HART 通信基金会。这种被称为可寻址远程传感器高速通道的开放通信协议，其特点是在现有模拟信号传输线上实现数字信号通信，属于模拟系统向数字系统转变过程中的过渡性产品，因而在当前的过渡时期具有较强的市场竞争能力，得到了较快发展。

它规定了一系列命令，按命令方式工作。它有三类命令，第一类称为通用命令，这是所有设备都理解、执行的命令；第二类称为一般行为命令，所提供的功能可以在许多现场设备中实现，这类命令包括最常用的现场设备的功能库；第三类称为特殊设备命令，以便在某些设备中实现特殊功能，这类命令既可以在基金会中开放使用，又可以为开发此命令的公司所独有。在一个现场设备中通常可发现同时存在这三类命令。

HART 采用统一的设备描述语言 DDL。现场设备开发商采用这种标准语言来描述设备特性，由 HART 基金会负责登记管理这些设备描述并把它们编为设备描述字典，主设备运用 DDL 技术来理解这些设备的特性参数而不必为这些设备开发专用接口。但由于这种模拟数字混合信号制，导致难以开发出一种能满足各公司要求的通信接口芯片。

HART 能利用总线供电，可满足本质安全防爆要求，并可组成由手持编程器与管理系统主机作为主设备的双主设备系统。

技能训练与思考题

1. 简述计算机控制系统的硬件组成及各部分的作用。
2. 计算机控制中的典型应用类型有哪几种？
3. 简述 DDC 系统的构成。
4. SCC 系统有哪几种结构形式？
5. 什么是 DCS？
6. DCS 的一般由哪几部分构成？
7. DCS 的特点是什么？
8. 什么是现场总线？
9. 有哪几种常用的现场总线？

附　　录

附表 1　铂铑₁₀-铂热电偶分度表

分度号：S（参比端温度为 0℃）

$t/℃$	0	−10	−20	−30	−40	−50				
					E/mV					
0	−0.000	−0.053	−0.103	−0.150	−0.194	−0.236				
$t/℃$	0	10	20	30	40	50	60	70	80	90
					E/mV					
0	0.000	0.055	0.113	0.173	0.235	0.299	0.365	0.433	0.502	0.573
100	0.646	0.720	0.795	0.872	0.950	1.029	1.110	1.191	1.273	1.357
200	1.441	1.526	1.612	1.698	1.786	1.874	1.962	2.052	2.141	2.232
300	2.323	2.415	2.507	2.599	2.692	2.786	2.880	2.974	3.069	3.164
400	3.259	3.355	3.451	3.548	3.645	3.742	3.840	3.938	4.036	4.134
500	4.233	4.332	4.432	4.532	4.632	4.732	4.833	4.934	5.035	5.137
600	5.239	5.341	5.443	5.546	5.649	5.753	5.857	5.961	6.065	6.170
700	6.275	6.381	6.486	6.593	6.699	6.806	6.913	7.020	7.128	7.236
800	7.345	7.454	7.563	7.673	7.783	7.893	8.003	8.114	8.226	8.337
900	8.449	8.562	8.674	8.787	8.900	9.014	9.128	9.242	9.357	9.472
1000	9.587	9.703	9.819	9.935	10.051	10.168	10.285	10.403	10.520	10.638
1100	10.757	10.875	10.994	11.113	11.232	11.351	11.471	11.590	11.710	11.830
1200	11.951	12.071	12.191	12.312	12.433	12.554	12.675	12.796	12.917	13.038
1300	13.159	13.280	13.402	13.523	13.644	13.766	13.887	14.009	14.130	14.251
1400	14.373	14.494	14.615	14.736	14.857	14.978	15.099	15.220	15.341	15.461
1500	15.582	15.702	15.822	15.942	16.062	16.182	16.301	16.420	16.539	16.658
1600	16.777	16.895	17.013	13.131	17.249	17.366	17.483	17.600	17.717	17.832
1700	17.947	18.061	18.174	18.285	18.395	18.503	18.609			

附表 2 镍铬-镍硅热电偶分度表

分度号：K（参比端温度为 0℃）

t/℃	0	−10	−20	−30	−40	−50	−60	−70	−80	−90
	E/mV									
−200	−5.891	−6.035	−6.158	−6.262	−6.344	−6.404	−6.441	−6.458		
−100	−3.554	−3.852	−4.138	−4.411	−4.669	−4.913	−5.141	−5.354	−5.550	−5.730
0	0.000	−0.392	−0.778	−1.156	−1.527	−1.889	−2.243	−2.587	−2.920	−3.243

t/℃	0	10	20	30	40	50	60	70	80	90
	E/mV									
0	0.000	0.397	0.798	1.203	1.612	2.023	2.436	2.851	3.267	3.682
100	4.096	4.509	4.920	5.328	5.735	6.138	6.540	6.941	7.340	7.739
200	8.138	8.539	8.940	9.343	9.747	10.153	10.561	10.971	11.382	11.795
300	12.209	12.624	13.040	13.457	13.874	14.293	14.713	15.133	15.554	15.975
400	16.397	16.820	17.243	17.667	18.091	18.516	18.941	19.366	19.792	20.218
500	20.644	21.071	21.497	21.924	22.350	22.776	23.203	23.629	24.055	24.480
600	24.905	25.330	25.755	26.179	26.602	27.025	27.447	27.869	28.289	28.710
700	29.129	29.548	29.965	30.382	30.798	31.213	31.628	32.041	32.453	32.865
800	33.275	33.685	34.093	34.501	34.908	35.313	35.718	36.121	36.524	36.925
900	37.326	37.725	38.124	38.522	38.918	39.314	39.708	40.101	40.494	40.885
1000	41.276	41.665	42.053	42.440	42.826	43.211	43.595	43.978	44.359	44.740
1100	45.119	45.497	45.873	46.249	46.623	46.995	47.367	47.737	48.105	48.473
1200	48.838	49.202	49.565	49.926	50.286	50.644	51.000	51.355	51.708	52.060
1300	52.410	52.759	53.106	53.451	53.795	54.138	54.479	54.819		

附表 3 镍铬-铜镍合金（康铜）热电偶分度表

分度号：E（参比端温度为 0℃）

t/℃	0	−10	−20	−30	−40					
	E/mV									
0	0.000	−0.582	−1.152	−1.709	−2.255					

t/℃	0	10	20	30	40	50	60	70	80	90
	E/mV									
0	0.000	0.591	1.192	1.801	2.420	3.048	3.685	4.330	4.985	5.648
100	6.319	6.998	7.685	8.379	9.081	9.789	10.503	11.224	11.951	12.684
200	13.421	14.164	14.912	15.664	16.420	17.181	17.945	18.713	19.484	20.259
300	21.036	21.817	22.600	23.386	24.174	24.964	25.757	26.552	27.348	28.146
400	28.946	29.747	30.550	31.354	32.159	32.965	33.772	34.579	35.387	36.196
500	37.005	37.815	38.624	39.434	40.243	41.053	41.862	42.671	43.479	44.286
600	45.093	45.900	46.705	47.509	48.313	49.116	49.917	50.718	51.517	52.315
700	53.112	53.908	54.703	55.497	56.289	57.080	57.870	58.659	59.446	60.232

附表 4　铁-铜镍合金（康铜）热电偶分度表

分度号：J（参比端温度为 0℃）

$t/℃$	0	−10	−20	−30	−40					
	\multicolumn{10}{c}{E/mV}									
0	0.000	−0.501	−0.995	−1.482	−1.961					
$t/℃$	0	10	20	30	40	50	60	70	80	90
	\multicolumn{10}{c}{E/mV}									
0	0.000	0.507	1.019	1.537	2.059	2.585	3.116	3.650	4.187	4.726
100	5.269	5.814	6.360	6.909	7.459	8.010	8.562	9.115	9.669	10.224
200	10.779	11.334	11.889	12.445	13.000	13.555	14.110	14.665	15.219	15.773
300	16.327	16.881	17.434	17.986	18.538	19.090	19.642	20.194	20.745	21.297
400	21.848	22.400	22.952	23.504	24.057	24.610	25.164	25.720	26.276	26.834
500	27.393	27.953	28.516	29.080	29.647	30.216	30.788	31.362	31.939	32.519
600	33.102	33.689	34.279	34.873	35.470	36.071	36.675	37.284	37.896	38.512
700	39.132	39.755	40.382	41.012	41.645	42.281	42.919	43.559	44.203	44.848

附表 5　工业用铂热电阻分度表

分度号：Pt_{100}（$R_0 = 100.00$，$\alpha = 0.003850$）

$t/℃$	0	−10	−20	−30	−40	−50	−60	−70	−80	−90
	\multicolumn{10}{c}{热电阻值/Ω}									
−200	18.49									
−100	60.25	56.19	52.11	48.00	43.87	39.71	35.53	31.32	27.08	22.80
0	100.00	96.09	92.16	88.22	84.27	80.31	76.33	72.33	68.33	64.30
$t/℃$	0	10	20	30	40	50	60	70	80	90
	\multicolumn{10}{c}{热电阻值/Ω}									
0	100.00	103.90	107.79	111.67	115.54	119.40	123.24	127.07	130.89	134.70
100	138.50	142.29	146.06	149.82	153.58	157.31	161.04	164.76	168.46	172.16
200	175.84	179.51	183.17	186.82	190.45	194.07	197.69	201.29	204.88	208.45
300	212.02	215.57	219.12	222.65	226.17	229.67	233.97	236.65	240.13	243.59
400	247.04	250.48	253.90	257.32	260.72	264.11	267.49	270.86	274.22	277.56
500	280.90	284.22	287.53	290.83	294.11	297.39	300.65	303.91	307.15	310.38
600	313.59	316.80	319.99	323.18	326.35	329.51	332.66	335.79	338.92	342.03
700	345.13	348.22	351.30	354.37	357.42	360.47	363.50	366.52	369.53	372.52
800	375.50	378.48	381.45	384.40	387.34	390.26				

附表6　工业用铜热电阻分度表

分度号：Cu_{50} （$R_0 = 50.00$，$\alpha = 0.004280$）

$t/℃$	0	−10	−20	−30	−40	−50				
	热电阻值/Ω									
0	50.00	47.85	45.70	43.55	41.40	39.24				
$t/℃$	0	10	20	30	40	50	60	70	80	90
	热电阻值/Ω									
0	50.00	52.14	54.28	56.42	58.56	60.70	62.84	64.98	67.12	69.26
100	71.40	73.54	75.68	77.83	79.98	82.13				

附表7　工业用铜热电阻分度表

分度号：Cu_{100} （$R_0 = 100.00$）

$t/℃$	0	−10	−20	−30	−40	−50				
	热电阻值/Ω									
0	100.00	95.70	91.40	87.10	82.80	78.49				
$t/℃$	0	10	20	30	40	50	60	70	80	90
	热电阻值/Ω									
0	100.00	104.28	108.56	112.84	117.12	121.40	125.68	129.96	134.24	138.52
100	142.80	147.08	151.36	155.66	159.96	164.27				

参 考 文 献

[1]　厉玉鸣主编. 化工仪表及自动化. 第 3 版. 北京：化学工业出版社，2009.
[2]　杜效荣主编. 化工仪表及自动化. 北京：化学工业出版社，1994.
[3]　郑明方，杨长春主编. 石油化工仪表及自动化. 北京：中国石化出版社，2009.
[4]　齐志才，刘红丽主编. 自动化仪表. 北京：中国林业出版社，2006.
[5]　王永红主编. 过程检测仪表. 北京：化学工业出版社，1999.
[6]　姜秀英等编著. 过程控制工程实施教程. 北京：化学工业出版社，2008.
[7]　高金源等编著. 计算机控制系统——理论、设计与实现. 北京：北京航空航天大学出版社，2001.